应用型本科院校计算机教育规划教材

操作系统原理与实训教程

李　俭　主　编

王梦菊　左　雷　侯菡萏　王　鑫　副主编

齐景嘉　主　审

U0316959

中国铁道出版社有限公司

CHINA RAILWAY PUBLISHING HOUSE CO., LTD.

内 容 简 介

本书采用通俗的语言和实例，深入浅出地讲述了操作系统的基本概念、基本原理、方法及典型实现技术，理论学习和实践应用相结合，既注重对操作系统经典内容的论述，又介绍了操作系统的实用成果及发展趋势。

全书共分 6 章，内容包括操作系统概述、进程管理、存储器管理、设备管理、文件管理、Linux 操作系统实例分析。每章除提供知识结构图和教学要点，方便学生对本章的知识点有一个系统、全面的了解外，还在每章末提供了本章小结和丰富的习题，并配有与本章理论内容相对应的 Windows Server 2003 和 Linux 操作系统的相关实训内容，既体现了应用性，又将新技术和新知识融入各章，方便学生更好地理解操作系统原理。

本书可作为高等院校（特别是应用型本科）计算机及相关专业的教材，也可作为自学考试的教材和计算机专业技术人员的参考书。

图书在版编目（CIP）数据

操作系统原理与实训教程 / 李俭主编. —北京 ：
中国铁道出版社，2014.8 （2019.12 重印）
应用型本科院校计算机教育规划教材
ISBN 978-7-113-18542-8

Ⅰ. ①操… Ⅱ. ①李… Ⅲ. ①操作系统－高等学校－
教材 Ⅳ. ①TP316

中国版本图书馆 CIP 数据核字(2014)第 093916 号

书　　名：	操作系统原理与实训教程
作　　者：	李　俭　主编

策　　划：	刘丽丽
责任编辑：	周　欣
封面设计：	刘　颖
封面制作：	白　雪
责任校对：	汤淑梅
责任印制：	郭向伟

出版发行：	中国铁道出版社有限公司（100054，北京市西城区右安门西街 8 号）
网　　址：	http:// www.tdpress.com/51eds/
印　　刷：	北京虎彩文化传播有限公司
版　　次：	2014 年 8 月第 1 版　　　　2019 年 12 月第 4 次印刷
开　　本：	787mm×1 092mm　　1/16　印张：19.25　字数：471 千
书　　号：	ISBN 978-7-113-18542-8
定　　价：	38.00 元

计算机操作系统管理计算机系统所有的软件和硬件资源,同时为用户提供一个方便、安全、可靠的工作环境。操作系统课程是计算机专业学生的必修课程,掌握并理解计算机操作系统的基本原理和方法,对计算机专业的学生和技术人员来说是非常必要的。

目前,各高校都注重培养应用型计算机专业人才,而要让学生在今后的工作中不断自我提升业务水平,作为计算机专业基础课之一的操作系统课程必须要承担起搭建良好专业基础的任务。单纯的操作系统原理知识已经不能很好地为学生服务,只有把实际应用的操作系统融入其中,才能让学生真正领会操作系统的精髓。另外,据调查,我国 Linux 操作系统的使用比较广泛,但 Linux 人才仍然处于短缺状态,因此必须把 Linux 操作系统与操作系统原理结合起来,让学生熟练使用 Linux 以适应社会需要。本书正是在迎合社会需求和学生就业的基础上,以培养应用型计算机专业人才为目的而策划的。

由于操作系统在计算机系统中所处的特殊地位,以及它具有的抽象性及理论深度,这门课程并不是那么容易真正地被学生学懂弄通。很多初学者会感到这门课程理论性太强,概念原理太多,不容易记住,更不易掌握,特别是在本科操作系统课程中,选择合适的实验内容是一个普遍的难题。编者参考了国内外近几年出版的教材和文献,并结合操作系统开发工作对操作系统教学的要求,注意到当前我国计算机教育、研究与开发、应用的现实情况,参考 2013 年计算机专业操作系统考研大纲,结合多年操作系统课程教学经验编写了本书,其技术内容具有较高的先进性及实用性。

本书采用通俗的语言和实例,全面阐述了操作系统的基本概念、原理、方法及实现,既注重对操作系统经典内容的论述,又注意介绍操作系统的实用成果及发展趋势。本书内容共分 6 章:第 1 章介绍操作系统的基本概念、功能、发展史及现代典型操作系统等;第 2 章介绍进程的概念、进程描述、进程控制、进程的同步与互斥、进程通信及线程、进程调度、死锁的概念与产生的原因,以及解决死锁的方法;第 3 章介绍操作系统对内存的管理方法,主要介绍各种内存管理及分配方法的思想、数据结构、重定位及实现原理;第 4 章介绍操作系统对设备的管理方法,主要介绍对设备的控制、分配、缓冲区的管理等,并对其他一些主要的 I/O 技术进行了介绍;第 5 章介绍操作系统对文件的管理,重点介绍文件的逻辑结构、物理结构及文件系统的构成;第 6 章从操作系统的四大功能角度对 Linux 操作系统实例进行了分析。全书内容在介绍原理的基础上,注重理论与实践相结合。本书还为各章提供了习题,并从第 2 章开始为每章提供了 Windows Server 2003 和 Linux 操作系统的相关实训内容,方便学生更好地理解操作系统原理。

本书由哈尔滨金融学院的李俭任主编;哈尔滨金融学院的王梦菊、左雷、侯菡苕,黑龙江工程学院的王鑫任副主编，哈尔滨金融学院的齐景嘉任主审。其中，第 1 章、第 3 章由李俭编写；第 2 章和第 5 章的 5.3 由王梦菊编写；第 4 章和第 5 章的 5.1、5.2 节由王鑫编写；第 5 章的 5.4～5.8 节及实训习题由左雷编写；第 6 章由侯菡苕编写。全书由李俭统稿。

本书可作为高校计算机及相关专业的教材，特别是应用型本科计算机专业的操作系统课程配套教材，也可作为计算机及应用专业自学考试的教材和计算机专业技术人员的参考书。

本书的编写过程中得到了许多领导和同事的大力支持，参考了大量同行的著作，在此一并表示感谢。也感谢中国铁道出版社各位编辑的悉心指导，使本书得以顺利出版。

由于编者水平有限，书中疏漏和不妥之处在所难免，敬请广大读者批评指正。如有意见或建议请发送 E-mail 至 jane_star_love@126.com。

编　者
2014 年 4 月

目 录

第 1 章　操作系统概述

【知识结构图】

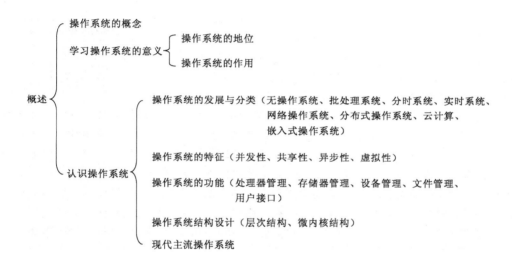

【学习目的与要求】

本章对操作系统进行了概括介绍，让学生对操作系统的基本概念、分类和功能等基本问题有一个整体了解。本章学习要求如下：

- 掌握操作系统的概念；
- 了解操作系统的发展及分类；
- 理解操作系统的特征；
- 了解操作系统的功能和现代主流操作系统。

计算机系统由硬件和软件两部分组成，操作系统（Operating System，OS）是计算机系统中最重要的系统软件，它是配置在计算机硬件上的第一层软件，是对硬件系统的首次扩充，是整个计算机系统的控制中心。在现代计算机系统中，如果不安装操作系统，很难想象如何使用计算机。操作系统不仅可以将裸机改造成功能强、服务质量高、使用方便灵活、运行安全可靠的虚拟机，为用户提供良好的使用环境，而且可以采用有效的方法组织多个用户共享计算机系统中的各种资源，最大限度地提高系统资源的利用率。

1.1 操作系统的概念

操作系统是配置在计算机硬件平台上的第一层软件,是一组系统软件。在计算机系统中,处理器、内存、磁盘、终端等硬件资源通过主板连接构成了看得见摸得着的计算机硬件系统。为了使这些硬件资源高效地、尽可能并行地供用户程序使用,给用户提供使用硬件的通用方法,必须为计算机配置操作系统。操作系统的工作就是管理计算机的硬件资源和软件资源,使用户尽可能方便地使用这些资源。操作系统是软硬件资源的控制中心,它以尽量合理有效的方法组织多个用户共享计算机的各种资源。

1.1.1 操作系统的地位

计算机系统是由硬件和软件按层次结构组成的系统,如图 1-1 所示。硬件系统是指构成计算机系统所必需的硬件设备,是计算机本身和用户作业的基础。

只有硬件系统而没有软件系统的计算机称为裸机。用户直接使用裸机不仅不方便,系统效率也会严重降低。软件系统是为计算机系统配置的程序和数据的集合,有系统软件和应用软件

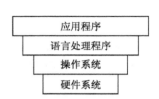

图 1-1 计算机系统层次结构

件之分。应用软件是为解决某一具体问题而开发的软件,涉及计算机应用的各个领域,如各种管理软件、文字处理软件等;系统软件是专门为计算机系统所配置的,如操作系统、各种语言处理程序等。操作系统是以硬件为基础的系统软件,是硬件层的第一次扩充,在这一层上实现了操作系统的全部功能,并提供相应的接口,其他各层软件都是在操作系统的基础上开发的。语言处理程序包含了各种程序设计语言的编译程序及动态调试程序等,是操作系统层的扩充,而应用程序是语言处理程序层的进一步扩充。在应用程序层,用户可以在操作系统的支持下,使用各种程序设计语言,编写并运行满足用户需要的各种应用程序。由此可见,操作系统是计算机系统中最重要的系统软件。

1.1.2 操作系统的作用

如何看待一个操作系统,人们从不同的角度出发有不同的观点。从一般用户的观点,可以把操作系统看作用户与计算机硬件系统之间的接口;从资源管理观点看,则可以把操作系统视为计算机系统资源的管理者。

1. 人机交互的观点——操作系统是用户与计算机硬件系统之间的接口

操作系统作为用户与计算机硬件之间的接口的含义是:操作系统处于用户与计算机硬件系统之间,用户通过操作系统来使用计算机系统。或者说,用户在操作系统的帮助下,能够方便、快捷、安全、可靠地操纵计算机硬件和运行自己的程序。用户可以通过 3 种方式使用计算机。

① 命令方式:指由操作系统提供了一组联机命令,用户可以通过键盘输入有关命令来使用计算机。

② 系统调用方式:指在程序中,用户请求操作系统为自己服务的手段或方法。用户可以在自己的应用程序中,通过调用操作系统提供的一组系统调用来操纵计算机。

③ 图形、窗口方式:指用户通过屏幕上的窗口或图标,来操纵计算机系统和运行自己的程序。

2．资源管理的观点——操作系统作为计算机资源的管理者

一个计算机系统通常都含有各种各样的硬件和软件资源，归纳起来可将资源分为 4 类：处理器、存储器、I/O 设备以及数据和程序。相应地，操作系统的主要功能也是针对这 4 类资源进行有效的管理，即处理器管理、存储器管理、设备管理和文件管理。可见操作系统是计算机系统资源的管理者。

3．虚拟机的观点——操作系统用作扩充计算机

对于一台完全无软件的计算机系统，即使其功能再强，也必定是难于使用的。如果在裸机上覆盖一层 I/O 设备管理软件，用户便可利用它提供的 I/O 命令进行数据输入和打印输出等操作。此时用户所看到的计算机，将是一台比裸机功能更强、使用更方便的计算机。通常把覆盖了软件的计算机称为扩充机或虚拟机。如果又在第一层软件上再覆盖一层文件管理软件，则用户可利用该软件提供的文件存取命令进行文件的存取。每当人们在计算机系统上覆盖一层软件后，系统功能便增强一级。由于操作系统自身包含了若干层次，因此当在裸机上覆盖操作系统后，便可获得一台功能显著增强、使用极为方便的多层扩充计算机或多层虚拟计算机。

因此，作为在硬件之上的第一层软件的操作系统是一组程序和数据的集合，它能控制和管理计算机系统的所有资源，并合理地进行调度，为用户使用计算机提供方便。据此，我们可以把操作系统定义为：操作系统是一组控制和管理计算机硬件和软件资源，合理地组织计算机工作流程，并为用户使用计算机提供方便的程序和数据的集合。

1.2　操作系统的发展与分类

计算机从 1946 年问世至今，已有半个多世纪的发展历程。最初的计算机由于运算速度慢、存储容量小、仅用于数值计算等特点，基本上采用手工操作方式。随着计算机技术的发展，在 20 世纪 50 年代中期出现了第一个简单的批处理操作系统，到 20 世纪 60 年代中期产生了多道程序批处理操作系统，不久又出现了基于多道程序的分时系统。自 20 世纪 80 年代以来，出现了微型计算机、多处理器和计算机网络技术，同时也形成了微机操作系统、多处理器操作系统、网络操作系统。也就是说，操作系统的发展过程也是各类操作系统形成的过程。随着通信技术的发展以及大型数据管理系统、远程处理系统和计算机网络的成熟与普及应用，操作系统的研究开始向并行计算与分布式方向发展。

1.2.1　无操作系统的计算机系统

1．人工操作方式

从第一台计算机诞生至 20 世纪 50 年代中期的计算机，属于第一代计算机，这时还未出现操作系统。这时的计算机操作是由用户采用人工操作方式直接使用计算机硬件系统，即用户一个接一个地轮流使用计算机。每个用户的工作过程大致是将事先已穿孔的纸带或卡片装入纸带机或卡片输入机，再启动输入机将程序和数据输入计算机存储器，然后利用控制台开关启动计算机来运行程序。计算结束后，用户取走打印出来的结果，并卸下纸带或卡片，这时才能让下一个用户使用计算机。在这个过程中，需要人工装卸纸带或卡片、控制程序运行。人工操作速度相对计算机的运行速度而言是很慢的，因此使用计算机完成某一工作的整个过程中，手工操作时间占了很大比例，而计算机运行时间所占比例较小，这就形成了明显的人机矛盾，致使计算机资源利用率很低，从而使计算机工作效率很低。

这种人工方式有 3 个方面的缺点：

① 用户独占全机。此时，用户既是程序员又是操作员，计算机及其全部资源只能由上机用户独占，资源利用率低。例如，打印机在装卸卡片和计算过程中被闲置。

② CPU 等待人工操作。当用户进行程序装入或结果输出等人工操作时，CPU 及内存等资源处于空闲状态，严重降低了计算机资源的利用率。

③ CPU 和 I/O 设备串行工作。所有设备均由主机来控制，主机向设备发送命令后，设备开始工作，而此时主机处于等待状态；当主机工作时，I/O 设备处于等待主机命令的状态，即 CPU 和 I/O 设备不能同时进行工作。

可见人工操作严重地降低了计算机资源的利用率，此即所谓的人机矛盾。CPU 速度迅速提高，而 I/O 设备的速度提高缓慢，也使 CPU 与 I/O 设备之间速度不匹配的矛盾更加突出。为此产生了脱机输入/输出技术。

2．脱机输入/输出方式

为了解决人机矛盾及 CPU 与 I/O 设备之间串行工作和速度不匹配的问题，20 世纪 50 年代末出现了脱机输入/输出技术。该技术是指事先将装有用户程序和数据的纸带装入纸带输入机，在一台外围机的控制下，把纸带上的数据输入到磁带上。当 CPU 需要这些程序和数据时，再从磁带上高速地调入内存。类似地，当 CPU 需要输出时，可由 CPU 直接高速地把数据从内存送到磁带上，然后在另一台外围机的控制下，将磁带上的结果通过相应的输出设备输出。脱机输入/输出方式如图 1-2 所示。

由于程序和数据的输入和输出都是在外围机的控制下完成的，或者说，它们是在脱离主机的情况下进行的，所以称为脱机输入/输出方式；相反，如果程序和数据的输入和输出是在主机的直接控制下完成的，就称为联机输入/输出方式。

现在来比较一下人工操作方式和脱机 I/O 方式。假设有 A 和 B 两个用户要使用计算机，他们在不同的方式下使用计算机时，等待的时间完全不同，具体情况如图 1-3 所示。可见，在脱机 I/O 方式下，在较短的时间内完成了用户 A 和 B 的工作。

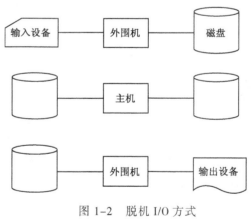

图 1-2 脱机 I/O 方式

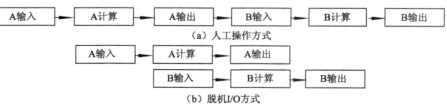

（a）人工操作方式

（b）脱机 I/O 方式

图 1-3 人工操作方式和脱机 I/O 方式的比较

脱机输入/输出方式主要有以下优点：

① 减少了 CPU 的空闲时间。输入设备和输出设备都是在脱离主机的情况下进行工作的，不占用主机时间，从而有效地减少了 CPU 的空闲时间，缓和了人机矛盾。

② 提高了 I/O 速度。当 CPU 在运行程序的过程中需要数据时，是直接从高速的存储设备上将数据调入内存的，而不再是从低速的 I/O 设备上输入，从而大大缓和了 CPU 和 I/O 设备速度不匹配的矛盾，进一步减少了 CPU 的空闲时间。

1.2.2 批处理系统

1. 单道批处理系统（监督程序）

为了减少系统操作员工作所花的时间，提高资源利用率，人们开始利用计算机系统中的软件来代替系统操作员的部分工作，从而产生了最早的操作系统——早期批处理系统。

首先出现的是作业的概念。作业就是用户在一次上机活动中要求计算机系统所做的一系列工作的集合。从执行的角度看，作业由一组有序的作业步组成，例如，输入、编译、运行、输出称为不同的作业步。

早期批处理系统的基本思想是：设计一个常驻主存的程序（监督程序），操作员有选择地把若干用户作业合成一批，以脱机的方式输入到磁带（磁盘）上，并启动监督程序，然后由监督程序自动控制这批作业一个接一个地连续运行。其自动处理的过程是：监督程序首先把第一道作业调入主存，并启动该作业运行；当该作业运行结束后，再由监督程序把第二道作业调入主存启动运行。计算机系统就这样在监督程序的控制下自动地一个作业一个作业地进行处理，直至磁带（磁盘）上的所有作业全部处理结束，系统操作员再把作业运行的结果一起交给用户。这样便形成了早期的批处理系统。由于系统对作业的处理都是成批地进行的，而且某一时刻在主存中始终只保持一道作业，所以称之为单道批处理系统。

监督程序取代系统操作员的部分工作后，用户也应以某种方式告知监督程序其作业的处理步骤以及发生了异常情况如何处理等。因此，在早期批处理系统中引出了"作业控制语言"和"作业控制说明书"的概念。作业控制说明书是利用作业控制语言编写的用于控制作业运行的一段描述程序。在组织一道作业时，通常将作业控制说明书放在被处理的作业前面或插入相应位置，监督程序则通过解释执行作业控制说明书中的语句来控制作业运行。

图 1-4 给出了单道作业的运行情况。从图中可以看出，在 $t_2 \sim t_3$、$t_6 \sim t_7$ 时间间隔内 CPU 是空闲的。

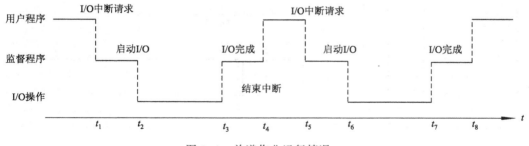

图 1-4 单道作业运行情况

单道批处理系统是最早出现的一种操作系统，它只能算作操作系统的前身而并非真正意义上的操作系统，它的主要特征如下：

① 自动性。在顺利的情况下，磁带（磁盘）上的一批作业能自动地依次运行，而无需人工干预。

② 顺序性。磁带（磁盘）上的各道作业是按照它们调入内存的顺序依次完成的，即先调入内存的作业先完成。

③ 单道性。内存中仅有一道作业运行，只有该作业完成或发生异常情况时，才调入下一个作业运行。

用单道批处理系统处理作业时，各作业间的转换以及各作业的运行完全由监督程序自动控制，从而减少了部分人工干预，有效地缩短了作业运行前的准备时间。但是这种单道批处理系统仍然不能很好地利用系统资源，因为某一时刻，系统中所有资源只能被内存中唯一的作业所使用，故现在已很少使用。

2. 多道批处理系统

为了进一步提高资源的利用率和系统的吞吐量，在 20 世纪 60 年代中期引入了多道程序设计技术，由此形成了多道批处理系统。在该系统中用户所提交的作业都先存在外存中并排成一个队列，称为"后备队列"，然后，由作业调度程序按一定的算法从后备队列中选择若干作业调入内存，使它们共享 CPU 系统中的各种资源。具体地说，在操作系统中引入多道技术可以带来以下好处：

① 提高 CPU 的利用率。当内存中仅有一道作业时，每逢该作业发出 I/O 请求后，CPU 空闲，必须在其 I/O 完成后才继续运行，尤其因 I/O 设备的低速性，更使 CPU 的利用率显著降低。例如，一个作业在运行过程中请求输入一批数据，当纸带输入机花 1 000 ms 输入 1 000 个字符后，CPU 只花 300 ms 就处理完了，而这时，第二批数据输入还需 700 ms 才能完成。在引入多道程序设计技术后，由于同时在内存中装有若干道作业，并使它们交替地运行，这样，当正在运行的作业因 I/O 而暂停执行时，系统可调度另一道作业运行，从而保持 CPU 处于忙碌状态。图 1-5 以 4 个程序为例，给出了 4 个程序在引入多道技术后的运行情况。

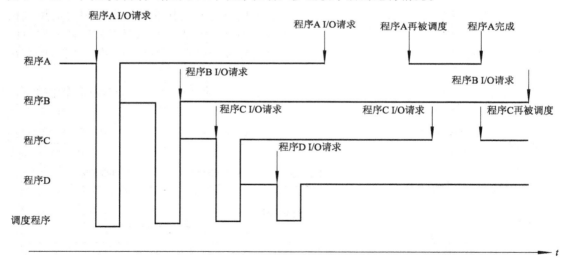

图 1-5　4 个程序在引入多道技术后的运行情况

② 可提高内存和 I/O 设备利用率。为了能运行较大的作业，通常内存都具有较大容量，但由于 80%以上的作业都属于中小型作业，因此在单道程序环境下也造成内存的浪费。类似地，对于系统中所配置的多种类型的 I/O 设备，在单道程序环境下也不能充分利用。如果允许在内存中装入多道程序，并允许它们并发执行，则无疑会大大提高内存和 I/O 设备的利用率。

③ 增加系统吞吐量。在保持 CPU、I/O 设备不断忙碌的同时，也必然会大幅度地提高系统的吞吐量，从而降低作业加工所需的费用。

在引入多道程序设计技术后，多道批处理系统具有以下特征：

① 多道性。在内存中同时存放多道相互独立的程序，并允许它们并发执行，从而有效地提高资源利用率和系统吞吐量。

② 宏观上并行。同时进入系统的几道程序都处于运行过程中，即它们先后开始了各自的运行，但都未运行完成。作业的完成顺序与它们进入内存的顺序之间无严格的对应关系。

③ 微观上串行。从微观上看，内存中的多道程序轮流地占用处理器，交替运行。什么时间运行哪个程序，则由系统采用一定的调度算法来确认。

多道批处理系统的优点是系统资源利用率高、吞吐量大，缺点是系统对用户作业的响应时间较长，用户不能及时了解自己程序的运行情况，即没有交互能力。

1.2.3　分时系统

1. 分时系统的产生

如果说，推动多道批处理系统形成和发展的主要动力是提高资源利用率和系统吞吐量，那么，推动分时系统形成和发展的主要动力则是用户需求。或者说，分时系统是为了满足用户需求所形成的一种新型的操作系统。用户需求具体表现在以下几个方面：

① 人—机交互。每当程序员写好一个新程序时，都需要上机进行调试。由于新编程序难免有些错误或不当之处需要修改，因而希望能像早期使用计算机时一样对它进行直接控制，并能以边运行边修改的方式，对程序中的错误进行修改。亦即，希望能进行人—机交互。

② 共享主机。在 20 世纪 60 年代计算机非常昂贵，不可能像现在这样每人独占一台计算机，而只能是由多个用户共享一台计算机，但用户在使用计算机时应能够像自己独占计算机一样，不仅可以随时与计算机交互，而且感觉不到其他用户也在使用计算机。

③ 便于用户上机。用户在使用计算机时希望能通过自己的终端直接将作业传送到机器上进行处理，并能对自己的作业进行控制。

为满足上述用户需求，便产生了分时系统。分时系统是指计算机系统由若干用户共享，在一台主机上连接多个带有显示器和键盘等设备的终端，允许多个用户同时通过自己的终端，以交互的方式使用计算机，系统将处理器时间轮流地分配给每个用户，每个用户每次只运行很短的时间片，这对用户来讲好象整个计算机系统由他独占一样。

2. 分时系统的特征

分时系统与多道批处理系统相比，具有完全不同的特征。

① 多路性。多路性是指多个用户可以同时登录到一台计算机上，系统按分时原则为每个用户服务，宏观上是多个用户同时工作，共享系统资源，而微观上则是一个 CPU 轮流地按时间片为每个用户作业服务。

② 独占性。由于所配置的分时操作系统采用时间片轮转的办法使一台计算机同时为许多终端用户服务，因此，每个用户都感觉不到别人也在使用这台计算机，好像自己独占计算机一样。

③ 交互性。用户与计算机之间进行"会话"，用户从终端输入命令，提出计算要求，系统收到命令后分析用户的要求并执行，然后把运算结果通过显示器或打印机输出，用户可以根据

运算结果提出下一步要求，这样一问一答，直到全部工作完成。

④ 及时性。用户的请求能在很短的时间内获得响应，此时时间间隔是以人们所能接受的等待时间来确定的，通常不超过 3 s。

多道批处理系统和分时系统的产生标志着操作系统的形成。UNIX 操作系统就是一种分时系统，用户可以通过在主机上使用多用户卡让多台终端连接到主机上，实现分时系统的物理连接。

1.2.4　实时系统

实时系统是操作系统的又一种类型。对外部输入的信息，实时操作系统能够在规定的时间内处理完毕并做出反应。"实时"的含义是指计算机对于外来信息能够及时进行处理，并在被控对象允许的时间范围内做出快速反应。实时系统对响应时间的要求比分时系统更高，一般要求响应时间为秒级、毫秒级甚至微秒级。

实时系统按使用方式分为实时控制系统和实时信息处理系统。

实时控制是指利用计算机对实时过程进行控制和提供环境监督，如工业生产过程控制、医疗控制、飞机导航等都属于这一类。当把计算机用于生产过程的控制，形成以计算机为中心的控制系统时，系统要求能实时采集现场数据，并对所采集的数据进行及时处理，进而自动地控制相应的执行机构，使某些参数（如温度、压力等）能按预定的规律变化，以保证产品的质量和提高产量。类似地，也可将计算机用于对武器的控制，如导弹发射系统、飞机自动驾驶等。

实时信息处理系统是指利用计算机对实时数据进行处理的系统。这类应用大多属于实时服务性工作，如自动订票系统、情报检索系统等。用户可以通过这样的系统预订飞机票、查阅文献资料，还可以通过终端设备向计算机提出某种要求，而计算机系统处理后将通过终端设备回答用户，系统响应时间与分时系统所用时间相同，满足人的反应时间。

实时系统主要为联机实时任务服务，其特点如下：

① 及时响应。系统对外部实时信号必须能及时响应，响应时间要满足能够控制发出实时信号的那个环境的要求。

② 高可靠性和安全性。实时系统工程要求有高可靠性和安全性，系统的效率则是放在第二位的。

③ 较强的系统整体性。实时系统要求所管理的联机设备和资源必须按一定的时间关系和逻辑关系协调工作。

④ 较弱的交互会话功能。实时系统没有分时系统那样强的交互会话功能，通常不允许用户通过实时终端设备去编写新的程序或修改已有的程序。实时终端设备通常只是作为执行装置或询问装置，是为特殊的实时任务设计的专用系统。虽然实时信息系统具有交互性，但人与系统的交互仅限于访问系统中某些特定的专用服务程序。

至此，操作系统的 3 个基本类型也形成了。根据操作系统在用户界面的使用环境和功能特征的不同，可以把操作系统分为 3 种基本类型，分别是批处理操作系统、分时操作系统、实时操作系统。在某些计算机系统中配置的操作系统通常具有分时、实时和批处理功能或其中两种以上的功能。例如将批处理和分时处理相结合构成分时批处理系统，它以前台/后台方式提供服务，前台以分时方式为多个联机终端服务，当终端作业运行完毕时，后台系统就可以运行批量的作业。同样，也可以将实时处理和批处理相结合构成实时批处理系统，前台为实时作业服务，若前台空闲，可以在后台进行作业的批处理。

1.2.5 网络操作系统

计算机技术和通信技术的结合使共享资源和分散计算能力的愿望成为现实，并对计算机的组织方式产生了深远的影响。集中式计算机系统的模式正被一种新的模式所取代，在这种新模式中，计算任务是由大量分散而又互相连接的计算机来完成的，某一台计算机上的用户可以使用其他机器上的资源。于是引出了计算机网络的概念。所谓计算机网络，是指把地理上分散的、具有独立功能的多具计算机和终端设备，通过通信线路加以连接，以达到数据通信和资源共享目的的一种计算机系统。

分时系统提供的资源共享有两个限制：一是限于计算机系统内部；二是限于同一地点或地理位置很近。计算机网络在分时系统的基础上，又前进了一大步。

在网络范围内，用于管理网络通信和共享资源，协调各计算机上任务的运行，并向用户提供统一、有效、方便的网络接口的程序集合，就称为网络操作系统。要说明的是，在网络中各个独立计算机仍有自己的操作系统，由它管理着自身的资源，只有在它们要进行相互间的信息传递、要使用网络中的可共享资源时，才会涉及网络操作系统。

网络操作系统有如下 4 个基本功能：

① 网络通信。为通信双方建立和拆除通信通路，实施数据传输，对传输过程中的数据进行检查和校正。

② 资源管理。采用统一、有效的策略，协调诸用户对共享资源的使用，用户使用远程资源如同使用本地资源一样。

③ 提供网络服务。向用户提供多项网络服务，如电子邮件服务，它为各用户之间发送与接收信息提供了一种快捷、简便、廉价的现代化通信手段；又如远程登录服务，它使一台计算机能登录到另一台计算机上，使自己的计算机就像一台与远程计算机直接相连的终端一样进行工作，获取与共享所需要的各种信息；再如文件传输服务，它允许用户把自己的计算机连接到远程计算机上，查看那里有哪些文件，然后将所需文件从远程计算机复制到本地计算机，也可以将本地计算机中的文件复制到远程计算机中。

④ 提供网络接口。向网络用户提供统一的网络接口，以便用户能方便地上网，方便地使用共享资源，方便地获得网络提供的各种服务。

计算机网络操作系统有如下特点：

① 自治性。网络中的每一台计算机都有自己的内存储器和 I/O 设备，安装有自己的操作系统，因此具有很强的自治性，能独立承担分配给它的任务。

② 分散性。系统中的计算机分布在不同的地域，有各自的任务。

③ 互联性。网络中分散的计算机及各种资源，通过通信线路实现物理上的连接，进行信息传输和资源共享。

④ 统一性。网络中的计算机使用统一的网络命令。

目前流行的网络操作系统以及具有联网功能的操作系统主要有 Netware 系列、Windows Server 2003/2008、UNIX、Linux 等。网络操作系统已比较成熟，并将随着计算机网络的广泛应用而得到进一步的发展和完善。

1.2.6　分布式操作系统

一组相互连接并能交换信息的计算机就形成一个网络，这些计算机之间可以相互通信，任何一台计算机上的用户可以共享网络上其他计算机的资源。但是计算机网络并不是一个一体的系统，它没有标准接口。网上各个站点的计算机有各自的系统调用命令、数据格式等。若一台计算机上的用户希望使用网上另一台计算机的资源，它必须指明是哪个站点上的哪一台计算机，并以该计算机上的命令、数据格式来请求才能实现资源共享。为完成一个共同的计算任务，分布在不同主机上的各个合作进程的同步协作是难以自动实现的。因此，计算机网络存在的问题之一是在网络上的不同类型计算机中，用某一类计算机所编写的程序如何在另一类计算机上运行；存在的另一个问题是如何在具有不同数据格式、不同字符编码的计算机系统之间实现数据共享。另外，还需要解决分布在不同主机上的多个进程如何自动实现紧密合作的问题。

大量实际应用要求一个完整的一体化的系统，而且系统要具有分布处理能力。例如在分布事务处理、分布数据处理、办公自动化系统等实际应用中，用户希望以统一的界面、标准的接口使用系统的各种资源，实现所需要的各种操作，这就促使了分布式系统的出现。

一个分布式系统由若干台独立的计算机构成，整个系统给用户的印象就像一台计算机。实际上，系统中的每台计算机都有自己的处理器、存储器和外围设备，它们既可独立工作（自治性），亦可合作。在这个系统中，各个机器可以并行操作且有多个控制中心，即具有并行处理和分布式控制的功能。分布式系统是一个一体化的系统，在整个系统中要有一个全局的操作系统，负责全系统（包括每台计算机）的资源分配和调度、任务划分、信息传输、控制协调等工作，并为用户提供一个统一的界面、标准的接口。于是，分布式操作系统便诞生了。

有了分布式操作系统，用户可通过统一界面实现所需操作，使用系统资源，至于操作是在哪台计算机上执行的或使用的是哪台计算机的资源则是系统的事，用户不必了解，也就是说系统对用户是透明的。许多现代操作系统都提供了分布处理功能，如 Solaris MC。

当然，计算机网络是分布式系统的物理基础，因为计算机之间的通信是经由通信链路的信息交换完成的。它与常规网络一样具有并行性、自治性和互联性等特点。但是它比常规网络又有进一步的发展。例如，常规网络中并行性仅仅意味着独立性，而分布式系统中的并行性还意味着合作。原因在于，分布式系统已不再是一个物理上松散耦合的系统，而是一个逻辑上的紧密耦合系统。

分布式系统和计算机的区别在于前者有多机合作优势和健壮性。多机合作表现在自动的任务分配和协调上；而健壮性表现在，当系统中有计算机或通路发生故障时，其他部分可自动重构成为一个新的系统，该系统仍可正常工作，甚至可以继续其失效部分的全部工作。当故障排除后，系统自动恢复到重构前的状态。这种自动恢复功能就体现了系统的健壮性。研制分布式系统的根本出发点和目的就是它具有多机合作和健壮性。正是由于多机合作，系统才具有响应时间短、吞吐量大、可用性好和可靠性高等特点。分布式系统是具有强大生命力的新生事物，是当前正在进行深入研究的热点之一。

1.2.7　云计算

云计算是基于互联网的一种超级计算模式。它是在网络互联的基础上，运用分布式的特点，将计算任务分布在由大量计算机构成的资源池上，这些计算机组成了"云"。云服务使所有连接到该网络上的终端用户都可以根据需要获取强大的计算、存储、各种软件应用及 IT 服务。

云计算为用户提供了方便、快捷、安全的服务，其具体特点如下：

1．多元性服务

云就是相当庞大的分布式计算机群，群中的计算机可以通过相应的技术保证网络数据库信息的及时更新，使用户能够得到更快、更准确的服务。云使用基于海量数据的数据挖掘技术来搜索网络中的数据库资源，并运用各种方法为用户提供所需的详尽、准确的信息和结果，所以云具备高效的计算和存储能力，能够完成单机用户望尘莫及的海量计算和存储等工作。目前，云计算的服务形式主要有 SaaS（软件即服务）、PaaS（平台即服务）、IaaS（基础设施即服务）。在云计算模式中，所有计算、存储、应用和服务请求的数据资源均存储在云中，用户可以随时随地使用终端通过网络接入云平台，使用统一的云服务，按自身需求获取信息，并可以实现不同终端、设备间的数据与应用的共享，为工作带来极大的便利和效率。随着云计算的发展，更多形式的云服务也将不断涌现。

2．数据安全服务

云计算可以提供最可靠、最安全的数据存储中心，因为分布式系统具有高度容错机制。云计算作为分布式处理技术的发展，依托数据中心可以实现严格、有效的控制、配置与管理，具有更好的可靠性、安全性和连接性能，同时高度集中化的数据管理、严格的权限管理策略可以让用户避免数据丢失、病毒入侵等麻烦。在这种情况下，用户只需要把数据存入云即可，具体的存储策略完全由云来负责。

3．用户终端配置需求低

由于在云平台上我们可以根据需求向云申请计算、存储等服务，这时，用户终端就不再需要具有计算、存储等功能，而只需标准的 I/O 设备以及浏览器即可。所以用户不用再费心地在软、硬件方面管理自己的计算机，只要开机后能接入云平台，一切工作就都可以顺利完成了。因为在云上，所有的软件都是最新版本，所有的硬件都力求达到更快、更新。

1.2.8 嵌入式操作系统

嵌入式系统是以嵌入式计算机为技术核心，面向用户、面向产品、面向应用，软硬件可裁减的，适用于对功能、可靠性、成本、体积、功耗等综合性能有严格要求的专用计算机系统。

嵌入式操作系统是运行在嵌入式系统环境中，对整个嵌入式系统以及它所操作、控制的各种部件装置等资源进行统一协调、调度、指挥和控制的系统软件。它们通常被设计得非常紧凑有效，嵌入式操作系统多数也是实时操作系统。

嵌入式操作系统应具有的特点是高可靠性和实时性，一般都固化在只读存储器中而不是存储在磁盘等载体中。嵌入式操作系统和具体应用有机地结合在一起，它的升级换代也是和具体产品同步进行。

从应用角度出发，嵌入式操作系统可分为通用型嵌入式操作系统和专用型嵌入式操作系统。常见的通用型嵌入式操作系统有 Linux、Windows CE 等。 Windows CE 就是微软针对个人计算机以外的计算机产品所研发的嵌入式操作系统。常用的专用型嵌入式操作系统有 Smart Phone、Symbian 等。常说的智能卡操作系统 COS 也是专用型嵌入式操作系统，它是驻留在 SIM 卡（即用户识别卡，是全球通数字手机的一张个人资料卡）内的操作系统软件。COS 主要用接收和处理外界（如手机或者读卡器）发给 SIM 卡的各种信息，执行外界发送的各种指令（如鉴权运算），管理卡内的存储器空间，向外界回送应答信息等。

1.3　操作系统的特征

安装操作系统的目的在于提高计算机系统的效率，增强系统的处理能力，提高系统资源的利用率，方便用户的使用。虽然不同的操作系统有不同的特征，如批处理系统具有成批处理的特征，分时系统具有较强的交互性，而实时系统则具有快速响应处理的特征等，但它们也都具有一些共同的基本特征，即并发性、共享性、异步性和虚拟性。其中并发性是操作系统最重要的特征，其他 3 个特征都是以并发性为前提的。

1.3.1　并发性

并发性和并行性是既相似又有区别的两个概念。并行性是指两个或多个事件在同一时刻发生；而并发性是指两个或多个事件在同一时间间隔内发生。在多道程序环境下，并发性是指在一段时间内，宏观上有多个程序在同时运行，但在单处理器系统中，每一时刻却仅能有一道程序执行，故微观上这些程序只能是交替执行。倘若计算机系统中有多个处理器，则这些可以并发执行的程序便可被分配到多个处理器上，实现并行执行，即利用每个处理器来处理一个可并发执行的程序，这样，多个程序便可同时执行。

并发性和并行性的区别如图 1-6 所示。对于（a），可以说事件 A 和事件 B 在 t_1～t_2 的时间段内是并发的；对于（b），可以说事件 A 和事件 B 在 t_1～t_2 的时间段内是并行的。

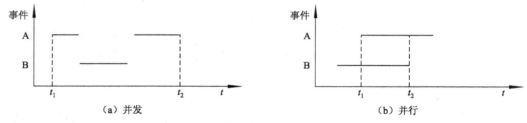

图 1-6　并发性和并行性的区别

应当指出，通常的程序是静态实体，它们是不能并发执行的。为使多个程序能并发执行，系统必须分别为每个程序建立进程。简单来说，进程是指在系统中能独立运行并作为资源分配的基本单位，它是由一组机器指令、数据和栈等组成的，是一个活动体。多个进程之间可以并发执行和交换信息。一个进程在运行时需要一定的资源，如 CPU、存储空间及 I/O 设备等。

操作系统中进程的并发执行将使系统复杂化，以致在系统中必须增设若干新的功能模块，分别用于对处理器、内存、I/O 设备以及文件系统等资源进行管理，并控制系统中作业的运行。事实上，进程的并发是现代操作系统中最重要的基本概念，也是操作系统运行的基础，关于这部分内容将在第 2 章做详细阐述。

1.3.2　共享性

共享是指系统中的资源可供内存中多个并发执行的进程共同使用。由于资源属性的不同，对资源共享的方式也有所不同。目前主要有以下两种共享方式：

1．互斥共享方式

系统中某些资源，如打印机、磁带机，虽然它们可以提供给多个用户程序使用，但为使所打印或记录的结果不致生成混乱，应规定在一段时间内只允许一个用户进程访问该资源，这种资源共享方式称为互斥共享方式。而把在一段时间内只允许一个进程访问的资源称为临界资源或独占资源。

2．同时访问方式

系统中还有另一类资源，允许在一段时间内由多个用户进程"同时"对它们进行访问。这里所谓的"同时"往往是宏观上的，而在微观上，这些用户进程可以交替地对该资源进行访问，如对磁盘设备的访问。

并发和共享是操作系统的两个最基本的特征，它们又互为对方存在的条件。一方面，资源共享是以进程的并发执行为条件的，若系统不允许进程并发执行，自然不存在资源共享问题；另一方面，若系统不能对资源共享实施进行有效管理，协调好多个进程对共享资源的访问，也必然影响到进程并发执行的程度，甚至根本无法并发执行。

1.3.3　异步性

异步性又称不确定性。在多道程序环境下，允许多个进程并发执行，但只有进程在获得所需的资源后才能执行。在单处理器环境下，由于系统中只有一个处理器，因此每次只允许一个进程执行，其余进程只能等待。当正在执行的进程提出某种资源请求时，如打印请求，如果此时打印机正在为另一个进程打印，由于打印机属于临界资源，因此正在执行的进程必须等待，并且要放弃处理器，直到打印机空闲，并再次把处理器分配给该进程，该进程才能继续执行。可见，由于资源等因素的限制，进程的执行通常都不是"一气呵成"，而是以"停停走走"的方式运行。内存中的每个进程在何时能获得处理器运行，何时又因提出某种请求而暂停，以及进程以怎样的速度向前推进，每道程序总共需要多少时间才能完成等，都是不可预知的。也就是说，进程以人们不可预知的速度向前推进，这就是进程的异步性。尽管如此，要运行环境相同，程序经多次运行，都会获得相同的结果。因此异步运行方式是允许的，是操作系统的一个重要特征。

1.3.4　虚拟性

虚拟是指通过某种技术，将一个物理实体映射为若干逻辑实体。前者是客观存在的，后者是虚构的，是一种感觉性的存在，即主观上的一种想象。相似地，用于实现虚拟的技术称为虚拟技术。在操作系统中有许多种虚拟技术，分别用来实现虚拟处理器、虚拟内存、虚拟设备等。例如，在多道程序系统中，虽然只有一个 CPU，每次只能执行一道程序，但采用多道程序技术后，在一段时间间隔内，宏观上有多个程序在运行，在用户看来，就好像有多个 CPU 在各自运行自己的程序。

1.4　操作系统的功能

从资源的角度看，操作系统的主要任务是对系统中的硬件、软件实施有效的管理，以提高系统资源的利用率。计算机硬件资源主要是指处理器、主存储器和外围设备，软件资源主要是指信息。因此，操作系统的主要功能相应地就有处理器管理、存储器管理、设备管理和文件管理。从用户使用角度来说，操作系统为用户提供用户接口。

1.4.1　处理器管理

在多道程序或多用户环境下，要组织多个作业同时运行，就要解决处理器管理的问题。在多道程序系统中，处理器的分配和运行都是以进程为基本单位的，因此对处理器的管理可以归结为对进程的管理，主要包括以下几个方面：

1．进程控制

进程控制是指为要运行的程序创建进程，并为之分配必要的资源。当进程运行结束时，撤销该进程，回收该进程所占用的资源，同时，控制进程在运行过程中的状态转换。现代操作系统中，进程控制还应具有为一个进程创建若干线程的功能和撤销已完成任务的线程的功能。

2．进程同步

在操作系统的基本特征中，已经了解到进程是以异步的方式运行的，并以人们不可预知的速度向前推进。为使多个进程能有条不紊地运行，系统中必须设置进程同步机制。进程同步的主要任务是协调多个进程（含线程）的运行，主要有有两种协调方式：同步与互斥。

3．进程通信

在多道环境下，为了加速应用程序的运行，应在系统中建立多个进程，并且为每个进程建立若干线程，由这些进程相互合作去完成一个共同的任务。而这些进程之间，又往往需要交换信息。进程通信的任务就是实现相互合作的进程之间的信息交换。

4．进程调度

进程调度的任务是从进程的就绪队列中选出一个进程，将处理器分配给它，并为它设置运行现场，使进程投入运行。值得提出的是，在多线程操作系统中，通常是把线程作为独立运行的分配处理器的基本单位，为此，须把就绪线程排成一个队列，每次调度时，从就绪线程队列中选出一个线程，将处理器分配给它。

1.4.2　存储器管理

存储器管理的主要任务是为多道程序的运行提供良好的环境，方便用户使用存储器，提高存储器的利用率，以及从逻辑上扩充内存。为此，存储器管理应具有内存分配、内存保护、地址映射和内存扩充等功能。

1．内存分配

内存分配的主要任务是为每道程序分配内存空间，使它们"各得其所"，在作业结束时收回其所占的内存空间，使内存得到充分的利用，提高存储器的利用率，减少不可用的内存空间。

2．内存保护

内存保护的主要任务是确保每道用户程序都只在自己的内存空间内运行，彼此互不干扰。进一步说，绝不允许用户程序访问操作系统的程序和数据，也不允许转移到非共享的其他用户程序中去执行。

3．地址映射

在多道程序设计环境下，每道程序不可能都从"0"地址开始装入，而是动态装入内存的。

作业的逻辑地址和内存空间中的物理地址不一致，程序执行要求程序的逻辑地址必须转换成内存的物理地址，这一转换称为地址映射。

4．内存扩充

存储器管理中的内存扩充任务，并非是去扩大物理内存的容量，而是借助于虚拟存储技术，从逻辑上扩充内存容量，使用户感觉内存容量比实际内存容量大得多，或者让更多的用户程序能并发执行。这样，既满足了用户的需要，改善了系统的性能，又基本上不增加硬件投入。

1.4.3 设备管理

在计算机系统的硬件中，除了 CPU 和内存，其余几乎都属于外围设备，。外围设备种类繁多，物理特性相差很大。因此，操作系统的设备管理往往很复杂，主要任务是完成用户进程提出的 I/O 请求、为用户进程分配其所需的 I/O 设备、提高 CPU 和 I/O 设备的利用率、提高 I/O 速度、方便用户使用 I/O 设备等。为实现这些任务，设备管理应具有缓冲管理、设备分配、设备处理以及虚拟设备等功能。

1．缓冲管理

CPU 运行的高速性和 I/O 设备低速性间的矛盾自计算机诞生起便已存在。随着 CPU 速度的迅速提高，这一矛盾更为突出，严重降低了 CPU 的利用率。为缓和这一矛盾，通常在设备管理中建立 I/O 缓冲区，而对缓冲区的有效管理便是设备管理的一项任务。

2．设备分配

设备分配的基本任务是根据用户进程的 I/O 请求、系统的现有资源情况以及按照某种设备分配策略，为之分配其所需的设备，设备使用完毕后及时回收设备。

3．设备处理

设备处理又称设备驱动程序，对于未设置通道的计算机系统，其基本任务通常是实现 CPU 和设备控制器之间的通信，即由 CPU 向设备控制器发出 I/O 指令，要求它完成指定的 I/O 操作，并能接收由设备控制器发来的中断请求，给予及时的响应和相应的处理。对于设置了通道的计算机系统，设备处理程序还应能根据用户的 I/O 请求，自动构造通道程序。

4．设备独立性和虚拟设备

设备独立性是指应用程序独立于具体的物理设备，使用户编程与实际使用的物理设备无关。虚拟设备的功能是将低速的独占设备改造成为高速的共享设备。

1.4.4 文件管理

处理器管理、存储器管理和设备管理都属于硬件资源的管理。软件资源的管理称为信息管理。在现代计算机管理中，总是把程序和数据以文件的形式存储在外部存储器（简称外存）中，为此操作系统必须具有文件管理功能。文件管理的主要任务是对用户文件和系统文件进行管理，以方便用户使用，并保证文件的安全性。为此，文件管理应具有对文件存储空间的管理、目录管理、文件的读/写管理以及文件的保护等功能。

1．文件存储空间的管理

所有的系统文件和用户文件都存放在外部存储设备上。文件存储空间管理的任务是为新建文件分配存储空间，在一个文件被删除后应及时释放其所占用的空间。文件存储空间管理的目标是提高文件存储空间的利用率，提高文件系统的工作速度。

2．目录管理

为了使用户能方便地在外存上找到自己所需要的文件，通常由系统为每个文件建立一个目录项。目录项包括文件名、文件属性、文件在外存上的物理位置等。若干目录项又可构成一个目录文件。目录管理的主要任务是为每个文件建立目录项，并对众多的目录项加以有效的组织，以实现按名存取。即用户只须提供文件名，即可对该文件进行存取。其次，目录管理还应能实现文件共享，这样只须在外存上保留一份该共享文件的副本即可。此外，还应能提供快速的目录查询手段，以提高对文件的检索速度。

3．文件读/写管理

文件读/写管理是文件管理的最基本的功能。文件系统根据用户给出的文件名去查找文件目录，从中得到文件在文件存储器上的位置，然后利用文件读、写函数，对文件进行读、写操作。

4．文件存取控制

为了防止系统中的文件被非法窃取或破坏，文件系统应建立有效的保护机制，以保证文件系统的安全性，防止未经核准的用户存取文件、冒名顶替存取文件、采用不正确的方式使用文件等。

1.4.5　用户接口

为了方便用户使用操作系统，操作系统必须为用户或程序员提供相应的接口，通过使用这些接口达到方便地使用计算机的目的。常用的用户接口有命令接口、程序接口、图形接口。

1．命令接口

命令接口分联机命令接口和脱机命令接口。联机命令接口是为联机用户提供的，由一组键盘命令及其解释程序组成。当用户在终端或控制台上输入一条命令后，系统便自动转入命令解释程序，对该命令进行解释并执行。在完成指定操作后，系统又返回到终端或控制台，等待接收用户的下一条命令。这样，用户可通过不断地输入不同的命令，达到控制自己作业的目的。

脱机命令接口是为批处理系统用户提供的。在批处理系统中，用户不直接与自己的作业进行交互，而是使用作业控制语言（JCL），将用户对其作业控制意图写成作业说明书，然后将作业说明书连同作业一起提交给系统。当系统调度该作业时，通过解释程序对作业说明书进行逐条解释并执行。这样，作业一直在作业说明书的控制下运行，直到遇到作业结束语句时，系统才停止该作业的执行。

2．程序接口

程序接口是用户获取操作系统服务的唯一途径。程序接口由一组系统调用组成。每一个系统调用都是一个完成特定功能的子程序。早期的操作系统，其系统调用都是用汇编语言写成的，因而只有在汇编语言编写的应用程序中可以直接调用。近年来推出的操作系统，其系统调用是用C语言编写的，并以函数的形式提供，从而可以在用C语言编写的程序中直接调用。而其他高级语言往往提供与系统调用一一对应的库函数，应用程序通过调用库函数来使用系统调用。

3．图形接口

以终端命令和命令语言方式来控制程序的运行固然有效，但给用户增加了不少负担，即用户必须记住各种命令，并从键盘输入这些命令及所需数据来控制程序的运行。大屏幕高分辨率图形显示和多种交互式输入/输出设备（如鼠标、触摸屏等）的出现，使得将"记忆并输入"的操作方式改变为图形接口方式成为可能。图形用户接口（GUI）的目的是通过对出现在屏幕上的对象直接进行操作，来控制和操纵程序的运行。这种图形用户接口大大减轻或免除了用户记忆的工作量，其操作方式也使原来的"记忆并输入"方式改变为"选择并点击"方式，极大地方便了用户，受到用户的普遍欢迎。

1.5 操作系统结构设计

操作系统属于系统软件，系统软件的设计比一般应用软件要复杂一些，而操作系统则是系统软件设计中最复杂的。由于操作系统是所有其他软件的运行平台，要适应各种用户的公共需求，涉及的内容多且适应性又强，因此，操作系统的管理逻辑比较复杂，实现的难度也比较大，从而导致操作系统的开发周期会比较长。通常一个操作系统从开始设计到完成可能需要经历一年到几年的时间。设计操作系统的周期长也直接导致验证一个操作系统的周期会更长，虽然操作系统设计完成后会经历出厂前的验证和测试，但系统中还可能存在一些错误，可能要经历相当长的时间才能进入完善稳定阶段。

由此可见，操作系统是一个特殊、复杂、功能强大的软件，在设计中要充分考虑系统结构的建设问题。操作系统的体系结构主要有两种：层次结构和微内核结构。

1.5.1 层次结构

层次结构是把一个大型复杂的操作系统分解成若干单向依赖的层次，每一层可完成的功能依赖于其低层功能的支持，也就是说，每层都只使用其下层所提供的功能和服务，以便于系统调试和验证，从而将每一层次都对上层次扩充形成一个虚拟机。高层次屏蔽低层次的功能细节，提供高层服务。整个操作系统由若干虚拟机叠加而成，由各层的正确性保证整个操作系统的正确性。

按层次结构构造的第一个操作系统是 E.W.Dijkstra 和他的学生在荷兰开发的 THE 系统（1968 年）。典型的操作系统层次结构分为 6 层，如图 1-7 所示。

6 层	操作员
5 层	用户程序
4 层	输入/输出管理
3 层	进程通信
2 层	内存和磁盘管理
1 层	处理器分配和多道程序

图 1-7 典型的操作系统分层结构

层次结构的最大优点是把系统问题分解成多个子问题，然后分别解决，使整体问题局部化，各个功能模块的独立性强、易维护、易调整，从而使操作系统结构清晰，便于调试，利于功能的增删改。但是层次结构的缺点也显而易见：在设计过程中层次的划分和安排比较困难。在设置层次时，首先要考虑各功能层次之间的嵌套关系，如作业调度模块需调用进程控制模块，进程控制模块又需调用内存管理模块为新进程分配内存，所以进程控制模块应在内存管理模块之上，作业调度模块又应在进程控制模块之上，并且，根据运行的频率，应把经常运行的模块放在最接近硬件的第一层，以提高速度。设计者经常会把公用模块放在最底层，而用户接口放在最高层；其次，从软硬件角度考虑，应把与机器特点紧密相关的软件放在紧靠硬件的最底层，把多种操作方式共同使用的基本部分放在内层，而系统调用的各功能通常构成操作系统内核，放在系统的内层。

层次结构在操作系统设计中应用得比较成功,早期许多典型操作系统均基于层次结构实现,如 MS-DOS、早期 Windows 及传统 UNIX 等。

1.5.2 微内核结构

微内核（MicroKernel）OS 结构是在 20 世纪 90 年代发展起来的,是以客户/服务器体系结构为基础、采用面向对象技术的结构,能有效地支持多处理器,非常适用于分布式系统。

微内核是一个能实现 OS 功能的小型内核,运行在核心态,且常驻内存,它不是一个完整的 OS,只是为构建通用 OS 提供基础。微内核的基本功能包括进程管理、存储器管理、进程间通信、I/O 设备管理。此时,操作系统由两大部分组成,即运行在核心态的内核和运行在用户态并以客户/服务器方式运行的进程层。

多年来操作系统设计都是延续单体内核的设计方法进行的。所谓单体内核,就是指操作系统的核心处理部分是一个整体结构,通常不支持分离存储和分布控制。这么做的优点是系统结构简单,内部处理间的管理比较直接,系统整体上划分得比较规整。但是这种结构存在一个重大不足,就是系统内部模块分工不清,相互之间的调用关系混杂,带来的不良后果就是系统修改困难、可适应性差。微内核结构打破了这种传承,它的设计思想是:为了有效地提高系统可靠性,并使系统具备良好的可适应性,需要将核心模块设计精练化。具体做法是:将原来内核模块中的内容进行精简,将一些原来属于核心模块的功能提出到外部去完成,只将操作系统最主要的功能包含在内核中,使内核尽量简单,形成微内核结构。

采用微内核结构时,通常地址空间分配、内部进程通信和基本调度管理可以放在内核中,其他与操作系统结构管理关系不密切的功能模块（如文件管理、I/O 控制）都可以放在核心层以外的部分进行处理。

采用微内核结构,一方面可以保证提高核心模块设计的正确性,另一方面,这种结构也更适合网络和分布式处理的计算环境,使操作系统的适应性增强。微内核系统体系结构的模型如图 1-8 所示。由图可以看出,在用户模式下除了包含用户进程外,还包含一些系统的服务进程,如进程服务、存储服务、文件服务等。用户进程需要系统进程服务时,需要通过微内核中的模块向系统服务进程发出请求信息,然后才得到服务。完成系统管理的服务进程是在用户态下运行的,这一点与用户进程是一样的。

图 1-8　微内核体系结构模型

微内核结构的可适应性提高了很多,但是不可否认的是采用这种结构的系统执行效率会有所降低。由于微内核结构中只包含操作系统处理中的核心功能模块,在系统管理中通常需要在核心层与用户态之间进行切换,这种切换会耗费系统资源和系统时间,因此系统执行效率不如单一整体结构的好。

1.6　现代主流操作系统简介

目前最常用的操作系统是 Windows 系列、UNIX 家族和 Linux。其中，UNIX 常用的变种有 SUN 公司的 Solaris、IBM 公司的 AIX、惠普公司的 HP UX 等。其他比较常用的操作系统还有 Mac OS、NetWare 等。

1.6.1　MS-DOS 及 Windows 系列

1. MS-DOS

MS-DOS 是 Microsoft Disk Operating System 的简称，即由美国微软公司（Microsoft）提供的磁盘操作系统，它属于一种单用户单任务的操作系统。在 Windows 95 以前，DOS 是 PC 兼容计算机最基本配备，而 MS-DOS 则是最普遍使用的 PC 兼容 DOS。最基本的 MS-DOS 系统由一个基于 MBR 的 BOOT 引导程序和 3 个文件模块组成。这 3 个模块是输入/输出模块（IO.SYS）、文件管理模块（MSDOS.SYS）及命令解释模块（COMMAND.COM）。除此之外，微软还在零售的 MS-DOS 系统包中加入了若干标准的外部程序（即外部命令），这才与内部命令（即由 COMMAND.COM 解释执行的命令）一同构建起一个在磁盘操作时代相对完备的人机交互环境。

MS-DOS 一般使用命令行界面来接收用户的指令，如图 1-9 所示。如果用户不会使用 DOS 命令，他就没有办法使用计算机，这给计算机的普及带来了一定的难度。

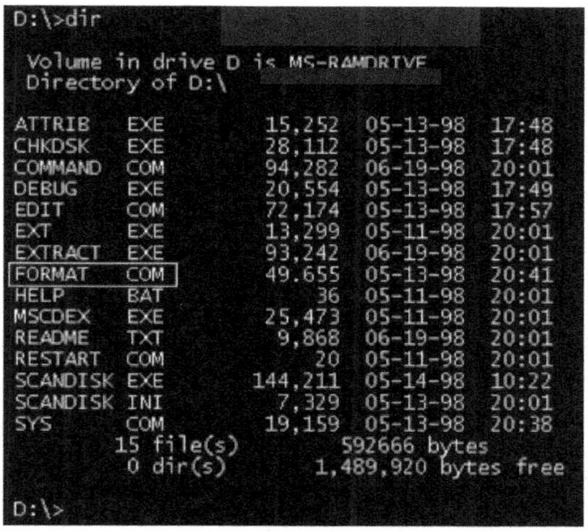

图 1-9　MS-DOS 的命令行界面

2. Windows 3.x、Windows 95/98 及 Windows Me 的发展历史

1985 年 11 月，Microsoft Windows 1.0 发布，它是微软第一次对个人计算机操作平台进行用户图形界面的尝试。Windows 1.0 本质上宣告了 MS-DOS 操作系统的终结。1987 年 12 月 9 日，Windows 2.0 发布，这个版本的 Windows 图形界面，有不少地方借鉴了同期的 Mac OS 中的一些设计理念，但这个版本依然没有获得用户认同。之后又推出了 Windows 386 和 windows 286 版本，有所改进，并为之后的 Windows 3.0 的成功做好了技术铺垫。

1990 年 5 月 22 日，Windows 3.0 正式发布，由于在图形界面人性化、内存管理多方面的巨大改进，终于获得用户的认同。之后微软公司趁热打铁，于 1991 年 10 月发布了 Windows 3.0

的多语言版本。1992 年 4 月，Windows 3.1 发布，它既包含了对用户界面的重要改善，也包含了 80286 和 80386 对内存管理技术的改进。MS-DOS 下的程序可以在窗口中运行，使得程序可以在多任务基础上使用，虽然这个版本只是为家庭用户设计的，很多游戏和娱乐程序仍然要求 DOS 存取。

1994 年，Windows 3.2 的中文版本发布，相信国内有不少 Windows 的先驱用户就是从这个版本开始接触 Windows 系统的。由于 Windows 3.2 消除了语言障碍，降低了学习门槛，因此很快在国内流行了起来。

1995 年最轰动的事件，莫过于 8 月期间 Windows 95 的发布，出色的多媒体特性、人性化的操作、美观的界面令 Windows 95 获得空前成功。业界也将 Windows 95 的推出看作是微软发展的一个重要里程碑。Windows 95 是一个混合的 16 位/32 位 Windows 系统，其版本号为 4.0，由微软公司发行于 1995 年 8 月 24 日。

Windows 95 设计了一个"开始"按钮以及任务栏，这一直保留到后来所有的产品中。后来的 Windows 95 版本附带了 Internet Explorer 3，然后是 Internet Explorer 4。当 Internet Explorer 4 被整合到操作系统中后，给系统带来一些新特征。

1998 年 6 月 25 日，Windows 98 发布。这个新的系统是基于 Windows 95 编写的，改良了硬件标准的支持，如 MMX 和 AGP。其他特性包括对 FAT32 文件系统的支持、多显示器、Web TV 的支持，以及整合到 Windows 图形用户界面的 Internet Explorer，称为活动桌面（Active Desktop）。

1999 年 6 月 10 日，Windows 98 SE 发布，提供了 Internet Explorer 5、Windows Netmeeting 3、Internet Connection Sharing、对 DVD-ROM 和对 USB 的支持。Windows 98 是如此出色，以至于在发行 6 年后还有很多用户依然钟情于它。

Windows Me（Windows Millennium Edition）是最后一个基于 DOS 的混合 16 位/32 位的 Windows 9x 系列的 Windows，由微软公司发行于 2000 年 9 月 14 日。这个系统是在 Windows 95 和 Windows 98 的基础上开发的，其中最主要的改善是用于与流行的媒体播放软件 RealPlayer 竞争的 Windows Media Player 7。但是 Internet Explorer 5.5 和 Windows Media Player 7 都可以在网上免费下载。Movie Maker 是这个系统中的一个新的组件，这个程序提供了基本的对视频的编辑和设计功能，对家庭用户来说是简单易学的。

在 Windows Me 中最重要的修改是系统不再包括实模式的 MS-DOS，这有助于系统的速度提升，减少了对系统资源的使用。然而这对基于 DOS 源代码的 Windows Me 造成了不利影响，即造成系统比 Windows 98 更不稳定，甚至运行比 Windows 98 还慢，且比 Windows 98 更容易出现蓝屏死机现象。

2001 年 10 月 25 日，Windows XP 发布。Windows XP 是微软把所有用户要求合成一个操作系统的尝试，和以前的 Windows 桌面系统相比，其稳定性有所提高，而为此付出的代价是丧失了对基于 DOS 程序的支持。微软最初发行了两个版本的 Windows XP：专业版（Windows XP Professional）和家庭版（Windows XP Home Edition），后来又发行了媒体中心版（Media Center Edition）和平板电脑版（Tablet PC Editon）等。Windows XP Professional 专业版除了包含家庭版的一切功能，还添加了新的为面向商业用户设计的网络认证、双处理器支持等特性，最高支持 2 GB 的内存，主要用于工作站、高端个人计算机以及笔记本式计算机。Windows XP Home Edition 家庭版的消费对象是家庭用户，用于一般个人计算机以及笔记本式计算机，只支持单处理器，最低支持 64 MB 的内存（在 64 MB 的内存条件下会丧失某些功能），最高支持 1 GB 的内存。2013 年 10 月，微软宣布将于 2014 年 4 月 8 日开始不再提供 Windows XP 技术支持，包括帮助保护计算机的自动更新,微软不断提醒"安全"危机吸引 Windows XP 用户转向 Windows 8。

3. Windows NT 系列、Windows CE 系列和 Windows 2000/2008

Windows NT 的产生和发展是与其他 Windows 版本同步的。1993 年 Windows NT 3.1 发布,这个产品是基于 OS/2 NT 的基础编制的,由微软和 IBM 联合研制。这个系统的很多元素反映了早期的带有 VMS 和 RSX-11 的 DEC 概念。由于是第一款真正对应服务器市场的产品,所以其稳定性方面比桌面操作系统更为出色。

1996 年 8 月,Windows NT 4.0 发布,增加了许多对应管理方面的特性,稳定性也相当不错,这个版本的 Windows 软件被不少公司使用了许多年。

同年 11 月,Windows CE 1.0 发布。这个版本是为各种嵌入式系统和产品设计的一种压缩的、高效的、可升级的操作系统(OS)。其多线性、多任务、全优先的操作系统环境是专门针对资源有限而设计的。这种模块化设计使嵌入式系统开发者和应用开发者能够订做各种产品,如家用电器、专门的工业控制器和嵌入式通信设备。微软的战线从桌面系统杀到了服务器市场,又转攻到嵌入式行业。

在千禧年 2000 年的钟声后,迎来了 Windows NT 5.0,为了纪念特别的新千年,这个操作系统也被命名为 Windows 2000。Windows 2000 包含新的 NTFS 文件系统、EFS 文件加密、增强硬件支持等新特性,向一直被 UNIX 系统垄断的服务器市场发起了强有力的冲击。Microsoft Windows 2000(起初称为 Windows NT 5.0)是一个由微软公司于 2000 年 12 月 19 日发行的 Windows NT 系列的纯 32 位图形视窗操作系统。

Windows 2000 是主要面向商业的操作系统。Windows 2000 有 4 个版本:Windows 2000 Professional(即专业版),用于工作站及笔记本计算机,最高可以支持双处理器,最低支持 64 MB 内存,最高支持 2 GB 内存;Windows 2000 Server(即服务器版),面向小型企业的服务器领域,最高可以支持 4 个处理器,最低支持 128 MB 内存,最高支持 4 GB 内存;Windows 2000 Advanced Server(即高级服务器版),面向大中型企业的服务器领域,最高可以支持 8 处理器,最低支持 128 MB 内存,最高支持 8 GB 内存;Windows 2000 Datacenter Server(即数据中心服务器版),面向最高级别的可伸缩性、可用性与可靠性的大型企业或国家机构的服务器领域。最高可以支持 32 处理器,最低支持 256 MB 内存,最高支持 64 GB 内存。

2003 年 4 月,Windows Server 2003 发布,它对活动目录、组策略操作和管理、磁盘管理等面向服务器的功能作了较大改进,对.NET 技术的完善支持进一步扩展了服务器的应用范围。

Windows Server 2003 有 4 个版本:Windows Server 2003 Web 服务器版本(Web Edition)、Windows Server 2003 标准版(Standard Edition)、Windows Server 2003 企业版(Enterprise Edition)以及 Windows Server 2003 数据中心版(Datacenter Edition)。Web Edition 主要是为网页服务器(Web Hosting)设计的,而 Datacenter 是为极高端系统设计的,标准和企业版本则介于两者中间。

Windows Server 2008 是迄今较稳固的 Windows Server 操作系统,它在虚拟化技术及管理方案、服务器核心、安全部件及网络解决方案等方面具有众多创新性能:内置的服务器虚拟化技术可帮助企业降低成本,提高硬件利用率,优化基础设施,并提高服务器可用性;通过 Server Core、PowerShell、Windows Deployment Services 及增强的联网与集群技术等,为工作负载和应用要求提供功能最为丰富且可靠的平台;Windows Server 2008 操作系统和安全创新,为网络、数据和业务提供网络接入保护、联合权限管理以及只读的域控制器等前所未有的保护,是有史以来最安全的 Windows Server;通过改进的管理、诊断、开发与应用工具,以及更低的基础设施成本，Windows Server 2008 能够高效地提供丰富的 Web 体验和最新网络解决方案。动态硬件分区有助于使 Windows Server 2008 在增强的可靠性和可用性、提升资源管理和按需容量上受益。Windows Server 2008 中改进故障转移集群的目的是简化集群，使它们更安全，提高集群的稳定性。

4．Windows Vista

Windows Vista 是微软公司开发代号为 Longhorn 的下一版本 Microsoft Windows 操作系统的正式名称。它是继 Windows XP 和 Windows Server 2003 之后的又一个重要的操作系统。Windows Vista 包含了上百种新功能，其中较特别的是新版的图形用户界面和称为 Windows Aero 的全新界面风格、加强后的搜寻功能（Windows Indexing Service）、新的多媒体创作工具（如 Windows DVD Maker），以及重新设计的网络、音频、输出（打印）和显示子系统。Vista 也使用点对点技术（Peer-to-Peer）提升了计算机系统在家庭网络中的通信能力，使在不同计算机或装置之间分享文件与多媒体内容变得更简单。针对开发者方面，Vista 使用.NET Framework 3.0 版本，比起传统的 Windows API 更能让开发者简单写出高品质的程序。

微软也在 Vista 的安全性方面进行改良。Windows XP 最受到批评的一点是系统经常出现安全漏洞，并且容易受到恶意软件、计算机病毒或缓存溢出等问题的影响。为了改善这些情形，微软总裁比尔·盖茨于 2002 上半年宣布在全公司实行"可信计算的政策"（Trustworthy Computing initiative），这个活动目的是让全公司各方面的软件开发部门一起合作，共同解决安全性的问题。微软宣称由于希望优先增进 Windows XP 和 Windows Server 2003 的安全性，因此延误了 Vista 的开发。

Windows Vista 和 Windows Server 2008 的 SP2 是单独发布的，均包括一个 32 位独立安装包（302 MB 至 390 MB）和两个 64 位独立安装包，其中一个支持 X64 架构（508 MB 至 622 MB），另一个支持 Itanium 64 位架构（384 MB 至 396 MB）。

5．Windows 7 和 Windows 8

Windows 7 于 2009 年 10 月正式发布，核心版本号为 Windows NT 6.1。Windows 7 可供家庭及商业工作环境、笔记本式计算机、平板电脑、多媒体中心等使用。Windows 7 的设计主要围绕 5 个重点，即针对笔记本式计算机的特有设计；基于应用服务的设计；用户的个性化；视听娱乐的优化；用户易用性的新引擎，包括跳跃列表、系统故障快速修复等。这些新功能令 Windows 7 成为易用、简单、高效的 Windows。Windows 7 主流支持服务过期时间为 2015 年 1 月，扩展支持服务过期时间为 2020 年 1 月。

Windows 8 于 2012 年 10 月由微软公司正式推出，是具有革命性变化的操作系统。系统独特的 metro 开始界面和触控式交互系统，旨在让人们的日常操作更加简单和快捷，为人们提供高效易行的工作环境。Windows 8 支持来自 Intel、AMD 的芯片架构，被应用于个人计算机（X64 构架、X86 构架）和平板电脑（ARM 架构）上。该系统具有更好的续航能力，且启动速度更快，占用内存更少，并兼容 Windows 7 所支持的软件和硬件。Windows 8 可以在大部分运行 Windows 7 的计算机上平稳运行。它大幅改变以往的操作逻辑，提供更佳的屏幕触控支持。新系统画面与操作方式变化极大，采用全新的 Modern UI（新 Windows UI）风格用户界面，各种应用程序、快捷方式等能以动态方块的样式呈现在屏幕上，用户可自行将常用的浏览器、社交网络、游戏、操作界面融入。

微软将于 2014 年 10 月停止发售 Windows 8。但预装 Windows 8 系统的计算机设备销售正常运营，用户依然可以通过购买 PC 的方式获取 OEM 版本的 Windows 8。同时微软对 Windows 8 的技术支持工作也不会停止。Windows 8 的免费主流支持服务过期时间为 2018 年 1 月，扩展支持服务过期时间为 2023 年 1 月。

1.6.2　UNIX 大家族

1．UNIX 概述

UNIX 是一种多用户操作系统，是目前的三大主流操作系统之一。UNIX 于 1969 年诞生在贝尔实验室，由于其简洁、易于移植等特点而很快得到关注、发展和普及，成为跨越从微型机到巨型机范围的唯一操作系统。

2．UNIX 的发展

从总体来看，UNIX 的发展可以分为 3 个阶段：

（1）UNIX 的初始发展阶段

1969 年 KenThompson 在 AT&T 贝尔实验室创造了 UNIX 操作系统，刚开始运行在一台 DECPDP-7 计算机上，只在实验室内部使用并完善它，这个阶段 UNIX 从版本 1 发展到了版本 6。此时的 UNIX 是用汇编语言写成的，以致在 1970 将 UNIX 移植到 PDP-11/20 上的时候做了大量工作。在这个阶段里最重要的事件可以算是 UNIX 的发明者使用 C 语言对 UNIX 的源代码进行重新改写，使 UNIX 非常具有可移植性。

由于 UNIX 被作为研究项目，其他科研机构和大学的计算机研究人员也希望能得到这个系统，以便进行自己的研究。AT&T 以分发许可证的方法，对 UNIX 仅仅收取很少的费用，使大学和研究机构能获得 UNIX 的源代码以进行研究。UNIX 的源代码被散发到各个大学，一方面使得科研人员能够根据需要改进系统，或者将其移植到其他硬件环境中，另一方面培养了懂得 UNIX 使用和编程的大量学生，这使得 UNIX 的普及更为广泛。

（2）UNIX 的丰富发展时期

20 世纪 80 年代，在 UNIX 发展到版本 6 之后，一方面，AT&T 继续发展内部使用的 UNIX 版本 7，同时也发展了一个对外发行的版本，但改用 System 加罗马字母作版本号来称呼它，其中 System Ⅲ 和 System V 都是相当重要的 UNIX 版本。此外，其他厂商以及科研机构都纷纷改进 UNIX，其中以加州大学伯克利分校的 BSD 版本最为著名，从 4.2BSD 中也派生出了多种商业 UNIX 版本，例如 Solaris、HP-UX、IRIX 、AIX、SCO 等。

Sun 是最早的工作站厂商，它一直在 UNIX 工作站领域不断发展，其操作系统 SunOS 是基于 4.2BSD 开发的，直到 SunOS 4。但是在此之后，Sun 将操作系统的开发工作转向了 System V，这个新版本为 Solaris 2，或者称为 SunOS 5。Sun 的 Solaris 主要针对它的处理器 Sparc 来开发，但是他们也开发了用于 Intel 平台的系统 Solaris X86。与运行在工作站上的 Solaris 相比，Solaris X86 性能较差。

IRIX 是 SGI 公司的 UNIX，这也是一种基于 UNIX System V 的产品。SGI 的 UNIX 图形工作站是图形图像处理领域内的顶级产品，一方面是由于 SGI 的硬件性能相当优秀，另一方面是在软件方面，SGI 开发了工作站下的图形图像处理软件，成为这个领域的领先者。

SCO UNIX 是在国内比较有名气的操作系统，它的历史可以追溯到 Microsoft 开发的 Xenix。Xenix 是运行在 Intel 平台上的一种基于 UNIX V6 的系统，后来 Xenix 开发部门独立出来成立了 SCO 公司，并基于 AT&T System VR3.2 开发了 SCO UNIX，其最新版本为增强了图形接口的 SCO

OpenServer 5.0.4。SCO 之所以能占有市场，并不是其产品特别出色，而是因为在小型机特别昂贵的年代，对一些追求稳定的行业来说，在 X86 上运行 SCO 可以节约大量成本。因此早期的银行、金融行业的终端大多使用 SCO。

其他如 IBM 的 UNIX，是根据 SVR2（最近已经更新到 SVR3.2）以及一部分 BSD 延伸而来。HP-UX 则是 HP 公司从 S Ⅲ（SVRx）发展而来，现在是由 SVR2（4.2BSD）发展而来。在这个时期，Internet 开始进行研究，而 BSD UNIX 最先实现了 TCP/IP，使 Internet 和 UNIX 紧密结合在一起。

（3）UNIX 的完善阶段

从 20 世纪 90 年代开始到现在，当 AT&T 推出 System V Release 4（第五版本的第四次正式发布产品）之后，它和 4.3BSD 已经形成了当前 UNIX 的两大流派。虽然 UNIX 已经非常开放，但在 20 世纪 80 年代其内核代码也不是随意就可以得到的。最容易得到的代码是 Minix，用于教学目的而编写的一个系统，这远不是一个成熟的系统。于是芬兰的 Linus 决定自己编写一个独立的操作系统，在 Internet 上发布了一个通告。这个称为 Linux 的系统在 Internet 上的众多爱好者的帮助下迅速开发出来，并取得了巨大的成功。

1.6.3　自由软件 Linux

自由软件是由开发者提供软件全部源代码，任何用户都有权使用、复制、扩散、修改该软件，同时用户也有义务将自己修改过的程序代码公开。自由软件的出现给人们带来很大的好处，首先，可以免费为用户节省相当的费用；其次，公开的源代码可以吸引尽可能多的开发者参与软件的查错与改进。

1. Linux 的兴起

自 1984 年起，麻省理工学院开始支持"世界最后一名黑客"Richard Stallman 在软件开发团体中发起自由软件运动，从而自由软件基金会 FSF、GPL 协议和 GNU 项目就此诞生，掀开了自由软件革命的序章。1989 年，Linux 的创始人 Linus Torvalds 在芬兰首都赫尔辛基的大学生寄宿公寓缔造了 Linux 的神话，Linus Torvalds 为超越 Minix 发布了一个 UNIX 的变种 Linux。3 年后，Linux 正式接受了 GPL（General Public license）。截止到 1992 年 1 月，全世界大约只有 100 个左右的人在使用 Linux，今天全球大约有 1 000 万 Linux 用户。1994 年，Marc Ewing 建立了 Red Hat Linux，用于解决 Linux 易用性问题。Red Hat 包含 Linux、第三方软件、文档及初级技术支持。1999 年 Linux 2.2、UNOME 1.0、支持 Linux 的 Red Hat 6.0 发布，IBM 及 HP 宣布支持 Linux，Intel 注资 Linux。

可以说 1998 年是 Linux 年，1999 年 Linux 继续走红，称 1999 年为中文 Linux 年也决不为过。1999 年 3～4 月间，Turbo Linux 3.02、Xteam Linux 两种中文 Linux 发行版本相继亮相，掀开了中文 Linux 从无到有的新篇章；8 月，Turbo Linux 4.0 和红旗 Linux 简体中文版发布，预装 Turbo Linux4.0 中文版的长城电脑开始出售；9～10 月，Tom Linux、COSIX Linux 中文版问世；12 月，Turbo Cluster 集群服务器中文版本在中国上市。目前已经有 7 种以上的中文 Linux 版本在国内市场流行，红旗 Linux 被中国科学家们称为新时期的"两弹一星工程"。Linux 从最开始的一个人思想的产品变成了一副巨大的织锦，变成了由无数志同道合的自由斗士们发起的一场操作系统运动。

1999 年的中国计算机世界展览会，为 Linux 开辟了专区。同年 9 月 7 日在北京召开了 Linux

开发者大会。1999 年 11 月 15 日，在拉斯维加斯，有全世界 2 000 家厂商参展的 Comdex 99 大会上，Linux 攻势强劲，出尽风头。众多著名 Linux 厂商不仅阵容强大，而且推出了基于 Linux 的图形、多媒体、办公套件、电子商务应用解决方案、集群服务器系统等应用软件，使 Linux 应用软件不多的状况成为历史。会上 Corel 公司推出的 Corel Linux OS 是通向台式机操作系统市场的第一步，声称将在 2000 年第二季度推出 Linux 的办公应用软件，还将推出针对 Linux 的图形应用软件：无缝地接合 Windows 及 Mac OS 平台。

近年来 Linux 在全球风行，用户数量增长速度惊人。据权威机构 IDC 预测，未来 5 年内 Linux 的平均增长率将超过其他操作系统增长的总和，成为 21 世纪前途无量的操作系统。据国内建网单位介绍，选择 Linux 操作系统的网络，总体工程造价降低 30%，系统运行速度提高一倍。Linux 不仅让用户有了 Windows 之外的选择，也让用户看到了自由软件最美好的一面，又一次赋予了中国软件业的新生。

2．Linux 概述

Linux 是一个诞生于网络、成长于网络且成熟于网络的奇特的操作系统。从当年 Linux 诞生之初，为了不让这个羽翼未丰的操作系统夭折，Linus 就将自己的作品 Linux 通过 Internet 发布。从此一大批知名的、不知名的电脑黑客、编程人员加入到开发过程中来，Linux 逐渐成长起来。

Linux 一开始是要求所有的源码必须公开，并且任何人均不得从 Linux 交易中获利。然而这种纯粹的自由软件的理想对于 Linux 的普及和发展是不利的，于是 Linux 开始转向 GPL，成为 GNU 阵营中的主要一员。现在，Linux 凭借优秀的设计、不凡的性能，加上 IBM、Intel、CA、Core、Oracle 等国际知名企业的大力支持，市场份额逐步扩大，逐渐成为主流操作系统之一。

3．Linux 的优势

Linux 相对于其他操作系统具有很多优势，主要有：

① 提供了先进的网络支持，内置 TCP/IP 协议。

② 是真正意义上的多任务、多用户系统。

③ 与 UNIX 系统在源代码级兼容，符合 IEEE POSIX 标准。

④ 核心能仿真 FPU。

⑤ 支持数十种文件系统格式。

⑥ 完全运行于保护模式，充分利用了 CPU 性能。

⑦ 开放源代码，用户可以对系统进行改进。

⑧ 采用先进的内存管理机制，更加有效地利用物理内存。

4．Linux 应用领域

Linux 应用领域广泛，可以说囊括了社会生活的各个领域。

① 教育领域：设计先进、公开源代码这两大特性使得 Linux 成为了操作系统课程的活教材。

② 网络服务器领域：稳定、健壮、系统要求低、网络功能强使得 Linux 成为现在 Internet 服务器操作系统的首选，现已达到了 25%的占有率。

③ 企业 Intranet：可以用低廉的投入架设 E-MAIL 服务器、WWW 服务器、代理服务器、透明网关、路由器。

④ 视频制作领域：著名的电影"泰坦尼克号"就是由 200 多台 Linux 协作完成其中的特技效果的。

Linux 被国内业界人士看作是开发自主操作系统的一个千载难逢的机遇。从国家主权和国家安全的角度考虑，中国从来没有放弃过对自主操作系统的开发，多年来国家在这方面投入了大量资金，但仍然是薄弱环节。国家有以 Linux 为契机开发自主操作系统的行动，业界对此呼声强烈，媒体宣传态度中肯，用户们也应该有首选 Linux 的自觉性。

本 章 小 结

操作系统是配置在计算机硬件上的第一层软件，是对硬件系统的首次扩充。操作系统是一组控制和管理计算机硬件和软件资源，合理地组织计算机工作流程，并为用户使用计算机提供方便的程序和数据的集合。

操作系统从形成发展至今可分为批处理系统、分时系统、实时系统、网络操作系统和分布式操作系统等，其中批处理操作系统、分时操作系统、实时操作系统是操作系统的 3 种基本类型。每种操作系统均具有自身的特点，但各种操作系统又都具有 4 个共同的基本特征，即并发性、共享性、虚拟性和异步性。其中并发性是操作系统最重要的特征，其他 3 个特征是以并发性为前提的。

从系统资源的角度看，操作系统有处理器管理、存储器管理、设备管理和文件管理的功能，从用户角度看，操作系统还要具有为用户提供接口，方便用户使用的功能。

习 题 1

一、单项选择题

1. 在计算机系统中配置操作系统的主要目的是（　　　）。
   A. 增强计算机系统的功能　　　　　　　　B. 提高系统资源利用率
   C. 提高系统运行速度　　　　　　　　　　D. 提高吞吐量

2. 操作系统有多种类型，允许多个用户以交互方式使用计算机的操作系统称为（　　　）。
   A. 批处理操作系统　　　B. 分时系统　　　C. 实时系统　　　D. 微机系统

3. 下列关于操作系统的正确叙述是（　　　）。
   A. 操作系统是主机和外设之间的接口
   B. 操作系统是硬件和软件之间的接口
   C. 操作系统是用户与计算机之间的接口
   D. 操作系统是源程序与目标程序之间的接口

4. 在计算机系统的层次关系中，最贴近硬件的是（　　　）。
   A. 操作系统　　　　　　B. 应用软件　　　C. 用户　　　　D. 数据系统

5. 引入多道程序的目的在于（　　　）。
   A. 充分利用 CPU，减少 CPU 等待时间
   B. 提高实时响应速度
   C. 有利于代码共享，减少主存和辅存间的信息交换量
   D. 充分利用存储器

6. 并发性是指若干事件在（　　　）发生。
   A. 同一时刻　　　　　　　　　　　　　　B. 同一时间间隔

C. 不同时刻   D. 不同时间间隔

7. 允许多个用户将若干作业提交给计算机系统集中处理的操作系统称为（   ）。

    A. 批处理系统   B. 分时系统   C. 多处理器系统   D. 网络操作系统

8. 批处理操作系统的主要缺点是（   ）。

    A. 非交互性   B. 实时性   C. 高可靠性   D. 分时性

9. 在下列特征中，分时系统的特性不包括（   ）。

    A. 交互性   B. 同时性   C. 及时性   D. 独占性

10. 在分时系统中，时间片一定，（   ）响应时间越长。

    A. 用户数越多   B. 内存越大   C. CPU 速度越快   D. 用户数越少

11. 实时系统追求的目标是（   ）。

    A. 高吞吐量   B. 快速响应   C. 资源利用率   D. 减少系统开销

12. 在下列系统中，（   ）是实时信息系统。

    A. 办公自动化系统   B. 火箭飞行控制系统

    C. 民航售票系统   D. 计算机激光照排系统

二、填空题

1. 按照功能划分，软件可分为_____软件和_____软件。

2. 操作系统具有_____功能、_____功能、_____功能和文件管理功能。

3. 按照操作系统在用户界面的使用环境和功能特征的不同，操作系统可分为_____、_____和实时系统。

4. 依据系统的复杂程度和出现时间的先后，可以把批处理操作系统分为_____和_____两种。

5. 在操作系统中采用多道程序设计技术，能有效地提高_____、_____和 I/O 设备的利用率。

6. 从微观上看，多道批处理系统在某一时刻只有_____程序在处理器上运行；从宏观上看，_____程序都处于执行状态。

7. 实时系统按其使用方式不同可以分为两类：_____和_____。

三、问答题

1. 什么是操作系统？它有哪些基本功能和基本特征？

2. 什么是操作系统的并发性？

3. 实现多道程序应解决哪些问题？

4. 为什么要引入实时操作系统和分时系统？请列举实例。

5. 试举例说明并发与并行的区别。

6. 是什么原因使操作系统具有异步性特征？

7. 简述网络操作系统的功能。

8. 你知道的操作系统有哪些？请列举它们的名字，并简述其特点。

第2章 进程管理

【知识结构图】

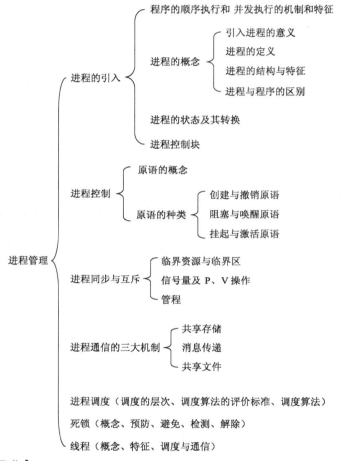

【学习目的与要求】

通过本章的学习，学生应掌握操作系统对用户程序或用户作业在微观角度是如何进行管理和控制的。通过对进程概念及工作机制的理解，了解操作系统如何充分、有效地利用系统资源，操作系统提供哪些机制和方法实现进程的同步，死锁是如何产生的，以及如何引进线程来使并发执行更加充分发挥硬件的功能。本章学习要求如下：

- 掌握进程的概念与特征；
- 理解程序并发执行的机制、进程的状态转换机制；
- 理解进程控制过程；
- 掌握进程同步与互斥的 P、V 原语及信号量的使用；
- 了解进程通信和进程调度的原理；
- 理解"死锁"的概念及处理器制；
- 了解线程的作用。

在计算机系统中，最宝贵的资源就是 CPU。为了提高 CPU 的利用率，人们引入了多道程序设计的概念。在传统的操作系统中，程序并不能独立运行，当内存中同时有多个程序存在时，如果不对人们头脑中的"程序"概念加以扩充，就根本无法说清楚多个程序共同运行时系统呈现出的特征。同时，人们也发现，如果不对这些同时运行在系统中的多个程序加以控制，就有可能导致某些程序无法正确执行。因此，本章将说明操作系统中的一个重要的概念：进程，它是在多道程序运行的环境下对正在运行的程序的一种抽象，是系统进行资源分配和独立运行的基本单位。操作系统所具有的四大特征都是基于进程而形成的。

2.1　进程的引入

在未配置操作系统的计算机系统中，程序是顺序执行的，即必须在一个程序执行完成后，才允许另一个程序执行。在多道程序环境下，则允许多个程序并发执行。通过分析比较可看出，程序的这两种执行方式之间有着显著的不同，而且，也正是程序并发执行的这种特征，才导致在操作系统中引入进程的概念。因此，这里有必要先对程序的顺序和并发执行方式做简单的描述。

2.1.1　程序的顺序执行

在单道程序工作环境中，程序是顺序执行的。一个具有独立运行功能的程序独占 CPU 运行，直到获得最终结果的过程称为程序的顺序执行。例如，用户要完成一道程序的运行，一般先输入用户的程序和数据，然后运行程序进行相应的计算，最后将计算结果打印出来。假设系统中有两个程序，每个程序都由 3 个程序段 I、C、P 组成。其中，I 表示从输入机上读入程序和数据的信息；C 表示 CPU 执行程序的计算过程；P 表示在打印机上打印输出程序的计算结果。在单道环境下，每一个程序的这 3 个程序段只能一个接一个地顺序执行，也就是 I、C、P 三者串行工作，并且前一个程序段结束后，才能执行下一个程序段。执行顺序如图 2-1 所示。

由上述程序顺序执行的情况可以看出，程序的顺序执行具有以下特点：

$I_1 \rightarrow C_1 \rightarrow P_1 \rightarrow I_2 \rightarrow C_2 \rightarrow P_2$

图 2-1　程序的顺序执行

（1）顺序性

当程序在 CPU 上执行时，CPU 严格地顺序执行程序规定的动作，每个动作都必须在前一个动作结束后方可开始。除了人为的干预造成机器暂时停顿外，前一动作的结束就意味着后一动作的开始。程序和计算机执行程序的活动严格一一对应。

（2）封闭性

程序是在封闭的环境下执行的。即程序运行时独占全机资源，资源的状态（除初始状态外）

只有本程序规定的动作才能改变它。程序一旦开始执行，其执行结果不受外界因素的影响。

（3）可再现性

只要程序执行时的环境和初始条件相同，当程序重复执行时，不论它是从头到尾不停顿地执行，还是走走停停地执行，都将获得相同的结果。

由于程序顺序执行时的这些特性，程序员检测和调试程序都很方便。

2.1.2 程序的并发执行

在图 2-1 中，一个程序必须严格按照输入、计算、打印的顺序来执行，即这 3 个程序段存在着前驱关系，也就是说，后一个程序段必须在前一个程序段执行完成后方可开始执行。不过，可以发现，不同程序的程序段之间没有这样的前驱关系，即第 1 个程序的计算任务可以在第 2 个程序的输入任务完成之前进行，也可以在第 2 个程序的输入任务完成后进行，甚至为了节省时间，可以同时进行。因为输入任务主要是使用输入设备，而计算任务主要是使用 CPU。所以，在对一批程序进行处理时，可以使它们并发执行。例如，输入设备帮助第 1 个程序完成输入任务后，CPU 马上帮助第 1 个程序进行计算操作，此时输入设备是空闲的，就可以让输入设备帮助第 2 个程序进行输入操作。也就是说，此时，第 1 个程序的计算任务和第 2 个程序的输入任务在同时进行。从用户角度来说，这两个程序都在向前推进，它们在并发执行。图 2-2 给出了具有输入、计算和打印这 3 个程序段的 4 个程序的并发执行情况。

由图 2-2 可以看出，一个程序的程序段执行不再只受它自身执行顺序的限制，同时还受到系统中其他程序执行情况的限制。例如，C_3 要执行的前提条件是 I_3 和 C_2 执行完毕，所以在图 2-2 中 I_3 和 C_2 分别有有向边指向 C_3。同时，通过对图 2-2 的纵向观察，可以发现，I_4、C_3 和 P_2 可以同时执行，即它们的执行时间是相互重叠的。对于用户来讲，程序 2、3、4 在同时向前推进。所以，程序的并发执行，可以大大提高系统的处理能力，提高系统的吞吐量，改善系统资源的利用率。

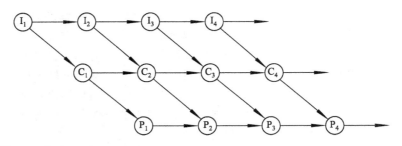

图 2-2　4 个程序的并发执行

程序的并发执行，虽然提高了系统吞吐量，但是也产生了一些与程序顺序执行时不同的特征：

（1）间断性

程序在并发执行时，由于多个程序共享系统资源，致使在这些并发执行的程序之间形成了相互制约的关系。例如在图 2-2 中，当输入程序 I_2 完成计算后，如果输入程序 I_3 尚未完成，则计算程序 C_3 就无法进行，致使程序 3 必须暂停运行。换句话说，相互制约将导致并发程序具有"执行—暂停—执行"这种间断性的活动规律。

（2）失去封闭性

程序在并发执行时，由于是多个程序共享系统中的所有资源，因此这些资源的状态将由多个程序来改变，使程序运行失去了封闭性。某程序在向前推进时，必然会受到其他程序的影响。例如，当打印机这一资源已被某个程序占用时，另一个要使用打印机的程序就必须等待。

（3）不可再现性

程序在并发执行时，由于失去了封闭性，也将导致其失去可再现性。例如，有两个循环程序 A 和 B，它们都要对变量 N 进行操作，程序 A 和 B 分别如下：

程序 A：N:=N+1;　　　　　　　程序 B：print(N);

　　　　　　　　　　　　　　　　　　　N:=0;

当程序 A、B 并发执行时，由于使用 CPU 的策略不同（具体内容在 2.2 节进行讲解），所涉及的 3 条语句的执行顺序在某个时间段可能会出现 3 种情况。

第 1 种情况：N:=N+1;print(N); N:=0;即当程序 A 执行完一次后，程序 B 获得 CPU 执行。

第 2 种情况：print(N);N:=N+1;N:=0;即当程序 B 执行完一条语句后，失去 CPU，由程序 A 获得了 CPU 继续运行，当 A 执行完一次后，程序 B 又获得 CPU，继续执行下一条语句。

第 3 种情况：print(N); N:=0;N:=N+1;同第一种情况类似，即当程序 B 执行完一次后，程序 A 获得 CPU 执行。

假设在时间段开始处，N 的当前值为 3，那么对于这 3 种不同的情况，在时间段结束时，N 的值和打印出的 N 值都不尽相同。具体结果见表 2-1。

表 2-1　程序执行情况

情　　况	程序执行后 N 的值	打印出的 N 的值
第 1 种	0	4
第 2 种	0	3
第 3 种	1	3

由表 2-1 可以看出，当程序 A 和 B 以不同情况并发执行时，虽然 N 的初值是相同的，但是最终的执行结果是不确定的，即程序 A 和 B 都相应地受到了对方的影响，致使得到的结果各不相同，从而使程序的执行失去了可再现性。

2.1.3　进程

1. 进程的定义

如上所述，在多道程序环境下，程序的并发执行代替了程序的顺序执行，它破坏了程序的封闭性和可再现性，使得程序和执行结果不再一一对应。而且由于资源共享和程序的并发执行，各个程序之间可能存在一定的相互制约关系。总之，程序执行不再处于一个封闭的系统中，而是出现了许多新的特征，即独立性、并发性、动态性和相互制约性。在这种情况下，程序这个静态概念已经不能准确地反映程序活动的这些特征。为此，一些操作系统的设计者们从 20 世纪 60 年代中期开始，就广泛使用进程（Process）这个新概念来描述系统和程序的活动情况。进程是现代操作系统中的一个最基本也是最重要的概念。掌握这个概念对于理解操作系统的实质和分析、设计操作系统都有非常重要的意义。但是，迄今为止，对进程这一概念尚无一个非常确切、统一的定义，因为从各个不同的角度，都可以对进程进行不同的描述。下面列举几个常见的定义。

① 程序及其数据集合在 CPU 上执行时所发生的活动称为进程。

② 进程是程序的一次执行。

③ 进程是这样的一个执行部分，它可以与其他进程并发执行。

④ 进程是程序在一个数据集合上的运行过程，它是系统进行资源分配和调度的一个独立单位。

这些从不同角度对进程所做的解释或所下的定义，有些是近似的，有些则侧重某一方面，这说明进程这一概念尚未完全统一，但长期以来"进程"这个概念却已广泛并且成功地用于许多系统，成为构造操作系统不可缺少的强有力工具。

为了强调进程的典型特征，如并发性和动态性等，对进程的定义如下：

进程是程序实体的运行过程，是系统进行资源分配和调度的一个独立的基本单位。

2．进程的结构

通常的程序是不能并发执行的，为了使程序及它所要处理的数据能独立运行，应为之配置一个数据结构，用来存储程序向前推进过程中所要记录的一些运行信息，把这个数据结构称为进程控制块，即 PCB（Process Control Block）。所以，进程这个实体是由 3 部分组成的，即程序段、数据段和 PCB。在组成进程实体的这 3 部分中，程序段即用户所要执行的语句序列，这是必须有的；数据段指的是用户程序所要处理的数据，数据量可大可小，甚至可以没有；PCB 也是不可缺少的，有了 PCB，才能知道程序的执行情况。在许多情况下所说的进程实际上指的是进程实体。

进程的概念比较抽象，而进程实体的结构可以通过图示进行说明，具体表征如图 2-3 所示。

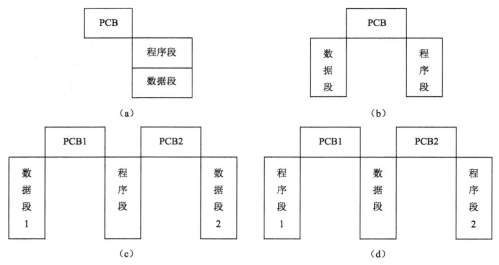

图 2-3　进程的结构表征

有的时候所要处理的数据包含在程序中，系统为该程序创建了 PCB，进程实体就存在了，如图 2-3（a）所示；典型的进程实体如图 2-3（b）所示；一个程序段，由于所要处理的数据不同，系统分别为这两个处理任务建立了 PCB，形成的是两个进程实体，如图 2-3（c）所示；一个数据段，由于有不同的程序段要对其进行处理，系统分别为这两个处理任务建立了 PCB，形成的是两个进程实体，如图 2-3（d）所示。

3．进程的特征

进程作为一个系统中的实体，大致有 5 个特征：

（1）结构特征

由图 2-3 可知，进程作为一个实体，有它自己的结构，即进程是由程序段、数据段和进程控制块组成的。在这里，PCB 是进程存在的标志，创建进程就是创建了进程实体中的 PCB，撤销进程就是撤销了进程实体中的 PCB。

（2）动态性

进程的实质是进程实体的一次执行过程，因此，动态性是进程最基本的特征。进程的动态性还表现在：它由创建而产生，由调度而执行，得不到相应资源而等待，由撤销而消亡。可见，进程实体有一定的生命期。

（3）并发性

并发性是进程的重要特征，同时也是操作系统的重要特征。并发性是指多个进程实体可以同时存在于内存中，并且能在一段时间内同时向前推进。

（4）独立性

独立性是指进程实体是一个能独立运行、独立被分配资源和独立接受 CPU 调度的基本单位，凡未建立 PCB 的程序都不能作为一个独立的单位参与运行。

（5）异步性

异步性是指进程按各自独立的、不可预知的速度向前推进。

2.1.4　进程的状态及转换

1. 进程的 3 种基本状态及转换

有了进程的概念，就可以用动态的观点分析进程的状态变化及相互制约关系。进程执行时的间断性，决定了进程可能具有多种状态。运行中的进程具有 3 种基本状态，即运行、阻塞、就绪。这 3 种状态构成了最简单的进程生命周期模型，进程在其生命周期内处于 3 种状态之一，其状态将随着自身的推进和外界环境的变化而变化，不断地由一种状态转换到另一种状态。

（1）运行状态

运行状态是进程正在 CPU 上运行的状态，该进程已获得必要的资源，包括 CPU，即该程序正在 CPU 上运行。在单 CPU 系统中，只能有一个进程处于运行状态；在多 CPU 系统中，可以有多个进程同时处于运行状态。

（2）阻塞状态

阻塞状态是进程等待某个事件完成（如等待输入/输出操作的完成）而暂时不能运行的状态。处于阻塞状态的进程不能参与竞争 CPU，因为即使分配 CPU 给它，它也不能运行。阻塞状态也可以称为等待状态。

系统中处于阻塞状态的进程可能会有多个，系统以队列的形式来组织它们，并形成阻塞队列，根据阻塞原因的不同，可以分为多个阻塞队列。

（3）就绪状态

就绪状态是进程等待 CPU 的状态。该进程除 CPU 以外，已得到了运行所需的一切其他资源，但因 CPU 个数少于进程个数，所以只要有其他进程占有 CPU，处于运行状态，该进程就不能运行，而必须等待分配 CPU 资源，一旦获得 CPU，就立即投入运行。

在一个系统中，处于就绪状态的进程可能有多个，并排成一个队列，称为就绪队列。

进程的 3 个状态及相互之间的转换关系如图 2-4 所示。

由图 2-4 可以看出，进程在各个状态之间可以相应地
进行转换。

（1）就绪→运行

处于就绪状态的进程，已具备运行条件，但由于未能
获得 CPU，仍然不能运行。由于处于就绪状态的进程往往
不止一个，同一时刻只能有一个就绪进程获得 CPU。进程调
度程序根据调度算法把 CPU 分配给某个就绪进程，并把控制
权转交给该进程，则该进程由就绪状态转换为运行状态。

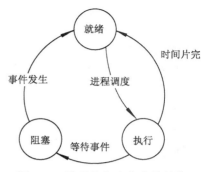

图 2-4　进程的各个状态及转换

（2）运行→阻塞

处于运行状态的进程，由于等待某事件发生（例如，
申请新资源而不能立即被满足或遇 I/O 请求）而无法继续向前推进时，进程状态就由运行转换
成阻塞。例如，运行中的进程需要等待数据的输入，系统便自动转入系统控制程序，进行数据
输入，在数据输入过程中，该进程进入阻塞状态，而系统将控制权转给进程调度程序，进程调
度程序根据调度算法把 CPU 分配给处于就绪状态的其他进程。

（3）阻塞→就绪

进程在阻塞原因解除后，并不能立即投入运行，需要通过进程调度程序统一调度才能获得
CPU，于是其状态由阻塞状态转换成就绪状态继续等待 CPU。当进程调度程序把 CPU 再次分配
给它时，才可恢复曾被中断的现场继续运行。

（4）运行→就绪

这种状态转换通常出现在分时操作系统或采用抢占式分配 CPU 的操作系统中。一个正在运
行的进程，由于规定的运行时间片用完，系统发出超时中断请求，超时中断处理程序把该进程
的状态修改为就绪状态，并根据其特征插入到就绪队列的适当位置，保存进程现场信息，收回
CPU 并转入进程调度程序。于是，正在运行的进程就由运行状态转换为就绪状态。

2．具有挂起状态的进程状态转换

在许多系统中，进程除了具有上述 3 种基本状态以外，又增加了一些新状态，其中最重要
的是挂起状态。引入挂起状态的主要原因是系统资源不足。另外，当有终端用户请求、父进程
请求、负荷调节需要等情况时，也要用到挂起状态。

将内存中当前某个尚不能运行的进程调到外存上，用腾出来的空间接纳更多的进程，这一
处理称为进程的挂起。引入挂起状态后，又将增加挂起状态（又称为静止状态）与非挂起状态
（又称为活动状态）之间的转换。

（1）活动就绪→静止就绪

当进程处于未被挂起的就绪状态时，称此状态为活动就绪状态，当用挂起原语将该进程挂
起后，该进程便转换为静止就绪状态。处于静止就绪状态的进程不再被调度执行。

（2）活动阻塞→静止阻塞

当进程处于未被挂起的阻塞状态时，称此状态为活动阻塞状态，当用挂起原语将该进程挂
起后，进程便转换为静止阻塞状态。处于静止阻塞状态的进程在其所期待的事件出现后，将从
静止阻塞换为静止就绪。

（3）静止就绪→活动就绪

处于静止就绪状态的进程，若用激活原语激活，该进程将转换为活动就绪状态，可以重新

被调度执行。

（4）静止阻塞→活动阻塞

处于静止阻塞状态的进程，若用激活原语激活，该进程将转换为活动阻塞状态。

具有挂起状态的进程状态转换如图 2-5 所示。

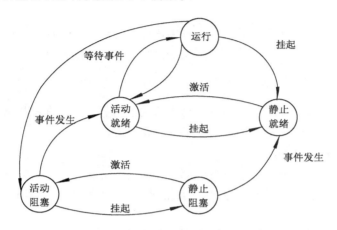

图 2-5　具有挂起状态的进程状态转换

2.1.5　进程控制块

1. 进程控制块的定义及作用

由于系统中多个进程并发执行，各进程需要轮流使用 CPU，当某进程不在 CPU 上运行时，必须要保留其被中断执行的程序段的现场，包括断点地址、程序状态字、通用寄存器和堆栈内容、进程当前状态、程序段和数据段的大小、运行时间等信息，以便进程再次获得 CPU 处于运行状态时，能够正确执行。为了保存这些内容，需要建立一个专用数据结构，称这个数据结构为进程控制块 PCB（Process Control Block）。进程控制块是进程实体的一部分，记录了操作系统所需要的、用于描述进程当前情况以及控制进程运行的全部信息。

进程控制块是进程存在的唯一标志，它的作用是使一个在多道程序环境下不能独立运行的程序（含数据）成为一个能独立运行的基本单位。操作系统是根据 PCB 来对并发执行的进程进行控制和管理的。PCB 跟踪程序执行的情况，表明进程在当前时刻的状态以及与其他进程和资源的关系。当创建一个进程时，实际上就是为进程建立一个进程控制块，也就是说，系统是根据进程的 PCB 来感知进程的存在的。同样，当进程运行结束时系统回收其 PCB，该进程也随之消亡。

2. 进程控制块中的信息

不同操作系统的 PCB 结构是不同的，PCB 的内容不仅和具体系统的管理、控制方法有关，也和系统的规模大小有关。下面对一般操作系统中 PCB 应包含的信息加以概括。

（1）进程标识信息

为了标识系统中的各个进程，每个进程必须有唯一的标识名或标识数。进程标识名通常由创建者给出，由字母和数字组成，也称为进程的外部标识，可让用户在访问进程时使用。进程标识数则是在一定数值范围内的唯一进程编号，也称为进程的内部标识或数字标识符，通常由系统给出。有的系统只使用标识名和标识数其中之一。

（2）进程现场信息

当进程状态由运行状态发生转换时，系统需要将当时的 CPU 现场保存在内存中，以便该进程再次占用 CPU 时恢复正常运行。CPU 现场信息主要是由 CPU 中各种寄存器的内容组成的，这些寄存器包括通用寄存器、指令计数器、程序状态字及用户栈指针等。有的系统把要保护的 CPU 现场放在进程的工作区中，而 PCB 中仅给出 CPU 现场保护区的起始地址。

（3）进程控制信息

进程控制信息包括进程的程序段和数据段的内存地址或外存地址、实现进程同步和进程通信时的消息队列指针和信号量等、进程所需要的全部资源以及现在已获得的资源、PCB 的链接指针等。

（4）进程调度信息。

进程调度信息即与进程调度及进程状态转换有关的信息，包括进程状态、进程优先级、进程状态转换的原因以及与一些进程调度算法相关的信息等。

3．进程控制块的组织方式

在一个系统中，通常可能有若干个进程同时存在，所以就有若干个 PCB。为了能对 PCB 进行有效地管理，就要用适当的方法把这些 PCB 组织起来。目前常用的 PCB 组织方式有 3 种。

（1）线性表方式

线性表方式是指不论进程的状态如何，将所有的 PCB 连续地存放在内存的系统区中的组织方式。这种方式适用于系统中进程数目不多的情况。按线性表方式组织 PCB 的情况如图 2-6 所示。

线性表方式组织 PCB 的优点是实现简单，但是不利于对 PCB 的分类管理。例如，当需要查找满足某个条件的进程时，需要从前到后依次扫描整个 PCB 表。

PCB₁	PCB₂	PCB₃	...	PCBₙ

图 2-6　PCB 的线性表组织方式

（2）链接表方式

链接表方式是指系统按照进程的状态，将进程的 PCB 链接成队列，从而形成就绪队列、阻塞队列、运行队列等的组织方式。按链接表方式组织 PCB 的情况如图 2-7 所示。如果想更清晰地对阻塞状态的进程加以分类，可以按照进程阻塞原因的不同形成多个阻塞队列。

按照链接表方式组织 PCB 可以很方便地对同类 PCB 进行管理，操作简单，但是要查找某个进程的 PCB 则比较麻烦，所以只适用于小系统中进程数比较少的情况。

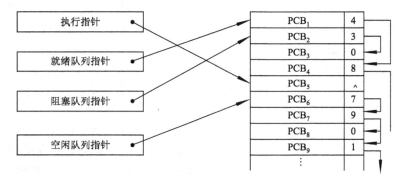

图 2-7　PCB 的链接表组织方式

（3）索引表方式

索引表方式是指系统按照进程的状态进行分类，分别建立就绪索引表、阻塞索引表等来存储每个进程的名称及其 PCB 地址，通过索引表来管理系统中的进程的组织方式。按索引表方式组织 PCB 的情况如图 2-8 所示。

索引表方式可以很方便地查找到某个进程的 PCB，但是索引表也需要占用一部分内存空间，所以只适用于进程数比较多的情况。

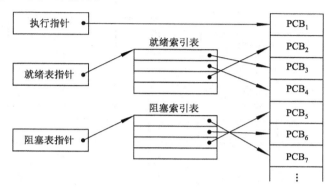

图 2-8　PCB 的索引表组织方式

2.2　进　程　控　制

进程具有由创建而产生、由调度而执行、由撤销而消亡的生命周期，因此操作系统要有对进程生命周期的各个环节进行控制的功能，这就是进程控制。进程控制的职能是对系统中的全部进程实行有效的管理，主要是对一个进程进行创建、撤销以及在某些进程状态间进行转换控制。通常允许一个进程创建和控制另一个进程，前者称为父进程，后者称为子进程，子进程又可创建其子进程，从而形成了一个树形结构的进程家族。这种树形结构，使进程控制变得更为灵活方便。

2.2.1　原语

进程的控制通常由原语完成。所谓原语，一般是指由若干条指令组成的程序段，用来实现某个特定功能，在执行过程中不可被中断。

在操作系统中，某些被进程调用的操作，如队列操作、对信号量的操作、检查启动外设操作等，一旦开始执行，就不能被中断，否则就会出现操作错误，造成系统混乱。所以，这些操作都要用原语来实现。

原语是操作系统核心（不是由进程，而是由一组程序模块组成）的一个组成部分，并且常驻内存，通常在管态下执行。原语一旦开始执行，就要连续执行完，不允许中断。

2.2.2　进程的创建与撤销

1．创建进程原语

通过创建原语完成创建一个新进程的功能。进程的存在是以其进程控制块为标志的，因此，创建一个新进程的主要任务是为进程建立一个进程控制块 PCB，将调用者提供的有关信息填入该 PCB 中，并把该 PCB 插入到就绪队列中。

所以，创建一个新进程的过程是：首先申请 PCB 空间，根据建立的进程名字查找 PCB 表，若找到了（即已有同名进程）则非正常终止，否则，申请分配一块 PCB 空间；其次，为新进程分配资源，若进程的程序或数据不在内存中，则应将它们从外存调入分配的内存中；再把有关信息（如进程名字、信号量和状态位等）分别填入 PCB 的相应位置；最后把 PCB 插入到就绪队列中。创建进程的过程如图 2-9 所示。

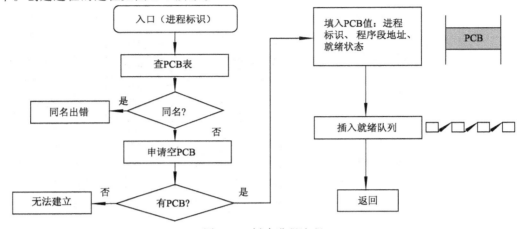

图 2-9　创建进程流程

在系统中，为了完成任务，进程也可以创建子进程为自己服务，即父进程创建其子进程，而子进程还可以创建它自己的子进程为本身服务，由此，可以形成树形的进程家族关系。

能够导致创建进程的事件主要有用户登录、作业调度、提供服务和应用请求。前 3 种由系统内核直接调用创建原语创建新进程，最后一种由用户调用操作系统提供的系统调用完成创建任务，例如 Linux 中的 fork() 系统调用。

2．撤销进程原语

进程完成了自己的任务后，应当退出系统而消亡，此时系统要及时收回该进程占用的全部资源，以便其他进程使用，这是通过撤销原语完成的。

撤销原语的实现过程是：根据提供的欲被撤销进程的名字，在 PCB 链中查找对应的 PCB，若找不到要撤销的进程的名字或该进程尚未停止，则转入异常终止处理程序，否则从 PCB 链中撤销该进程及其所有子孙进程（因为仅撤销该进程可能导致其子进程与进程家族隔离开来，而成为难以控制的进程）；检查此进程是否有等待读取的消息，有则释放所有缓冲区；最后释放该进程的工作空间和 PCB 空间，以及其他资源。

撤销原语撤销的是标志进程存在的进程控制块 PCB，而不是进程的程序段，这是因为一个程序段可能是几个进程的一部分，即可能有多个进程共享该程序段，如果撤销了某个进程的程序段，就有可能导致其他进程无法执行。

2.2.3　进程的阻塞与唤醒

1．阻塞进程原语

一个正在运行的进程，因为其所申请的资源暂时无法满足而会被迫处于阻塞状态，等待所需事件的发生，进程的这种状态变化就是通过进程本身调用阻塞原语实现的。

阻塞进程原语的实现过程是：首先中断 CPU，停止进程运行，将 CPU 的现行状态存放到

PCB 的 CPU 状态保护区中，然后将该进程置阻塞状态，并把它插入等待队列中，然后系统执行调度程序，将 CPU 分配给另一个就绪进程。阻塞进程的过程如图 2-10 所示。

2．唤醒进程原语

当某进程等待的事件发生（如所需要的资源出现）时，由释放资源的进程调用唤醒原语，唤醒等待该资源的进程。

唤醒原语的基本功能是：把除了 CPU 之外的一切资源都得到满足的进程置成就绪状态。执行时，首先找到被唤醒进程的内部标识，让该进程脱离阻塞队列，将现行状态转换为就绪状态，然后插入到就绪队列中，等待调度运行。唤醒进程的过程如图 2-11 所示。

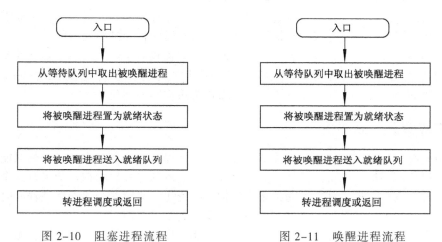

图 2-10　阻塞进程流程　　　　　图 2-11　唤醒进程流程

2.2.4　进程的挂起与激活

1．挂起进程原语

当出现了引起进程挂起的事件时，例如，用户进程请求将自己挂起，或父进程请求将自己的某个子进程挂起，系统将利用挂起原语将指定进程或处于阻塞状态的进程挂起。

挂起原语的执行过程是：首先检查被挂起进程的状态，若处于活动就绪状态，便将其改为静止就绪；对于活动阻塞状态的进程，则将之改为静止阻塞。为了方便用户或父进程考查该进程的运行情况而把该进程的 PCB 复制到某指定的内存区域。最后，若被挂起的进程正在执行，则转向调度程序重新调度。

2．激活进程原语

当发生激活进程的事件时，例如，父进程或用户进程请求激活指定进程，若该进程驻留在外存而内存中已有足够的空间时，则可将在外存上处于静止就绪状态的进程调入内存。这时，系统将利用激活原语将指定进程激活。

激活原语先将进程从外存调入内存，并检查该进程的现行状态，若是静止就绪，便将之改为活动就绪；若为静止阻塞便将之改为活动阻塞。假如采用的是抢占调度策略，则每当有新进程进入就绪队列时，应检查是否要进行重新调度，即由调度程序将被激活进程与当前进程进行优先级的比较，如果被激活进程的优先级更低，就不必重新调度；否则，立即暂停当前进程的运行，把处理器分配给刚被激活的进程。

2.3 进程同步与互斥

并发执行的多个进程，是在异步环境下运行的，每个进程都以各自独立的、不可预知的速度向前推进。有的并发进程之间除了共享系统资源之外没有任何关系，而有的进程之间会有一些相应的关系。

有一些相互合作的进程需要协调地进行工作，以各自的执行结果作为对方的执行条件，从而限制各进程的执行速度，这种关系属于直接制约关系。例如，打印进程必须等待计算进程计算出结果后，才能进行打印输出，而计算进程必须等待打印进程将上一次计算的结果打印输出后，才能进行下一次计算，否则就会造成混乱。因多个进程要共同完成一项任务而需要相互等待、相互合作，以达到各进程按相互协调的速度执行的过程称为进程间的同步。

另外，还有一些进程共享某一公有资源，而不同的进程对于这类资源必须互斥使用（如打印机），即当一个进程正在使用时，另一个进程必须等待，这就产生了间接制约关系。并发执行的进程因竞争同一资源而导致的相互排斥的关系称为进程间的互斥。

2.3.1 临界资源与临界区

系统中同时存在许多进程，它们共享各种资源，然而有许多资源在某一时刻只能允许一个进程使用。例如打印机、磁带机等硬件设备以及变量、队列等数据结构，如果有多个进程同时使用这类资源，就会造成混乱。因此，必须保护这些资源，避免两个或多个进程同时访问这类资源。把某段时间内只能允许一个进程使用的资源称为临界资源。

几个进程若共享同一临界资源，它们必须以互相排斥的方式使用这个临界资源，即当一个进程正在使用某个临界资源且尚未使用完毕时，其他进程必须延迟对该资源的使用，当使用该资源的进程释放该资源时，其他进程才可使用该资源，任何进程不能中途强行去使用这个临界资源，否则将会造成信息混乱和操作出错。

以 A、B 两个进程共享一个公用变量 s 为例。假设 A 进程需要对变量 s 进行加 1 操作，进程 B 需要对变量 s 进行减 1 操作，这两个操作在用机器语言实现时，其形式描述如表 2-2 所示。

表 2-2　对变量操作的机器语言形式

s=s+1 的机器语言形式	s=s-1 的机器语言形式
①register1:=s;	④register2:=s;
②register1=register1+1;	⑤register2=register2-1;
③s=register1;	⑥s=register2;

假设 s 的当前值是 4。如果进程 A 先执行左列的 3 条机器语言语句，然后进程 B 再执行右列的 3 条语句，即执行顺序为①②③④⑤⑥，则最后共享变量 s 的值仍为 4。同理，如果进程 B 先执行右列的 3 条机器语言语句，然后进程 A 再执行左列的 3 条语句，即执行顺序为④⑤⑥①②③，最终共享变量 s 的值也仍为 4。但是，如果按下述顺序执行：

①　register1:=s;

②　register1=register1+1;

④　register2:=s;

⑤　register2=register2-1;

③　s=register1;

⑥　s=register2;

正确的 s 值应该为 4，但是现在 s 值却是 3。如果再将这几条机器语言语句交叉执行的顺序改变，还有可能得到 s 值为 5 的答案，这表明程序的执行已经失去了再现性。为了预防产生这种错误，解决该问题的关键是应该把变量 s 作为临界资源处理，也就是说，要让进程 A 和进程 B 互斥地访问变量 s。

在这里，将公用变量 *s* 称为临界资源。临界资源分为硬件、软件临界资源。硬件临界资源如打印机，软件临界资源如某些变量、表格，也不允许两个进程同时使用。将一个进程访问临界资源的那段代码称为临界区。

由于对临界资源的使用必须互斥进行，所以进程在进入临界区时，首先判断是否有其他进程在使用该临界资源，如果有，该进程必须等待；如果没有，该进程进入临界区，执行临界区代码，同时，关闭临界区，以防其他进程进入。当进程用完临界资源时，要开放临界区，以便其他进程进入。因此，使用临界资源的代码结构如图 2-12 所示。

图 2-12　临界资源代码结构

有了临界资源和临界区的概念，进程间的互斥可以描述为禁止两个或两个以上的进程同时进入访问同一临界资源的临界区。此时，临界区就象是一个屋子，要进入时，必须经过进入区，而一旦有进程通过进入区进入临界区后，该进程就要用锁把屋子锁上，以阻止其他进程进入临界区；同样，一个进程要离开临界区这个屋子，就要经过退出区，通过退出区要把屋子的锁打开，以便允许其他进程进入临界区。

此前讨论过进程之间的同步和互斥的关系，其实，互斥关系也是一种协调关系，从广义上讲它也属于同步关系的范畴。为实现进程互斥地进入自己的临界区，可用软件方法，更多的是在系统中设置专门的同步机构来协调各进程间的运行。不论采用何种同步机制，都应遵循以下 4 条准则：

① 空闲让进。当没有进程处于临界区时，意味着临界资源处于空闲状态，此时应允许一个请求进入临界区的进程立即进入临界区，以有效地利用临界资源。

② 忙则等待。当已经有进程进入临界区时，意味着临界资源正在被使用，所以其他试图进入临界区的进程必须等待，以保证对临界资源的互斥访问。

③ 有限等待。对要求访问临界资源的进程，应保证其在有限的时间内进入临界区，不能让其无止境地等待，即避免进程陷入"死等"状态。

④ 让权等待。当进程不能进入自己的临界区时，应该立即释放处理器，以免进程陷入"忙等"（占有处理器的同时进行等待），保证其他可以执行的进程获得处理器。

2.3.2　信号量及 P、V 操作

20 世纪 60 年代中期，最初由荷兰学者 Dijkstra 给出了一种解决并发进程间互斥与同步关系的通用方法，即信号量机制。他定义了一种名为"信号量"的变量，并且规定在这种变量上只能做所谓的 P 操作和 V 操作。现在，信号量机制已经被广泛地应用于单处理器和多处理器系统以及计算机网络中。信号量机制经历了整型信号量、记录型信号量和信号量集机制等发展过程，此外仅以记录型信号量为例加以讲述。

1．信号量及 P、V 操作的概念

（1）信号量

信号量是一个具有非负初值的整型变量，并且有一个队列与它关联。因此，定义一个信号量时，要给出它的初值，并给出与它相关的队列指针。信号量除初始化外，仅能通过 P、V 两个操作来访问。这两个操作都由原语组成，即在执行过程中不可被中断，也就是说，当一个进程在修改某个信号量时，没有其他进程可同时对该信号量进行修改。

信号量的定义如下：

```
type semaphore=record          /*定义信号量*/
    value:integer;
    L:list of process;
    End
```

（2）P 操作

P(S)操作可描述为：

```
procedure P(S)
    var S: semaphore;
    begin
      S.value:=S.value-1;
      if S.value<0 then block(S,L);
    end
```

当执行 P(S)操作时，将信号量 S 的值减 1。如果 S≥0，表示申请的临界资源可用，可以进入临界区，接下来，该进程占用资源，继续执行；如果 S<0，表示没有临界资源可用，该进程被置成阻塞状态，并进入 S 信号量的等待队列中等待，由调度程序重新调度其他进程执行。需要注意的是：当该进程所需的临界资源被释放后，释放资源的进程将该阻塞进程唤醒，该进程一旦获得处理器，就可以直接进入临界区，无需再执行 P(S)操作。

执行 P 操作的过程如图 2-13 所示。

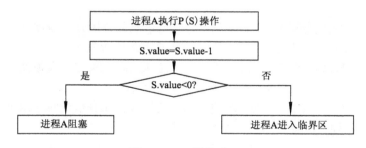

图 2-13　P 操作流程

（3）V 操作

V(S)操作可描述为：

```
procedure V(S)
    var S: semaphore;
    begin
      S.value:=S.value+1;
      if S.value<=0 then wakeup(S,L) ;
    end
```

当执行 V(S)操作时，表示进程释放资源，将信号量 S 的值加 1。如果 S≤0，则唤醒 S 信号量队列队首的阻塞进程，将其状态从阻塞状态转变为就绪状态，执行 V 操作的进程继续执行；如果 S>0，则说明没有进程等待该信号量，因此，无需唤醒其他进程，进程继续执行。

执行 V 操作的过程如图 2–14 所示。

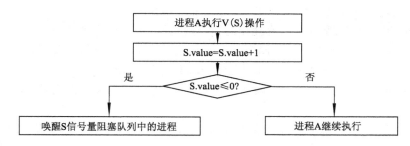

图 2–14 V 操作流程

需要说明的是，信号量的初值一定是一个非负的整数，但是在运行过程中，信号量的值可正可负。

2. 利用信号量实现进程互斥

利用信号量实现进程互斥的进程可描述如下：

```
var S:semaphore:=1;              /*设置信号量 S 的初值为 1*/
begin
    parbegin                     /*并发开始*/
        process1: begin
                      repeat
                        P(S);
                            critical section
                        V(S);
                            remainder section
                      until false;
                  end
        process2: begin
                      repeat
                      P(S);
                          critical section
                      V(S);
                          remainder section
                      until false;
                  end
    parend
end
```

以上描述的是并发执行的两个进程 process1 和 process2，这两个进程的临界区对应的是一个临界资源，所以在每个进程的临界区前后分别加上对同一个信号量的 P 操作和 V 操作，就好象分别是关锁和开锁操作一样。无论哪一个进程先获得处理器，在进入临界区之前都要进行 P 操作，执行 P 操作后，信号量 S 的值为 0，该进程可以继续执行；若该进程在临界区内失去处理器，而由另一个进程获得处理器执行时，执行的进程在进入临界区之前执行 P 操作时，信号量 S 的值就为–1，此时该进程就得阻塞，进入到信号量 S 的等待队列当中等待；当在临界区内的进程再次获得处理器继续执行后，退出临界区时，执行 V 操作，信号量 S 的值为 0，此时它要去唤醒阻塞进程，然后继续执行或转进程调度。

用信号量实现进程互斥的特点有：

① 要找对临界区，范围小了会出错，范围大了会影响进程运行。

② P、V 操作位于临界区前后，在一个进程里成对出现。

③ 2 个进程对 1 个临界资源互斥使用时信号量初值为 1，取值范围为 -1，0，1。

④ 当 n 个进程要互斥使用 m 个同类临界资源时（$n>m$），用信号量实现互斥时，信号量的初值应为 m，即该类可用资源的数目。信号量的取值范围为 $-(n-m)\sim m$。

⑤ 当信号量 S<0 时，|S|为等待该资源的进程的个数，即因该资源而阻塞的阻塞队列中进程个数。

⑥ 当信号量 S>0 时，S 表示还允许进入临界区的进程数（或剩下的临界资源个数）。

⑦ 执行一次 P(S)操作，表示请求一个临界资源，S-1 后，当 S<0 时，表示可用资源没有了，进程阻塞。

⑧ 执行一次 V(S)操作，表示释放一个临界资源，S+1 后，若 S≤0，表示还有进程在阻塞队列中，要去唤醒一个阻塞进程。

例如，一个阅览室共有 100 个座位，用一张表来管理它，每个表目记录座位号以及读者姓名。读者进入时要先在表上登记，退出时要注销登记。可以用信号量及其 P、V 操作来描述各个读者"进入"和"注销"工作之间的关系。

分析：由于一个座位在某一时刻只能分配给一个读者，所以对于多个读者来说，一个座位就是一个临界资源，100 个座位即相当于此类临界资源有 100 个，可以设置一个信号量 S1 来管理座位，且其初始值为 100。每个读者来后，首先要看看是否有座位，即对 S1 执行一次 P 操作，只要有座位，P≥0，此时就可以拿表来登记了。用一张表来管理这 100 个座位，每名读者进入或退出时都要在表上登记，并且每次只能有一个读者使用这张表，所以这一张表也相当于是临界资源，可以设置一个信号量 S2 来管理表格。所以一共要设置两个信号量用来管理这两类临界资源。

本例题的解决方法如下：

```
var  S1,S2:semaphore:=100,1;
                         /*设置两个信号量，分别对应座位和表这两个临界资源*/
parbegin
process  reader(i)(i=1,2,……)
    begin
        P(S1);              /*申请一个座位*/
        P(S2);              /*拿表进行登记*/
        登记；
        V(S2);              /*登记后放回表*/
        读书；
        P(S2);              /*拿表进行注销*/
        注销；
        V(S2);              /*注销后放回表*/
        V(S1);              /*释放一个座位*/
    end
parend
```

综上可见，利用信号量实现进程互斥很简单，首先设置信号量的初值，初值为要互斥使用的临界资源的个数，然后只需在相应进程的临界区的前后加上 P、V 操作即可，具体模型如图 2-15 所示。

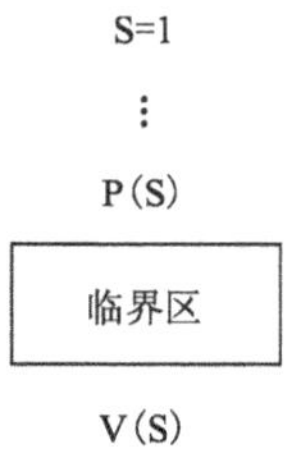

S=1
⋮
P(S)

临界区

V(S)

图 2-15　利用信号量
实现进程互斥模型

3. 利用信号量实现进程同步

可以通过一个例子来说明进程同步的实现。

例如，有一个缓冲区，某一个时刻只能存一个数据。计算进程 P_1 将计算出的结果放入缓冲区，输出进程 P_2 往外取数据输出。进程 P_1 一旦放入数据后，必须等进程 P_2 取出数据以后才能继续往里存放，否则会导致前一次放入的数据丢失。进程 P_2 取出数据后，必须等进程 P1 放入下一个数据后才能够继续取，否则会导致两次取出的是同一个数据。可见，这是一个典型的进程同步关系，进程 P_1 和 P_2 在协调着共同完成一个任务。

解决这个同步问题的进程描述如下：

```
var S1,S2:semaphore:=0,0;
begin
    parbegin
        P1: begin
                repeat
                    获得数据;
                    计算;
                    送至缓冲区;
                    V(S1);
                    P(S2);
                until false;
            end
        P2: begin
                repeat
                    P(S1);
                    从缓冲区中取数据;
                    输出;
                    V(S2);
                until false;
            end
    parend
end
```

以上实现的是两个并发进程 P_1 和 P_2 的同步关系。这里设了两个信号量 S1 和 S2，分别是两个进程用来进行相应的消息传递以便来实现同步的，一般实现同步的信号量的初值可以设为 0。因为必须先计算，后输出，所以 P_1 进程的执行要先于 P_2。如果 P_2 先获得处理器，则 P_2 要先执行一个 P（S1）操作，由于 S1 的初值为 0，所以执行 P（S1）后，P_2 会阻塞；P_1 获得处理器后可以一直执行，当放完数据后，要执行 V（S1），即看一下是否有进程在信号量 S1 的队列中等待，若有，要去唤醒；然后，为了防止 P_1 继续往缓冲区中放数据，在执行 V（S1）操作之后，马上又执行 P（S2），随即阻塞，直等到 P_2 取完数据输出后执行 V（S2）将其唤醒。

用信号量实现进程同步的特点有：

① 配对的 P、V 操作分别在不同的进程里。有时 P 操作和 V 操作的个数并不相等。

② 初值一般为 0，需要设一个以上的信号量（例如 2 个进程同步，需要设 2 个信号量，分别用来传递信息）。

③ 在实现进程同步时，需要分析哪个进程不可以先执行，在不允许直接进行的操作前加上 P 操作来进行条件限制，并在使其操作成为可能的其他进程的操作后面加上对同一个信号量的 V 操作。

例如，A、B 两组学生进行投球比赛，规定一组学生投一个球后应让另一组学生投球，假设让 A 组学生先投，试写出 A、B 两个进程。

分析：由题意可知，一组学生投一个球的前提条件是另一组的学生投球之后，即有条件制约。同样，另一组学生投球也受到该组学生投球的条件制约。由此可知，该问题是一个进程同步的问题。所以，要在有条件制约的投球动作前加上一个 P 操作，即条件不满足时就阻塞；在投球动作结束后，要加上一个 V 操作，即自己的投球动作完成之后，使另一组学生的投球动作成为可能。

解决这个同步问题的进程描述如下：

方法一：

```
var S1,S2:semaphore:=0,0;
process A: 投球;              /*A组学生先投，没有条件限制*/
           V(S2);            /*使B组学生可以投球*/
           P(S1);            /*等待B组学生投球之后再投球*/
process B: P(S2);            /*等待A组学生投球之后再投球*/
           投球;
           V(S1);            /*使A组学生可以投球*/
```

方法二：

```
var S1,S2:semaphore:=1,0;
process A: P(S1);            /*A组学生先投，S1初始值为1，不阻塞*/
           投球;
           V(S2);            /*使B组学生可以投球*/
process B: P(S2);
           投球;
           V(S1);
```

2.3.3　经典的进程同步互斥问题

1．生产者-消费者问题

生产者-消费者（producer-consumer）问题是一个著名的进程同步问题。它描述的是：有一群生产者进程在生产产品，并将这些产品提供给消费者进程去消费。为使生产者进程与消费者进程能并发执行，在两者之间设置了一个具有 n 个缓冲区的缓冲池。生产者进程将它所生产的产品放入一个缓冲区中；消费者进程可从一个缓冲区中取走产品去消费。尽管所有的生产者进程和消费者进程都是以异步方式运行的，但它们之间必须保持同步，即不允许消费者进程到一个空缓冲区去取产品，也不允许生产者进程向一个已装满产品且尚未被取走的缓冲区中投放产品。

假定在生产者和消费者之间的公用缓冲池中有 n 个缓冲区（见图 2-16），这时可利用互斥信号量 mutex 实现诸进程对缓冲池的互斥使用，利用信号量 empty 和 full 分别表示缓冲池中空缓冲区和满缓冲区的数量。又假定这些生产者和消费者优先级相同，只要缓冲池未满，生产者便可将消息不断送入缓冲池；只要缓冲池未空，消费者便可不断从缓冲池中取走消息。生产者-消费者问题可描述如下：

```
var S, empty, full:semaphore:=1,n,0;
buffer:array[0, …, n-1] of item;
```

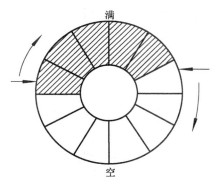

图 2-16　生产者-消费者示意图

```
in, out: integer :=0,0;
begin
    parbegin
        producer:begin
            repeat
                …
                produce an item nextp;
                …
                P(empty);
                P(S);
                buffer(in):=nextp;
                in:=(in+1) mod n;
                V(S);
                V(full);
            until false;
        end
        consumer:begin
            repeat
                P(full);
                P(S);
                nextc:=buffer(out);
                out:=(out+1) mod n;
                V(S);
                V(empty)
                consumer the item in nextc;
            until false;
        end
    parend
end
```

由描述可看出，若缓冲池空时，消费者是无法执行的，因为此时 full 的值为 0，消费者会因为执行 P（full）而阻塞；若缓冲池满时，生产者是无法执行的，因为此时 empty 的值为 0，消费者会因为执行 P（empty）而阻塞。每个进程在对缓冲池进行操作时，要先执行互斥信号量 S 的 P 操作，以防止一个以上进程一起对缓冲池进行操作而发生错误，因为某一时刻，可能有多个生产者同时要将数据放入缓冲池的某个缓冲区。该描述同样适用于多个生产者和多个消费者并发执行的情况。

在生产者–消费者问题中应注意：

① 在每个进程中用于实现互斥的 P（S）和 V（S）必须成对地出现。

② 对资源信号量 empty 和 full 的 P 和 V 操作，是为了实现同步存在的，它们分别处于不同的进程中。

③ 在每个进程中的多个 P 操作顺序不能颠倒，应先执行对资源信号量的 P 操作，然后再执行对互斥信号量的 P 操作，否则可能引起进程死锁。

2．读者–写者问题

一个数据文件或记录，可被多个进程共享，将只要求读该文件的进程称为 Reader，其他进程称为 Writer。允许多个进程同时读一个共享对象，因为读操作不会改变原始数据，所以不会导致数据文件混乱，但不允许一个 Writer 进程和其他 Reader 进程或 Writer 进程同时访问共享对象，因为这种访问将会引起混乱。所谓读者–写者问题是指保证一个 Writer 进程必须与其他进程互斥地访问共享对象的同步问题。

　　为实现 Reader 与 Writer 进程间在读或写时的互斥而设置了一个互斥信号量 WS。另外，再设置一个整型变量 Readcount 表示正在读的进程数目。由于只要有一个 Reader 进程在读，便不允许 Writer 进程去写。因此，仅当 Readcount=0，表示尚无 Reader 进程在读时，Reader 进程才需要执行 P(WS)操作。若 P(WS)操作成功，Reader 进程便可去读，相应地，做 Readcount+1 操作。同理，仅当 Reader 进程在执行了 Readcount-1 操作后，其值为 0 时，才需执行 V(WS)操作，以便让 Writer 进程写。又因为 Readcount 是一个可被多个 Reader 进程访问的临界资源，因此，应该为它设置一个互斥信号量 RS。

　　读者-写者问题可描述如下：

```
var RS, WS:semaphore:=1,1;
Readcount:integer:=0;
begin
    parbegin
        Reader:begin
            repeat
                P(RS);
                if  readcount=0  then  P(WS);
                Readcount:=Readcount+1;              /*读者进入*/
                V(RS);
                …
                perform read operation;
                …
                P(RS);
                readcount: =readcount-1;             /*读者离开*/
                if  readcount=0  then  V(WS);
                V(RS);
             until false;
        end
        Writer:begin
            repeat
                P(WS);
                perform write operation;
                V(WS);
            until false;
        end
    parend
end
```

　　由描述可看出，第一个要进行读操作的 Reader 必须要执行 P(WS)操作，以便防止在读的过程中 Writer 来进行写操作；最后一个离开的 Reader 必须要执行 V(WS)操作，因为此时没有 Reader 了，Writer 可以来进行写操作；通过整型变量 Readcount 来得知当前正在执行的 Reader 是第几个，某个 writer 要进行写操作时，必须要先执行 P(WS)操作，因为如果此时有 Reader 在进行读操作，或者有 writer 在进行写操作，他都将不能进行写操作。

　　那么，如何控制 Reader 个数不超过 n 个呢？请读者思考。

3. 哲学家进餐问题

　　哲学家进餐问题是由 Dijkstra 提出并解决的。该问题的描述如图 2-17 所示，比较有趣：有 5 个哲学家共用一张圆桌，要做以下两件事情之一：进餐，或者思考。进餐的时候，他们就停止思考，思考的时候停止进餐，他们的生活方式就是不断地交替进行思考和进餐。哲学家们分别坐在桌边的 5 张椅子上，每人面前有一个盘子，每两个盘子之间有一支筷子，即 5 支筷子。

平时一个哲学家进行思考，饥饿时便试图取用他面前盘子的左、右两支筷子，只有两支筷子都拿到了才能进餐。进餐完毕，放下筷子继续进行思考。

图 2-17　哲学家进餐问题

通过分析可以发现，相邻的哲学家不能同时进餐，因为每支筷子都可能被其左右的两个哲学家拿到，一旦其中一个哲学家拿到了该筷子，另一个哲学家就不能得到该筷子，即不能进餐。为了避免相邻的哲学家同时进餐，可以规定：每个哲学家进餐时，均要先去拿左边的筷子，若成功后，再去拿右边的筷子。同时，可以发现，每支筷子是临界资源，在一段时间内只允许一个哲学家使用。此时，可以根据筷子的个数设置信号量，即设置 5 个信号量，分别对应 5 支筷子。此时可以用数组来进行信号量的定义：

```
var chopstick:array[0,…,4] of semaphore;
```
所有信号量的初值为 1。那么，第 i 个哲学家的活动可描述为：
```
repeat
    P(chopstick[i]);
    P(chopstick[i+1] mod 5);
    …
    eat;
    …
    V(chopstick[i]);
    V(chopstick[i+1] mod 5);
    think;
until false;
```

这些哲学家从来不交谈，这就很危险，可能产生死锁。上述描述中，哲学家饥饿时，总是先去拿他左边的筷子，成功后，再去拿他右边的筷子，若也成功便可以进餐。进餐完毕，先放下左边的筷子，再放下右边的筷子。这种方法虽然可保证不会有相邻的两个哲学家同时进餐，但引起死锁是可能的，即每个哲学家都拿着左手边的一支筷子，永远都在等右边的那支筷子（或者相反），这时 5 个信号量的值均为 0。对于这样的死锁，可以采取以下几种解决方法。

方法一：最多允许 4 个哲学家同时进餐，这样就会最终保证至少有一个哲学家能够进餐，最终会释放他所使用的两支筷子，从而可使更多的哲学家进餐。

```
var chopstick:array[0,…,4] of semaphore;
```

```
var S:semaphore:=4;
philosopher I;
begin
    repeat
        P(S);
        P(chopstick[i]);
        P(chopstick[i+1] mod 5);
        …
        eat;
        …
        V(chopstick[i]);
        V(chopstick[i+1] mod 5);
        V(S);
        think;
    until false;
end
```

方法二：某个哲学家要进餐，仅当该哲学家的左、右两支筷子均可用时，才允许他拿起筷子进餐。此时把拿两支筷子的操作放在一个函数中实现即可。

方法三：规定奇数号哲学家先拿左边的筷子，若成功再拿右边的筷子；偶数号哲学家则相反，即先拿右边的筷子，若成功，再拿左边的筷子。此时 0、1 号哲学家将竞争 1 号筷子，2、3 号哲学家将竞争 3 号筷子，即 5 个哲学家都先竞争奇数号筷子，获得后，才有资格去竞争偶数号筷子，最后总会有一个哲学家能获得两支筷子而进餐。

方法四：设定一组状态值来标志哲学家当前的行为是在思考还是在进餐，每当某位哲学家要进餐时，他要测试左右两边的哲学家是否处于进餐状态，仅当左右两边的哲学家都没有进餐，该哲学家才可以申请筷子来进餐；如果有一位相邻者在进餐，那么该哲学家就不申请筷子了。

后 3 种方法的实现可由读者思考，自行完成。

2.3.4 管程

前面所介绍的信号量及 P、V 操作属于分散式同步机制。如果采用这种同步设施来构造操作系统，则对于共享变量及信号量的操作将被分散于整个系统中；如果采用这种同步设施来编写并发程序，则对于共享变量及信号量的操作将被分散于各个进程当中。其缺点是：①易读性差。因为如果要了解对一组共享变量及信号量的操作是否正确，必须要通读整个系统或并发程序。②不利于修改和维护。因为程序的局部性很差，所以对任一组变量或任一段代码的修改都可能影响全局。③正确性难以保证。因为操作系统或并发程序的规模通常都很大，要保证这样一个复杂的系统没有逻辑错误是很困难的。

为了克服分散式同步机制的缺点，在 20 世纪 70 年代初期，以结构化程序设计和软件工程的思想为背景，Dijkstra E W、Hoare C A R 和 Hansen P B 同时提出了管程（Monitor）这种集中式同步设施。

管程是由局部数据结构、多个处理过程和一套初始化代码组成的模块。

管理的特征为：①管程内的数据结构只能被管程内的过程访问，任何外部访问都是不允许的；②进程可通过调用管程的一个过程进入管程；③任何时间只允许一个进程进入管程，其他请求进入管程的进程统统被阻塞到等待管程的队列上。

图 2-18 所示是管程的一个结构模型。

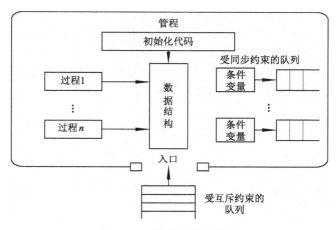

图 2-18　管程的结构模型

由于管程一次只能被一个进程使用，因此管程具有一种互斥的特点，使其中的数据结构每次只能被一个进程使用。这样，可以将共享的数据结构置于管程中，让管程提供对它的互斥访问。当一个进程请求访问正在忙碌的管程（如 PC）时，必须阻塞在与 PC 关联的队列上等待。

也可以在管程中设计同步机制，以达到多进程并发处理。例如，当一个进程调用了管程的一个过程，因执行不下去而不得不阻塞起来，这时需要一种机制使该进程不仅被阻塞，而且还要释放管程，以便其他进程进入管程。此后，该进程的条件满足后可以被唤醒，并从阻塞处接着向前推进。

管程内解决同步问题依赖的是"条件变量"（condition）。一个条件变量 c 关联着一个等待队列。对条件变量的访问，仅限于 P 原语和 V 原语。

- P（c）：当遇到同步约束，就将进程阻塞在条件变量 c 关联的等待队列上并释放管程，让其他进程使用。
- V（c）：从条件变量 c 关联的等待队列上唤醒一个进程，若队列上没有进程在等待就什么也不做。

管程的语言结构可描述为下述形式：

```
type 管程名=monitor
begin
    数据结构定义；
    局部变量定义；
    条件变量定义；
    procedure 过程名（形式参数）
    begin
        …      //过程体
    end；
        …
    begin
        …      //初始化
    end；
end
```

下面是用管程解决生产者-消费者问题的一个例子。设计一个管程 PC，用于传递产品的缓冲池定义为一个数组 buffer，并置于管程中。管程中的过程有 PUT() 和 GET()，分别实现产品的存入和取出。另外设计两个条件变量 full 和 empty 实现进程同步。

　　full：生产者的条件变量。当一个试图存放产品的生产者发现缓冲池已经满时，将执行 P(full) 阻塞到 full 的关联队列上。

　　empty：消费者的条件变量。当一个试图取出产品的消费者发现缓冲池已经空时，将执行 P(empty)阻塞到 empty 的关联队列上。

　　下面是管程的设计结构：

```
type PC=monitor                          //定义管程PC
begin
    var char:buffer[N];
    var integer:counter,in,out;
    var Condition:full,empty;            //定义条件变量
    procedure PUT(item:char)
    begin
        if counter=N then P(full);
        buffer[in]:=item;
        in:=(in+1)mod N;
        counter:=counter+1;
        V(empty);
    end
    procedure GET(item:char)
    begin
        if counter=0 then P(empty);
        item:=buffer[out];
        out:=(out+1)mod N;
        counter:=counter-1;
        V(full);
    end
    begin counter,in,out=0,0,0;end;      //初始化
end
```

利用管程 PC 解决生产者–消费者问题的算法如下：

```
procedure Producer()
begin
    var char:x;
    while(true)
    begin
        produce an item in x();
        PC.PUT(x);                   //调用PC的PUT过程
    end
end
procedure Consumer()
begin
    var char:x;
    while(true)
    begin
        PC.GET(x);                   //调用PC的GET过程
        consume the item in x();
    end
end
```

可见，有了管程之后应用程序大大的简化了，应用程序中不必大量分布着 P、V 操作，其结构一目了然。

2.4　进　程　通　信

进程之间的数据交换就是进程通信。进程之间交换的信息量，有时是一个状态或数值，有时是成千上万个字节。进程之间的同步和互斥，由于其所交换的信息量少，被称为低级通信。但是信号量作为通信工具还是有效率低、通信对用户不透明等缺点。本节所要介绍的是高级进程通信，是指用户可以直接利用操作系统所提供的一组通信命令，高效地传送大量数据的一种通信方式。操作系统隐藏了进程通信的实现细节，通信过程对用户是透明的，大大减少了通信程序编制上的复杂性。目前，高级通信机制可归结为三大类：共享存储、消息传递及共享文件方式。

2.4.1　共享存储

共享存储可进一步分为基于共享数据结构的通信方式和基于共享存储区的通信方式。前一种通信方式要求诸进程公用某些数据结构，借以实现进程间的信息交换，而公用数据结构的设置及对进程间同步的处理，都是程序员的职责，操作系统只提供共享存储，所以这种通信方式比较低效，只适于传递少量数据。后一种方式是指为了传送大量数据，在存储区划出一块共享存储区，多个进程通过对共享存储区中的数据的读写实现通信。

共享存储区通信的实现过程如下：

① 向系统申请共享存储区中的一个分区。

② 指定该分区的关键字。如果系统已经为其他进程分配了同名的存储区，则将该分区的描述符返回给申请者。

③ 申请者将申请到的共享分区挂到本进程上。

2.4.2　消息传递

消息传递通信的实现方法有两种：直接通信方式和间接通信方式。

1．直接通信方式

直接通信方式是指发送进程利用操作系统所提供的发送命令，直接把消息发送给目标进程，即两个并发进程可以通过互相发送消息进行通信，消息是通过消息缓冲区在进程之间互相传递的。消息是指进程之间以不连续的成组方式发送的信息，而消息缓冲区包含了指向发送进程的指针、指向消息接收进程的指针、指向下一个消息缓冲区的指针、消息长度、消息内容等。这样的缓冲区构成了进程通信的一个基本单位。当进程需要发送消息时，需要形成这样一个缓冲区，并发送给指定的接收进程。

每个进程都设置了一个消息队列，当来自其他进程的消息传递给它时，就需要将这些消息链入消息队列，其队列头由接收进程的 PCB 中的消息队列指针指出。当处理完一个消息之后，接收进程在同一缓冲区中向发送进程回送一个回答信号。队列中的消息数量可通过在 PCB 中设置信号量实现控制。为了在两个彼此独立的进程之间进行通信，要求它们在一次传送数据的过程中互相同步，每当发送进程发来一个消息，并将它挂在接收进程的消息队列上时，便在该信号量上执行 V 操作，而当接收进程需要从消息队列中读取一个消息时，先对该信号量执行 P 操作，再从队列中移出已读过的消息。

在操作系统中，为了能高效率地实现进程通信，设计了许多种高级通信原语。这种原语具有简化程序设计和减少错误的优点。通常，系统提供两条通信命令(原语)，即 send 和 receive，有关的数据结构和原语如下：

（1）消息缓冲队列通信机制中的数据结构

● 消息缓冲区。在消息缓冲队列通信方式中，主要利用的数据结构是消息缓冲区。它可描述如下：

```
type message buffer=record
    sender;                        //发送者进程标识符
    size;                          //消息长度
    text;                          //消息正文
    next;                          //指向下一个消息缓冲区的指针
end
```

● PCB 中有关通信的数据项。在利用消息缓冲队列通信机制时，在设置消息缓冲队列的同时，还应增加用于对消息队列进行操作和实现同步的信号量，并将它们置入进程的 PCB 中。在 PCB 中应增加的数据项可描述如下：

```
type processcontrol block=record
    …
    mq;                            //消息队列队首指针
    mutex;                         //消息队列互斥信号量
    sm;                            //消息队列资源信号量
    …
end
```

（2）发送原语

发送进程在利用发送原语发送消息前，应先在自己的内存空间中，设置一个发送区 a，如图 2-19 所示，把待发送的消息正文、发送进程标识符、消息长度等信息填入其中，然后调用发送原语，把消息发送给目标（接收）进程。发送原语首先根据发送区 a 中所设置的消息长度 a.size 来申请一缓冲区 i，接着，把发送区 a 中的信息复制到缓冲区 i 中。为了能将 i 挂在接收进程的消息队列 mq 上，应先获得接收进程的内部标识符 j，然后将 i 挂在 j.mq 上。由于该队列属于临界资源，故在执行 insert 操作的前后，都要执行 P 和 V 操作。

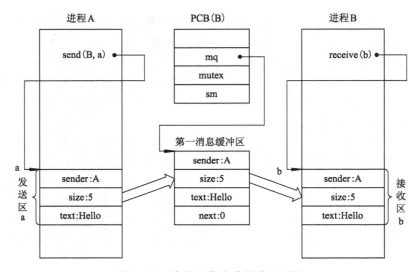

图 2-19　直接通信方式的发送原语

```
procedure send(receiver,a)
begin
    getbuf(a.size,i);              /*根据a.size申请缓冲区*/
    i.sender:=a.sender;            /*将发送区a中的信息复制到消息缓冲区之中*/
    i.size:=a.size;
    i.text:=a.text;
    i.next:=0;
    getid(PCB set, receiver.j);    /*获得接收进程内部标识符*/
    P(j.mutex);
    insert(j.mq,i);                /*将消息缓冲区插入消息队列*/
    V(j.mutex);
    V(j.sm);
end
```

（3）接收原语

接收原语描述如下：

```
procedure receive(b)
begin
    j:=internal name;             /*j为接收进程内部的标识符*/
    P(j.sm);
    P(j.mutex);
    remove(j.mq,i);               /*将消息队列中第一个消息移出*/
    V(j.mutex);
    b.sender:=i.sender;           /* 将消息缓冲区i中的信息复制到接收区b*/
    b.size:=i.size;
    b.text:=i.text;
end
```

2．间接通信方式

进程之间的通信要通过共享数据结构的实体实现称为间接通信方式。该实体通常被称为信箱。信箱不但要暂存由发送进程发送给目标进程的消息，还要向接收进程提供其接收的消息。消息在信箱中可安全保存，只允许核准的目标用户随时读取。因此，信箱通信方式既可实现实时通信，又可实现非实时通信。

系统为信箱通信提供了若干条原语，分别用于信箱的创建、撤销及消息的发送和接收等。

① 信箱的创建和撤销。进程可利用信箱创建原语来建立一个新信箱。创建者进程应给出信箱名字、信箱属性（公用、私用或共享）；对于共享信箱，还应给出共享者的名字。当进程不再需要读信箱时，可用信箱撤销原语将之撤销。

② 消息的发送和接收。当进程之间要利用信箱进行通信时，必须使用共享信箱，并利用系统提供的通信原语进行通信。

信箱可由操作系统创建，也可由用户进程创建，创建者是信箱的拥有者。据此，可把信箱分为以下三类：

① 私用信箱。用户进程可为自己建立一个新信箱，并作为该进程的一部分。信箱的拥有者有权从信箱中读取消息，其他用户则只能将自己构成的消息发送到该信箱中。这种私用信箱可采用单向通信链路的信箱来实现。当拥有该信箱的进程结束时，信箱也随之消失。

② 公用信箱。它由操作系统创建，并提供给系统中的所有核准进程使用。核准进程既可把消息发送到该信箱中，也可从信箱中读取发送给自己的消息。显然，公用信箱应采用拥有双

向通信链路的信箱来实现。通常，公用信箱在系统运行期间始终存在。

③ 共享信箱。它由某进程创建，在创建时或创建后，指明它是可共享的，同时须指出共享进程（用户）的名字。信箱的拥有者和共享者，都有权从信箱中取走发送给自己的消息。

2.4.3 共享文件

共享文件通信机制通常也被称为管道通信机制。所谓管道，是指用于连接一个读进程和一个写进程以实现它们之间通信的一个共享文件，又称 pipe 文件。向管道（共享文件）提供输入的发送进程（即写进程），以字符流形式将大量的数据送入管道；而接收管道输出的接收进程（即读进程），则从管道中接收（读）数据。由于发送进程和接收进程是利用管道进行通信的，故又称为管道通信。

管道的实质是一个共享文件，基本上可借助文件系统的机制实现，包括管道文件的创建、打开、关闭和读写。进程对通信机构的使用应该互斥，即当一个进程正在使用某个管道写入或读出数据时，另一个要使用该管道的进程就必须等待。发送者和接收者必须能够知道对方是否存在，如果对方已经不存在，就没有必要再发送信息。管道的长度是有限的，发送信息和接收信息之间要实现正确的同步关系，当写进程把一定数量的数据写入管道后，就去睡眠等待，直到读进程取走数据后把它唤醒。管理通信示意图如图 2-20 所示。

图 2-20　管道通信示意图

2.5　进　程　调　度

在多道程序系统中，一个作业被提交后，必须经过处理器调度后，方能获得处理器执行。对于批量型作业而言，通常需要经历作业调度和进程调度两个过程后才能获得处理器；对于终端型作业而言，则通常只需经过进程调度。在较完善的操作系统中，有时还设置了中级调度。

2.5.1 调度的层次

一个批处理型作业，从进入系统并驻留在外存的后备队列上开始，直至作业运行完毕，可能要经历三级调度。

1. 作业调度

作业调度又称为高级调度，主要功能是决定把外存上处于后备队列中的哪些作业调入内存，并为它们创建进程、分配必要的资源，并将新进程排在就绪队列上，准备执行。在批处理系统中需要有作业调度，而在分时系统和实时系统中，为了做到及时响应，一般不配置作业调度机制。

早期的操作系统就是以作业管理为中心的"作业监控系统"。作业是用户交给计算机做的一项工作。例如，对许多数据进行分类汇总、打印一个文档、发送一个电子邮件等。按照作业的概念，运行 Windows 操作系统下的文字处理软件 Word 来编辑并打印一个文档，就是一个作业。更进一步说，用户在键盘上输入一条命令、用鼠标点击方式执行一个程序、启动一个批处理文件等都将提交一个作业。作业在计算机上的运行时间有长有短，有些作业复杂一些，可能需要运行几个小时甚至几天；有的作业比较简单，仅几分钟就可完成。

一个作业通常包括用户用某种计算机语言编写的源程序、作业运行所需的初始数据以及控制作业运行的命令等。将一个程序拿到计算机上运行时，往往需要执行编辑程序将作业录入，然后运行编译程序对程序进行编译，接下来运行链接程序将作业装配成一个整体，最后让程序在计算机上运行。在此期间，任何一步出现错误，都要重新做前面的步骤予以修正，直到运行正确。通常，将上述的每一个处理称作一个"作业步"。

作业步是计算机系统用于对作业进行加工的步骤，一个作业步可以对应一个进程。为了在计算机上得出计算结果，任何作业都必须经过若干个作业步。其中任意两个作业步之间应通过某种关系联结起来，例如，前一个作业步的处理结果可作为后一个作业步的初始输入信息等。作业管理的主要任务就是按照用户的要求控制各个作业步，以实现作业运行。

2. 进程调度

进程调度又称为低级调度或处理器调度，主要功能就是按照一定策略，动态地把 CPU 分配给处于就绪队列中的某一进程，并使之执行。

进程调度有两种类型：非抢占方式和抢占方式（也称为非剥夺方式和剥夺方式）。在采用非抢占方式进行调度时，一旦把处理器分配给某进程后，便让其一直执行，直至该进程完成或发生某事件而被阻塞时，才把处理器分配给其他进程，决不允许某个进程抢占已经分配出去的处理器。采用抢占方式时，允许调度程序根据某种原则（如优先权原则、短作业优先原则和时间片原则），去暂停正在执行的进程，将已分配给该进程的处理器重新分配给另一进程。

引起进程调度的原因不仅与操作系统的类型有着密切的关系，而且还与下列因素有关：

① 正在运行的进程运行完毕。

② 运行中的进程要求 I/O 操作。

③ 执行某种原语操作（如 P 操作）导致进程阻塞。

④ 在抢占调度方式下，一个比正在运行的进程优先级更高的进程申请运行。

⑤ 分配给运行进程的时间片已经用完。

具有作业调度和进程调度的作业执行过程如图 2-21 所示。

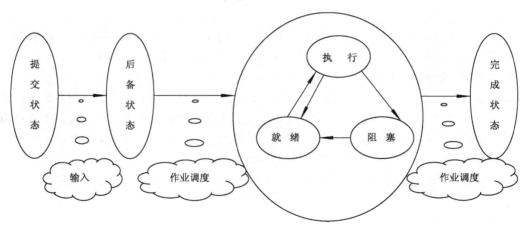

图 2-21 具有作业调度和进程调度的作业执行过程

3. 中级调度

中级调度的目的是提高内存利用率和系统吞吐量。实现的方法是使那些暂时不能运行的进程不再占用内存资源，将它们调到外存上去等待。当这些进程重新具备运行条件且内存又稍有空闲时，由中级调度来决定把外存上哪些静止就绪进程重新调入内存，并修改其状态为活动就绪状态，挂在就绪队列上等待进程调度。

在上述 3 种调度中，进程调度的运行频率最高，因而进程调度算法不能太复杂，以免占用太多的 CPU 时间。作业调度往往发生在一个作业运行完毕，退出系统又需要重新调入一个作业进入内存时，所以作业调度的周期较长，因而也允许作业调度算法花费较多的时间，采用相对较复杂的调度算法。中级调度的运行频率基本上介于进程与作业调度之间。

2.5.2 调度算法的评价标准

由于多种调度贯穿作业的整个运行过程，使用频率高，调度算法性能优劣直接影响操作系统的性能。根据不同的系统设计目标，不同的调度层次可有多种调度策略。一个调度算法是否优秀，比较重要体现在以下几点：

1．周转时间短

通常把周转时间作为评价批处理系统的性能、选择作业调度方式与算法的准则。

所谓周转时间是指从作业被提交给系统开始，到作业完成为止的这段时间间隔。它包括四部分时间：

① 作业在外存后备队列上的等待作业调度的时间。

② 进程在就绪队列上等待进程调度的时间。

③ 进程在 CPU 上执行的时间。

④ 进程等待 I/O 操作完成的时间。

对于每个用户而言，都希望自己作业的周转时间最短，而系统管理者则希望系统中多个作业的平均周转时间最短，这不仅会有效地提高资源利用率，而且还可使大多数用户感到满意。

平均周转时间可描述为：

$$T = \frac{1}{n}\left[\sum_{i=1}^{n} T_i\right]$$

作业的周转时间 T 与系统为它提供的实际服务时间 T_s 之比，即 $W=T/T_s$ 称为带权周转时间。若想知道某个作业在整个系统中运行效果，则希望带权周转时间越接近于 1 越好。

2．响应时间快

常把响应时间的长短用来评价分时系统的性能，这是选择分时系统中进程调度算法的重要准则之一。所谓响应时间，是从用户通过键盘提交一个请求开始，直至系统首次产生响应为止的时间，或者说，直到屏幕上显示出结果为止的一段时间间隔。它包括三部分时间：

① 从键盘输入的请求信息传送到处理器的时间。

② 处理器对请求信息进行处理的时间。

③ 将所形成的响应信息回送到终端显示器的时间。

3．截止时间的保证

它是用来评价实时系统性能的重要指标，因而是选择实时调度算法的重要准则。

所谓截止时间，是指某任务必须开始执行的最迟时间，或必须完成的最迟时间。对于严格的实时系统，其调度方式和调度算法必须能保证这一点，否则将可能造成难以预料的后果。

4．优先权准则

在批处理、分时系统和实时系统中选择调度算法时，都可遵循优先权准则，以便让某些紧急的作业能得到及时的处理。在要求较严格的场合，往往还需选择抢占式调度方式，才能保证紧急作业得到及时处理。

以上 4 个要求大部分源自用户的需求，而对于系统来说，更注重系统的吞吐量、处理器的利用效率、资源的利用率及系统各类资源的平衡使用。

2.5.3　调度算法

在操作系统中，调度的实质是一种资源分配，调度算法是指系统按照一定的策略来进行资源分配。对于不同的系统，通常根据不同的系统目标采用不同的调度算法。目前存在多种调度算法，有的算法适用于作业调度，有的算法适用于进程调度，也有的算法既适用于作业调度也适用于进程调度。下面以系统中执行次数最多的调度——进程调度为例来学习调度算法，同时来看一下这些调度算法除了适用于进程调度，还可适用于什么类型的调度。

1．先来先服务（FCFS）调度算法

FCFS（First Come First Service）算法是一种最简单的调度算法，按照进程就绪的先后顺序来调度进程，越早到达，就越先执行。获得 CPU 的进程，未遇到其他情况时，将一直运行下去，直到运行完成或发生某事件而阻塞后，该进程才放弃处理器。系统只需通过就绪队列就可以获知哪个进程是先到达的，因为最先到达的进程一定排在队首，后到达的进程一定排在后面。

先来先服务算法可能会导致比较短的进程的周转时间太长，所以该算法有利于处理多个 CPU 繁忙型的进程。先来先服务算法也适用于作业调度。

2．时间片轮转（RR）调度算法

在时间片轮转调度算法中，系统把所有就绪进程按先后次序排队，CPU 总是优先分配给就绪队列中的第一个就绪进程，并分配给它一个固定的时间片。当该运行进程用完规定的时间片时，被迫释放 CPU，CPU 又优先分配给就绪队列中的第一个进程，并分配给这个进程相同的时间片。运行完时间片的每个进程，当未遇到任何阻塞时，就回到就绪队列的尾部，等待下次轮到自己时再投入运行。所以，只要是处于就绪队列中的进程，按此算法迟早会获得 CPU 投入运行，不会发生无限期等待的情况。

如果某个正在运行的进程的时间片尚未用完，但进程需要 I/O 请求而受到阻塞，就不能把该进程送回就绪队列的队尾，而应把它送到相应的阻塞队列。只有等它所需要的 I/O 操作完毕之后，才能重新返回到就绪队列的队尾，等待再次被调度后投入运行。

时间片的长短由以下因素决定：

- 系统的响应时间。当进程数目一定时，时间片的长短直接影响系统的响应时间。
- 就绪队列中进程的数目。当系统对响应时间要求一定时，就绪队列中进程数少则时间片长，进程数多则时间片短。
- 进程状态转换（即进程由就绪态到运行态，或反之）的时间开销。
- 计算机本身的处理能力。主要是指执行速度和可运行进程的数目。

时间片轮转调度算法法也称为轮转法，它以就绪队列中的所有进程均以相同的速度往前推进为特征。时间片的长短，影响着进程的进展速度，当就绪进程很多时，如果时间片很长，就

会影响一些需要"紧急"运行的作业，这对短作业和要求 I/O 操作多的作业是不利的。于是，又有了短进程优先和高响应比优先调度算法。而时间片轮转算法只适用于进程调度，不适用于作业调度。

3. 短进程优先（SPF）调度算法

短进程优先调度算法是从当前就绪队列中选择估计 CPU 服务时间最短的进程调度执行，一直执行到完成，或发生某事件而被阻塞放弃处理器时，再重新调度。此种方法会有效地降低进程的平均等待时间，提高系统吞吐量。

该算法也有缺点，一是用户所提供的估计执行时间不是很准确；其次，长进程有可能长时间等待而得不到运行的机会，而且该算法未考虑进程的紧迫度。短进程优先调度算法也适用于作业调度，称为短作业优先调度算法。

4. 高响应比优先调度算法

进程调度最常用的一种简单方法，是把 CPU 分配给就绪队列中具有最高优先级的就绪进程。根据 CPU 是否可被抢占，可把优先级法分为抢占式优先级调度算法和非抢占式优先级调度算法。

影响进程优先级的因素很多。首先，可以根据不同类型的进程确定其优先级，例如，系统进程总是比用户进程具有较高的优先级；其次，优先级也和进程所需的运行时间有关，通常规定进程优先级与进程所需运行时间成反比，即运行时间长（一般占用内存也较多）的大进程的优先级低，反之则高。

上述确定进程优先级的方法是静态优先级法，即每个进程的优先级在其生存周期内是一成不变的。静态优先级法因其算法简单而受到欢迎，但有时不尽合理，为此，引入了较为合理的动态优先级。

动态优先级是指进程的优先级在该进程的运行周期内可以改变，随着进程的推进，确定优先级的条件相应地发生变化，进程的优先级也相应地发生变化，这样能更精确地控制 CPU 的响应时间（在分时系统中，其意义尤为重要）。下面介绍一种动态优先级法：高响应比优先调度算法，该优先权的变化规律可表示为：

$$优先权 = \frac{等待时间 + 要求服务时间}{要求服务时间}$$

由上式可见，若进程的等待时间相同，要求服务的时间越短，其优先权越高，所以该算法有利于短进程；当要求服务的时间相同时，等待时间越长，优先权越高，此时相当于是先来先服务；对于长进程，进程的优先级随着等待时间的增加而提高，可以保证长进程在一定的时间内可获得处理器。但是在利用该算法时，每当要进行调度时，都要先做响应比的计算，相应地会增加系统开销。

该算法也适用于作业调度。

下面通过一个例子来分别说明采用以上 4 种调度算法时的调度性能。有 5 个进程 A、B、C、D、E，它们到达的时间分别是 0、1、2、3、4，所要求的服务时间分别是 3、3、5、2、4。若采用 RR 调度算法，时间片的长度为 2。表 2-3 给出了分别采用 FCFS、RR、SPF、高响应比优先调度算法时，这 5 个进程的被调度情况。

表 2-3　FCFS、RR、SPF、高响应比优先调度算法性能

调度算法 ＼ 进程	进程名	A	B	C	D	E	平均
	到达时间	0	1	2	3	4	
	要求服务时间	3	3	5	2	4	
FCFS	完成时间	3	6	11	13	17	
	周转时间	3	5	9	10	13	8
	带权周转时间	1	1.67	1.8	5	3.25	2.54
RR=2	完成时间	11	12	17	8	16	
	周转时间	11	11	15	5	12	10.8
	带权周转时间	3.67	3.67	3	2.5	3	3.168
SPF	完成时间	3	8	17	5	12	
	周转时间	3	7	15	2	8	7
	带权周转时间	1	2.33	3	1	2	2.07
高响应比优先	完成时间	3	6	13	8	17	
	周转时间	3	5	11	5	13	8.2
	带权周转时间	1	1.67	2.2	2.5	3.25	2.59

5．多级反馈队列调度算法

多级反馈队列调度算法是把就绪进程按优先级排成多个队列，并赋给每个队列不同的时间片，高优先级进程的时间片比低优先级进程的时间片小。调度时先选择高优先级队列的第一个进程，使其投入运行，当该进程时间片用完后，若高优先级队列中还有其他进程，则按照轮转法依次调度执行，否则转入低一级的就绪队列。只有高优先级就绪队列为空时，才从低一级的就绪队列中调度进程执行。多级反馈队列调度算法具体模型如图 2-22 所示。这种方法既照顾了时间紧迫的进程，又兼顾了短进程同时考虑了长进程，是一种比较理想的进程调度方法。

系统可以有针对性地确定每个就绪队列时间片的长短，让运行时间长的进程在不太频繁的时间间隔里获得较大的时间片，而让经常相互制约的进程有更多的机会获得 CPU，但每次获得的时间片都较短。这样一来，系统优先考虑那些短的、相互制约的进程，而要求时间片长的进程虽然不经常运行，但其运行周期较长。采用上述方法，就能减少 CPU 分配所造成的开销。

本算法只适用于进程调度。

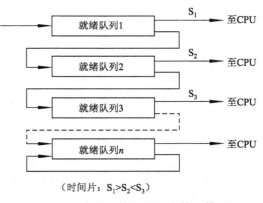

（时间片：$S_1 > S_2 < S_3$）

图 2-22　多级反馈队列调度算法模型

2.6　死　　锁

在多道程序系统中，虽然可以借助于多个进程的并发执行来改善系统的资源利用率，提高系统的吞吐量，但是可能会发生一种危险现象——死锁。在前面把信号量作为同步工具

的介绍中已经提到，如果多个 P 和 V 操作顺序不当，会产生进程无法向前推进的现象，这就是死锁。

2.6.1 死锁的概念

死锁是指多个进程在运行过程中因争夺资源而造成的一种僵局，此时若无外力作用，它们都将无法再向前推进。

产生死锁的原因大致有以下两点：

（1）竞争资源

当系统中供多个进程共享的资源，如打印机、公用队列等，其数量不足以满足诸进程的需要时，会引起诸进程对资源的竞争而产生死锁。

系统中的资源可分为可剥夺性资源和不可剥夺性资源。可剥夺性资源是指某进程在获得这类资源后，该资源可再被其他进程或系统剥夺，例如，CPU、内存都属于可剥夺性资源。不可剥夺性资源是指当系统把这类资源分配给某进程后不能强行收回，只能在进程用完后自行释放，如磁带机、打印机等。

只有在竞争不可剥夺性资源时才有可能发生死锁。

（2）进程间推进顺序非法

进程在运行过程中，请求和释放资源的顺序不当，也会导致进程产生死锁。例如，有两个进程，它们请求和释放资源的顺序分别如下：

```
P1:                          P2:
    …                            …
    …                            …
①  Request(R1);            ③  Request(R2);
②  Request(R2);            ④  Request(R1);
    …                            …
    Release(R1);                 Release(R2);
    Release(R2);                 Release(R1);
    …                            …
```

若系统此次执行这两个进程的顺序为①②③，P2 在③处阻塞，不会产生死锁；若执行次序为①③②④，则 P1 在②处阻塞，P2 在④处阻塞，P1 和 P2 都在互相等待着对方释放资源，此时就处于死锁状态。

虽然进程在运行过程中可能发生死锁，但死锁的发生也必须具备以下 4 个必要条件。

① 互斥条件：指进程对所分配到的资源进行排他性使用，即在一段时间内某资源只能由一个进程使用，如果此时还有其他进程请求该资源，请求者只能等等，直到占有该资源的进程使用完毕后释放。

② 请求和保持条件：指进程已经拥有了至少一个资源，但又提出了新的资源请求，而该资源又已被其他进程占有，此时请求进程阻塞，但又不释放自己拥有的资源。

③ 不剥夺条件：指进程已获得资源，在未使用完之前不能被剥夺，只能在使用完毕后自己释放。

④ 环路等待条件：指在发生死锁时，必然存在一个进程、资源的环形链，例如，P0 等待 P1 占有的资源 R0，P1 等待 P2 占有的资源 R1，P2 等待 P0 占有的资源 R2。

死锁不仅会发生在两个进程之间，也可能发生在多个进程之间，甚至发生在全部进程之间。此外，死锁不仅会在动态使用外围设备时发生，也可能在动态使用存储区、文件、缓冲区时发生，甚至在进程通信过程中发生。随着计算机资源的增加，系统出现死锁现象的可能性也大大增加，死锁一旦发生，会使相关进程无法继续工作。因此，要想办法解决死锁问题。

2.6.2 死锁的预防

预防死锁是一种静态的解决死锁问题的方法。为了使系统安全可靠地运行，应在设计操作系统的过程中，对资源的用法进行适当限制，防止系统在运行过程中产生死锁。由于产生死锁的 4 个必要条件必须同时存在，系统才可能产生死锁，所以只要使 4 个必要条件中至少有一个不成立，就可以达到预防死锁的目的。

（1）破坏互斥条件

互斥性是系统中某些资源的固有特性，一旦破坏互斥性，就会对资源的正确有效使用产生影响，所以破坏互斥条件往往行不通。

（2）破坏请求和保持条件

系统在进程创建后运行前会一次性地全部满足它的资源要求，称为资源的静态分配。这样，在运行过程中就不会再请求新的资源，自然不会有死锁情况出现。如果当时的系统资源不能一次满足它的要求，该进程不能进入就绪状态等待运行。这种方法可能会使某些进程因为长时间得不到所有资源而迟迟不能运行，也会造成资源的极大浪费，因为一个进程是一次性地获得其整个运行过程中所需的全部资源，其中可能有些资源很少使用，甚至在最后才被使用，这就严重影响了系统资源的利用率。

（3）破坏不剥夺条件

可以让进程逐个提出对资源的请求。当一个已经拥有某些资源的进程在提出新的资源请求而无法立即得到满足时，必须释放它已经占有的所有资源，待以后需要时再重新申请。这就意味着某一进程在运行过程中可能会暂时释放它本已拥有的资源，也可以认为是被剥夺了，从而破坏了不剥夺条件。

这种预防死锁的方法，实现起来比较复杂且要付出很大代价。因为一个资源在使用一段时间后，资源被迫释放可能会造成进程前段工作的失效。此外，这种策略还可能因为反复地申请和释放资源，致使进程的执行被无限地推迟，不仅延长了进程的周转时间，而且增加了系统开销，降低了系统吞吐量

（4）破坏环路等待条件

系统为每类资源编号，规定每个进程只能按资源编号递增的顺序申请资源。如果进程申请的资源的序号小于已占用资源的序号，那么它必须先释放序号高大的已占用资源，从序号小的资源重新开始申请。采用这种方法，系统在任何情况下都不可能进入循环等待的状态。资源编序这一做法的困难在于如何给资源类确定各方面都比较满意的序号，并且整个系统在增加、删除资源时的操作都会比较繁琐。

2.6.3 死锁的避免

在死锁避免的方法中，系统的状态分为安全状态和不安全状态，不安全状态最终会导致系统进入死锁状态，所以，只要能使系统始终处于安全状态，便可避免发生死锁。

1. 安全状态和不安全状态

在避免死锁的方法中，允许进程动态地申请资源，但系统在进行资源分配之前，应先计算此次资源分配的安全性。若此次分配不会导致系统进入不安全状态，则将资源分配给进程；否则，让该进程等待。

所谓安全状态，是指系统能按某种进程顺序{P1, P2, …, Pn}来为每个进程 Pi 分配其所需资源，直至满足每个进程对资源的最大需求，使每个进程都可顺利地完成。其中，称{P1, P2, …, Pn}序列为安全序列。如果系统无法找到这样一个安全序列，则称系统处于不安全状态。

下面通过一个例子来说明安全状态。假定系统中有 3 个进程 P1、P2 和 P3，共有 12 台磁带机。进程 P1 总共要求 8 台磁带机，P2 和 P3 分别要求 4 台和 6 台。假设在 t0 时刻，进程 P1、P2 和 P3 已分别获得 5 台、2 台和 2 台磁带机，尚有 3 台空闲未分配，如表 2-4 所示。

表 2-4　某时刻的资源分配情况

进　程	最 大 需 求	已　分　配	还　需　要	系 统 可 用
P1	8	5	3	3
P2	4	2	2	
P3	6	2	4	

经分析发现，在 t0 时刻系统是安全的，因为这时存在一个安全序列{P2，P1，P3}，即只要系统按此进程序列分配资源，就能使每个进程都顺利完成。当然，还有一个安全序列{P2，P3，P1}，所以某一时刻系统的安全序列不一定是唯一的。

可是，如果不按照安全序列分配资源，则系统可能会由安全状态进入不安全状态。例如，在 t0 时刻，P3 请求 2 台磁带机，若此时系统把剩余 3 台中的 2 台分配给 P3，则系统便进入不安全状态，因为此时无法再找到一个安全序列。如果把其中的 2 台分配给 P3，这样，系统只剩 1 台，此时无法满足任何一个进程的请求了，致使它们都无法推进到完成，彼此都在等待对方释放资源，即陷入僵局，结果导致死锁。所以，即使有足够的资源给 P3，但因为此举会导致系统进入不安全状态，系统就要拒绝 P3 的请求。

在动态分配资源的过程中采用某种方法防止系统进入不安全状态，称为死锁避免。避免死锁的著名算法是 Dijkstra 在 1965 年提出来的银行家算法。由于此算法类似于银行系统现金贷款的发放，故称为银行家算法。

2. 银行家算法

（1）银行家算法所需的数据结构

对进程来说，它总共需要多少资源、目前已分配到多少资源、尚缺多少资源，分别用 Max、Allocation、Need 矩阵表示。对系统来说，当前可用资源的总量用 Available 向量表示。

① Available[m]，m 表示系统内资源类别数。例如 Available[j]=k，说明可用于分配的 j 类资源有 k 个。

② Max[n,m]，n 表示进程个数，m 表示系统内资源类别数。如果 Max[i,j]=k，说明进程 Pi 最多可申请 j 类资源 k 个。

③ Allocation[n,m]，n、m 同上。如果 Allocation[i,j]=k，说明进程 Pi 已分配 j 类资源 k 个。

④ Need[n, m]，n、m 同上。如果 Need[i,j]=k，说明进程 Pi 尚缺 j 类资源 k 个。

Max[i,j]=Allocation[i,j]+Need[i,j]。随着时间的推移，资源的分配情况会不断变化，数据结构的内容也随之更改。

（2）银行家算法

该算法判断当前资源分配是否会导致系统进入不安全状态，若会则拒绝分配，若不会则分配资源。

设 Requesti 是进程 Pi 的请求向量，如果 Requesti[j]=k，表示进程 Pi 需要 k 个 Rj 类型的资源。当 Pi 发出资源请求后，系统按下述步骤进行检查：

① 如果 Requesti[j]≤Need[i,j]，便转向步骤②；否则认为出错，因为它所需要的资源数已超过它所宣布的最大值。

② 如果 Requesti[j]≤Available[j]，便转向步骤③；否则，表示尚无足够资源，Pi 须等待。

③ 系统试探着把资源分配给进程 Pi，并修改下面数据结构中的数值：

```
Available[j]:=Available[j]-Requesti[j];
Allocation[i,j]:=Allocation[i,j]+Requesti[j];
Need[i,j]:=Need[i,j]-Requesti[j];
```

④ 系统执行安全性算法，检查此次资源分配后，系统是否处于安全状态。若安全，才正式将资源分配给进程 Pi，以完成本次分配；否则，将本次的试探分配作废，恢复原来的资源分配状态，让进程 Pi 等待。

银行家算法流程如图 2-23 所示。

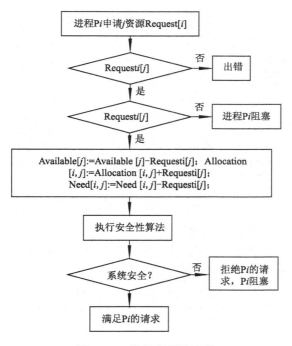

图 2-23　银行家算法流程

（3）安全性算法

① 设置两个向量：

● 工作向量 Work：它表示系统可提供给进程继续运行所需的各类资源数目，它含有 m 个元素，在执行安全算法开始时，Work:=Available；

- Finish：它表示系统是否有足够的资源分配给进程，使之运行完成。开始时先做 Finish[i]:=false；当有足够资源分配给进程时，再令 Finish[i]:=true。

② 从进程集合中找到一个能满足下述条件的进程：

```
Finish[i]=false;
Need[i,j]<= Work[j];
```

若找到，执行步骤③，否则，执行步骤④。

③ 当进程 Pi 获得资源后，可顺利执行，直至完成，并释放出分配给它的资源，故应执行：

```
Work[j]:=Work[i]+Allocation[i,j];
Finish[i]:=true;
go to step ②;
```

④ 如果所有进程的 Finish[i]=true 都满足，则表示系统处于安全状态；否则，系统处于不安全状态。

安全性算法流程如图 2-24 所示。

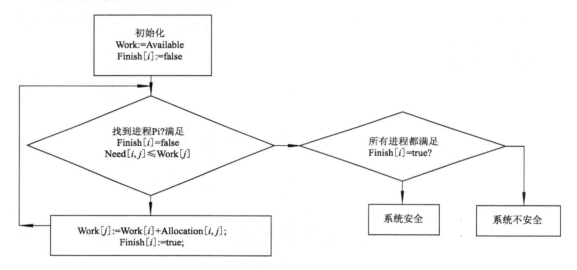

图 2-24　安全性算法流程

（4）银行家算法实例

假定系统中有 5 个进程 P0、P1、P2、P3、P4 和 3 类资源 A、B、C，各种资源的总数量分别为 10、5、7，在 t_0 时刻的资源分配情况如表 2-5 所示。

表 2-5　t_0 时刻的资源分配情况

Process	Allocation			Need			Available		
	A	B	C	A	B	C	A	B	C
P0	0	1	0	7	4	3	3	3	2
P1	2	0	0	1	2	2			
P2	3	0	2	6	0	0			
P3	2	1	1	0	1	1			
P4	0	0	2	4	3	1			

【试问】该状态是否安全?

【解答】对该状态进行安全性检查，结果如表 2-6 所示。

表 2-6 安全性检查结果

Process	Work			Allocation			need			Work+Allocation			Finish
	A	B	C	A	B	C	A	B	C	A	B	C	
P3	3	3	2	2	1	1	0	1	1	5	4	3	true
P1	5	4	3	2	0	0	1	2	2	7	4	3	true
P4	7	4	3	0	0	2	4	3	1	7	4	5	true
P2	7	4	5	3	0	2	6	0	0	10	4	7	true
P0	10	4	7	0	1	0	7	4	3	10	5	7	true

可得一个安全序列{P3，P1，P4，P2，P0}，因此这时系统是安全的。

【试问】若进程 P1 提出请求 Request1(1,2,1)后，系统能否将资源分配给它?

【解答】进程 P1 提出请求 Request1(1,2,1)后，系统按银行家算法进行检查：

① Request1(1,2,1)≤Need1(1,2,2)。

② Request1(1,2,1)≤Available(3,3,2)。

③ 系统试探分配资源，修改有关数据后，其值如表 2-7 所示：

表 2-7 资源分配情况

Process	Allocation			Need			Available		
	A	B	C	A	B	C	A	B	C
P0	0	1	0	7	4	3	2	1	1
P1	3	2	1	0	0	1			
P2	3	0	2	6	0	0			
P3	2	1	1	0	1	1			
P4	0	0	2	4	3	1			

④ 安全性算法检查，如表 2-8 所示。

表 2-8 安全性检查结果

Process	Work			Allocation			need			Work+Allocation			Finish
	A	B	C	A	B	C	A	B	C	A	B	C	
P3	2	1	1	2	1	1	0	1	1	4	2	2	true
P1	4	2	2	3	2	1	0	0	1	7	4	3	true
P4	7	4	3	0	0	2	4	3	1	7	4	5	true
P2	7	4	5	3	0	2	6	0	0	10	4	7	true
P0	10	4	7	0	1	0	7	4	3	10	5	7	true

可得一个安全序列{P3，P1，P4，P2，P0}，因此若满足 P1 的请求，系统仍处于安全状态，所以可以把 P1 需要的资源分配给它。

【试问】若进程 P0 又提出请求 Request0(2,0,1)，系统能否将资源分配给它?

【解答】系统按银行家算法进行检查：

① Request0(2,0,1)≤Need0(7,4,3)。

② Request0(2,0,1)≤Available(2,1,1)。

③ 系统试探分配资源，修改有关数据后，其值如表 2-9 所示。

表 2-9 资源分配情况

Process	Allocation			Need			Available		
	A	B	C	A	B	C	A	B	C
P0	2	1	1	5	4	2	0	1	0
P1	3	2	1	0	0	1			
P2	3	0	2	6	0	0			
P3	2	1	1	0	1	1			
P4	0	0	2	4	3	1			

④ 安全性算法检查。此时对所有的进程，条件 Needi≤Available(0,1,0)都不成立，即 Available 不能满足任何进程的请求，故系统进入不安全状态。因此，当 P0 提出请求 Request0(2,0,1)时，系统不能将资源分配给它，P0 只能阻塞。

2.6.4 死锁的检测

预防死锁的方法比较保守，避免死锁的方法代价较大。如果允许系统中有死锁出现，但操作系统能不断地监督进程的执行过程，判定和发现死锁，一旦发现有死锁发生，采取专门的措施加以克服，并以最小的代价使系统恢复正常，这就是检测死锁的方法。

1. 资源分配图

系统死锁可利用资源分配图来描述。该图是由一组结点 N 和一组边 E 组成的，记为 G=(N，E)，其中 N 分为两个互斥的子集，即一组进程结点 P={P1，P2，…，Pn}和一组资源结点 R={R1,R2,…,Rn}，N=P∪R。凡属于 E 中的一个边 e∈E，都连接着 P 中的一个结点和 R 中的一个结点，e=(Pi,Rj)是资源请求边，由进程 Pi 指向资源 Rj，它表示进程 Pi 请求一个单位的 Rj 资源。e=(Rj,Pi)是资源分配边，由资源 Rj 指向进程 Pi，它表示把一个单位的资源 Rj 分配给进程 Pi。

在资源分配图中，用圆圈代表一个进程，用方框代表一类资源。由于一种类型的资源可能有多个，就用方框中的一个点代表一类资源中的一个资源。此时，请求边是由进程指向方框中的 Rj，而分配边则应始于方框中的一个点。图 2-25 给出了一个资源分配图。图中，P1 进程已经分得了两个 R1 资源，并又在请求一个 R2 资源；P2 进程分得了一个 R1 和一个 R2 资源，同时请求 R1 资源。

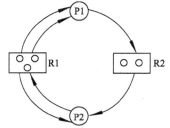

图 2-25 资源分配图

2. 死锁定理

资源分配图可以加以简化，来检测当系统处于 S 状态时是否为死锁状态。以图 2-25 所示资源分配图为例，其简化方法如下：

① 在资源分配图中，找出一个既不阻塞又非独立的进程结点 Pi。在顺利的情况下，Pi 可获得所需资源而继续运行，直至运行完毕，再释放其所占有的全部资源，这相当于消去 Pi 所有

的请求边和分配边，使之成为孤立的结点。在图 2-26（a）中，将 P1 的两个分配边和一个请求边消去，便形成图 2-26（b）所示的情况。

② P1 释放资源后，便可使 P2 获得资源而继续运行，直至 P2 完成后又释放出它所占有的全部资源，形成图 2-26（c）所示的情况。

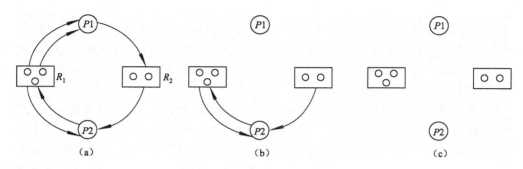

图 2-26　资源分配图的简化

③ 在进行一系列的简化后，若能消去图中所有的边，使所有的进程结点都成为孤立结点，则称该图是可完全简化的；若不能通过任何过程使该图完全简化，则称该图是不可完全简化的。

对于较复杂的资源分配图，可能有多个既未阻塞又非孤立的进程结点，不同的简化顺序都将得到相同的不可简化图。可以证明，S 为死锁状态的充分条件是：当且仅当 S 状态的资源分配图是不可完全简化的。该充分条件被称为死锁定理。

2.6.5　死锁的解除

当发现有进程死锁时，应立即把进程从死锁状态中解脱出来。常采用的两种方法是：

（1）剥夺资源法。从其他进程剥夺足够数量的资源给死锁进程，以解除死锁状态。

（2）撤销进程法。最简单的撤销进程的方法是使全部死锁进程都夭折掉；稍微合理一点的方法是按照某种顺序逐个地撤销进程，直至有足够的资源可用，使死锁状态消除为止。

在出现死锁时，可采用各种策略来撤销进程。例如，为解除死锁状态所需撤销的进程数目最小，或者撤销进程所付出的代价最小等。

2.7　线　　程

自从 20 世纪 60 年代提出进程概念以来，在操作系统中一直都是以进程作为能独立运行的基本单位。直到 20 世纪 80 年代中期，人们又提出了比进程更小的能独立运行的基本单位——线程，用它来提高系统内进程并发执行的速度，减少系统开销，从而进一步提高系统的吞吐量。如今，线程概念已得到了广泛应用，不仅在新推出的操作系统中，而且在新推出的数据库管理系统和其他应用软件中，也都纷纷引入了线程概念来改善系统的性能。

2.7.1　线程的引入

如果说在操作系统中引入进程的目的是为了使多个程序并发执行、改善资源利用率及提高系统的吞吐量，那么，在操作系统中引入线程则是为了减少进程并发执行时所付出的时空开销，使操作系统具有更好的并发性。

　　进程是一个拥有资源的独立单位，同时又是一个独立调度和分配资源的基本单位，因而在进程的创建、撤销和状态切换过程中，系统必须为之付出较大的时空开销。也正因为如此，在系统中所设置的进程数目不宜过多，进程切换的频率也不宜太高，但这也限制了并发程度的进一步提高。

　　如何能使多个程序更好地并发执行，同时又尽量减少系统的开销，已成为近年来设计操作系统时所追求的重要目标。于是，操作系统的研究学者们想到，可否将进程的上述属性分开，由操作系统分别进行处理，即针对不同的活动实体来进行 CPU 调度和资源分配，以使程序轻装运行，而对拥有资源的基本单位，又不频繁地对之进行切换。正是在这种思想的指导下，产生了线程的概念。

　　在引入线程的操作系统中，线程是进程中的一个实体，是被系统独立调度和分配的基本单位。线程自己基本上不拥有系统资源，只拥有一些在运行中必不可少的资源（如程序计数器、一组寄存器和栈），但它可与同属一个进程的其他线程共享进程所拥有的全部资源。一个线程可以创建和撤销另一个线程，同一进程中的多个线程之间可以并发执行。由于线程之间的相互制约，致使线程在运行中也呈现出间断性。相应地，线程同样也有就绪、阻塞和执行 3 种基本状态，有的系统中线程还有终止状态。

2.7.2　进程与线程的关系

　　线程具有许多传统进程所具有的特征，故又称为轻型进程（Light-Weight Process）或进程元，而把传统的进程称为重型进程（Heavy-Weight Process），它相当于只有一个线程的任务。在引入了线程的操作系统中，通常一个进程都有若干个线程，至少需要有一个线程。下面从调度、并发性、拥有资源、系统开销等方面来比较线程与进程。

1．调度

　　在引入线程的操作系统中，线程是调度的基本单位，而进程是拥有资源的基本单位。在同一进程中，线程的切换不会引起进程的切换。

2．并发性

　　在引入线程的操作系统中，不同进程之间、同一个进程中的多个线程之间都可以并发执行。

3．拥有资源

　　不论是传统的操作系统还是引入线程的操作系统，进程都是拥有资源的一个独立单位；而线程除了一些必不可少的资源外，基本不拥有系统资源，但它可以访问其隶属进程的资源。

4．系统开销

　　在进行进程切换时，涉及当前进程整个 CPU 环境的保存以及新被调度运行的进程的 CPU 环境的设置；而线程切换只需保存和设置少量寄存器的内容，所以进程切换的开销远大于线程切换的开销。此外，同一进程中的多个线程由于具有相同的地址空间，所以它们之间同步和通信的实现也比较容易。

2.7.3　线程调度与通信

　　线程调度与进程调度类似，原则上讲，高优先级的线程比低优先级的线程有更多的运行机会，当低优先级的线程在运行时，被唤醒的或结束 I/O 等待的高优先级线程立即抢占 CPU 开始运行，如果线程具有相同的优先级，则通过轮转来抢占 CPU。

前面所介绍的用于实现进程同步的最常用工具——信号量机制，也可用于多线程中实现诸线程或进程之间的同步。为了提高效率，可为线程和进程分别设置相应信号量。

1. 私用信号量

当某线程需要利用信号量来实现同一进程中各线程之间的同步时，可调用创建信号量的命令来创建一个私用信号量（Private Semaphore），其数据结构存放在应用程序的地址空间中。私用信号量属于特定的进程所有，操作系统并不知道私用信号量的存在，因此，一旦发生私用信号量的占用者异常结束或正常结束，但并未释放该信号量所占有空间的情况时，系统将无法使它恢复为 0（空），也不能将它传送给下一个请求它的线程。

2. 公用信号量

公用信号量（Public Semaphore）是为实现不同进程间或不同进程中各线程之间的同步而设置的。由于它有一个公开的名字供所有的进程使用，故把它称为公用信号量。其数据结构是存放在受保护的系统存储区中，由操作系统为它分配空间并进行管理，故也称为系统信号量。如果信号量的占有者在结束时未释放该公用信号量，则操作系统自动将该信号量空间回收，并通知下一进程。可见，公用信号量是一种比较安全的同步机制。

本 章 小 结

本章引出了并发与并行的概念。并发是指在同一时间间隔内系统中有两个或多个事件同时发生，而并行是指在某一时刻有两个或多个事件同时进行。在多道程序设计系统中，为了刻画程序并发执行时的动态特性以及为了保证程序并发执行拥有可再现性，引入了进程的概念。进程是操作系统中最核心的概念，是系统进行资源分配与调度的基本单位。

并发执行的进程存在着直接制约和间接制约的关系。本章介绍了利用信号量方式解决资源竞争与并发协作的问题，并且给出了一些使用这些工具解决同步问题的经典实例。

信号量与 P/V 操作只能传递信号，常被称为低级通信机制。当进程之间需要交换大批数据时，可以采用共享存储、消息传递与管道通信完成。

进程调度有抢占式和非抢占式两种，常用的调度算法有先来先服务、时间片轮转、短进程优先、响应比高者优先和多级反馈队列调度算法。每一种调度算法，都适应于一种特定的情况：先来先服务调度算法简单易行，但对短进程和时间紧急的进程不利；短进程优先调度算法可以提高系统吞吐量，但对长进程不利；时间片轮转调度算法适合于交互式系统；优先级调度算法适合于系统中经常有紧急进程的情况。

无论是相互通信的进程或是共享资源的进程，都可能因为推进顺序不当或资源分配不妥而造成系统死锁。死锁是系统中一组并发进程因等待其他进程占有的资源而永远不能向前推进的僵化状态，对操作系统不利。这里讨论了系统产生死锁的 4 个必要条件：互斥条件、请求和保持条件、不剥夺条件和环路等待条件。随后介绍了解决死锁问题的策略和方法、死锁的预防、死锁的避免、死锁的检测和解除。银行家算法是著名的死锁避免算法。

20 世纪 80 年代中期，人们提出了比进程更小的能独立运行的基本单位——线程，用它来提高程序的并发程度，减少系统开销，从而可进一步提高系统的吞吐量。本章还对进程和线程进行了比较，并简单说明了线程的调度和通信。

实　训

实训 1　Windows Server 2003 的任务与进程管理器

1. 实训目的

① 结合操作系统的进程管理，熟悉 Windows 系统的任务管理功能。

② 学会利用 Windows 任务管理器、系统信息和任务计划来管理任务和进程。

2. 实训预备

Windows 是目前计算机中使用最为广泛的操作系统，它采用图形界面与用户实现交互，用户通过鼠标对桌面、图标、窗口等元素进行点击就可以完成各种操作，使系统非常易学易用。

在 Windows 系统中，任务和进程是对同一实体在不同时期的不同称呼。任务实际上就是交互式作业，其表现形式为用户使用的可执行单元。在任务没有被启用时，它只是存在于外存上的一组程序和数据，同时在 Windows 的注册表中进行了记录。通过鼠标对任务图标的点击，使任务被装入内存中并开始运行，这时它就被称为进程。进程拥有系统资源和私有资源，在进程运行终止时资源被释放或者关闭。

（1）任务管理器及其启动

Windows 任务管理器提供了有关计算机性能的信息，并显示了计算机上所运行的程序和进程的详细信息，可以显示最常用的度量进程性能的单位。用户可以通过任务管理器来实现对进程的创建、强行终止等各种操作。任务管理器提供了正在计算机上运行的程序和进程的相关信息，为用户提供了一个方便而统一的方式来查看和管理计算机上所运行的软件。使用任务管理器可以监视计算机性能，可以快速查看正在运行的程序的状态，或者终止已停止的响应和程序，也可以使用多达 15 个参数评估正在运行的进程活动，以及查看 CPU 和内存使用情况的图形和数据。

① 打开 Windows 任务管理器的方法有 4 种。

② 按下【Ctrl+Alt+Del】组合键，弹出"Windows 安全"对话框，单击其中的"任务管理器"按钮即可，这也是最为常用的方法。

③ 直接按下【Ctrl+Shift+Esc】组合键。

④ 在任务栏的空白处右击，在弹出的快捷菜单中选择"任务管理器"命令。

使用"开始"菜单中的"运行"命令，在弹出的"运行"对话框中输入命令"\Windows\System32\taskmgr. exe"，按【Enter】键后即打开任务管理器。当然也可以在桌面上建立一个该命令的快捷方式。

（2）任务管理器窗口的组成及基本操作

在 Windows Server 2003 中打开的"任务管理器"窗口，由 5 个选项卡组成，这里主要介绍"应用程序"、"进程"和"性能"3 个选项卡。

① 应用程序。该选项卡显示了所有当前正在运行的应用程序，不过它只会显示当前已打开窗口的（前台运行的）应用程序，如图 2-27 所示。用户可以在其中选择结束任务、在任务间切换或执行新的任务。如果想关闭一个应用程序，用户可以选中该应用程序，然后点击"结束任务"按钮即可。用户若要切换到某个应用程序窗口，可以选中该应用程序，然后点击"切换至"按钮即可。用户若想知道某个应用程序对应哪个进程，只需右击该程序，然后在弹出的快捷菜单中选择"转到进程"选项即可，窗口会马上切换到"进程"选项卡，将光标定位于该程序所对应的进

程。用户还可以在"应用程序"选项卡中启动一个程序、文档、文件或 Internet 站点，其操作步骤如下：

图 2-27 任务管理器的"应用程序"选项卡

- 单击"新任务"按钮，打开创建新任务的窗口。
- 从浏览窗口中选择想要启动的新任务，如在 C:\Program Files\NetMeeting 中的网络会议，单击"打开"按钮。
- 单击"确定"按钮。于是新的任务就创建好了。

② 进程。该选项卡显示了所有当前正在运行的进程，包括应用程序、后台服务等，如图 2-28 所示。用户可以从中选择某个进程，然后单击"结束进程"按钮来强行终止该进程。但这种强行结束某个进程的方式将丢失未保存的数据，而且如果结束的是系统服务，则系统的某些功能可能无法正常使用。

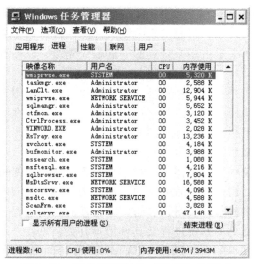

图 2-28 任务管理器的"进程"选项卡

在 Windows Server 2003 任务栏管理器的"查看"菜单中有一个"选择列"选项，此项中列出了可选的一些反映进程运行情况的参数，如映像名称、PID 进程标识符、CPU 使用时间、内存使用增量、虚拟内存大小、基本优先级、页面错误、线程计数等。

③ 性能。该选项卡显示的是 CPU 和内存使用情况的动态性能参数，CPU 和内存的使用情况会以图形和动态的方式显示出来。同时，该窗口还列出了进程总数、物理内存等统计数字，如图 2-29 所示，用户可以通过这些数字来查看系统运行的情况。有了这些数字，可以为设置系统提供有益的参考，例如，若想设置系统的虚拟内存，就需要查看内存的使用情况。

图 2-29 任务管理器的"性能"选项卡

3. 实训操作

操作一 使用任务管理器

（1）改变进程优先级

当用户在运行迅雷、BT 等软件下载文件时，可能会出现硬盘灯不停地闪烁、浏览网页或者运行其他应用程序都很慢的现象，这是由于下载文件的软件占用了大量的系统资源所致。这种情况下，可以通过降低这些大量占用系统资源的进程优先级，以使其他应用程序分得更多的系统资源来解决问题。

改变进程优先级的方法是：在任务管理器的"进程"选项卡中，选择要改变优先级的进程名，然后右击，在弹出的快捷菜单中选择"设置优先级"命令，在其子菜单中可以选择实时、高、高于标准、标准、低于标准、低等不同级别。

（2）通过任务管理器来手工查杀木马病毒

木马病毒若存在于系统中，不可能彻底与进程脱离关系，即使采用了隐藏技术，也还是能够从进程中找到蛛丝马迹。因此，查看系统中活动的进程成为检测木马病毒最直接的方法。但是系统中同时运行着那么多进程，要辨认出哪些是正常的系统进程，哪些是木马的进程，系统管理员或用户就应该了解常见的系统进程及其作用等有关信息。

有的系统进程属于最基本的系统进程，它们是系统运行的基本条件，有了这些进程，系统就能正常运行；有的系统进程不是必要的，可以根据需要通过任务管理器来增加或减少。部分系统进程名及其描述如表 2-10 所示。

表 2-10　Windows Server 2003 系统进程表

进 程 名		描　　述
最基本的系统进程	smss.exe	Session Manager
	csrss.exe	子系统服务器进程
	winlogon.exe	管理用户登录
	services.exe	包含很多系统服务
	lsass.exe	管理 IP 安全策略以及启动 ISAKMP/Oakley (IKE) 和 IP，安全驱动程序
	svchost.exe	包含很多系统服务
	explorer.exe	资源管理器
附加的系统进程	mstask.exe	允许程序在指定时间运行
	regsvc.exe	允许远程注册表操作
	winmgmt.exe	提供系统管理信息
	tftpd.exe	实现 TFTP Internet 标准
	dns.exe	应答对域名系统，名称的查询和更新请求

但是，当确认系统中存在病毒，而通过任务管理器查看又找不出异样的进程时，说明病毒采用了以假乱真、偷梁换柱等隐藏措施。例如，系统中的正常进程通常有 svchost.exe、explorer.exe、iexplore.exe、winlogon.exe 等，可能发现系统中存在这样的进程 svch0st.exe、explore.exe、iexplorer.exe、winlogin.exe，通过对比就不难发现病毒进程以假乱真的伎俩。又如，用户查看到有个名为 svchost.exe 的进程，它与正常的系统进程名称完全相同，但这未必表明该进程不是病毒进程。正常 svchost.exe 进程对应的可执行文件位于 C：\WINNT\system32 目录下，而病毒进程往往采用偷梁换柱的手法，把病毒程序 svchost.exe 复制到了其他目录下，特别是较容易迷惑用户的"C:\WINNT"下，使用户通过"任务管理器"查看进程时无法辨认是系统进程还是病毒进程。

操作二　查看系统正在运行的任务

当前正在运行的任务其实就是进程。Windows 中要查看正在运行任务更为详细的信息，可以选择"开始"→"程序"→"附件"→"系统工具"→"系统信息"命令来打开 Windows "系统信息"窗口。

"系统信息"窗口中的"正在运行任务"列表如图 2-30 所示。

图 2-30　"系统信息"窗口中的"正在运行任务"列表

通过"系统信息"窗口，用户可以看到各个"正在运行任务"（即进程）的名称、路径、版本、大小、文件日期等详细信息，还可以进行查找、打印、另存为文本文件或系统信息文件等操作。

操作三 利用任务管理器监视系统

"Windows 任务管理器"的"性能"选项卡显示了 CPU 和内存使用情况的动态性能参数，其窗口如图 2-28 所示，包含了以下 8 项内容：

① CPU 使用：显示了 CPU 工作时间百分比的图表。

② CPU 使用记录：显示了 CPU 随时间变化的动态跟踪图表，其更新速度可以通过"查看"菜单→"更新速度"中选择"高""标准""低"和"暂停"选项来进行调整，分别表示每秒 2 次、每两秒 1 次、每 4 秒 1 次和不自动更新。

③ PF 使用：显示了正在使用的内存（物理内存和虚拟内存）之和。

④ 页面文件使用记录：显示了内存使用随时间变化的动态图表。

⑤ 总数：显示了正在运行的句柄、线程、进程的总数。

⑥ 物理内存：显示了计算机上安装的总物理内存（RAM）、可用数和系统缓存容量。

⑦ 内存使用：显示了被操作系统和正运行程序所占用的内存总量、系统所能提供的最高内存限制用量和一段时间内系统曾达到的内存使用最高峰值。

⑧ 核心内存：显示了操作系统内核和设备驱动程序所使用内存的总数、可以复制到页面文件中的内存分页数、保留在物理内存中的未分页内存量。

操作四 任务计划的使用

Windows Server 2003 中，通过使用"任务计划"，用户可以事先安排计划，这些计划可以是运行应用程序或者是做文档。当用户安排好任务后，系统会自动按照用户的安排执行这些已计划好的任务。这些计划可以每天运行一次，或者每周、每月运行一次。如果用户发现某个"任务计划"已经不合适了，还可以对任务计划进行编辑，或者终止任务计划。

① 任务计划的安装。通过单击"开始"→"设置"，"控制面板"在打开的"控制面板"窗口中双击"任务计划"图标（或单击"开始"→"程序"→"附件"→"系统工具"→"任务计划"），即可打开"任务计划"窗口（见图 2-31）启动任务计划。此窗口在无任务计划的情况下，只有"添加任务计划"图标；在有任务计划情况下，除了"添加任务计划"图标外，还有其他已经计划的任务图标。

图 2-31 "任务计划"窗口

对已计划的任务，Windows Server 2003 操作系统将按预定的时间自动执行每项任务。如果要计划某个任务，可双击"添加任务计划"图标，然后按照任务计划向导要求的步骤操作。操作方法如下：

- 在"计划任务"窗口中双击"添加任务计划"图标，将出现"任务计划向导"对话框，单击"下一步"按钮。

- 在应用程序列表中选择需要按计划执行的程序。如果在列表中不存在要计划的任务，则单击"浏览"按钮，此时可在出现的"选择程序以进行计划"对话框中选择要计划的任务所对应的程序。选择后单击"下一步"按钮。
- 在出现的"任务计划向导"对话框中输入任务的名称，选择任务计划执行的频率：每天、每周、每月等（见图 2-32），单击"下一步"按钮。
- 选择任务运行的起始时间和日期，单击"下一步"按钮；
- 输入用户名和密码（见图 2-33），单击"下一步"铵钮；

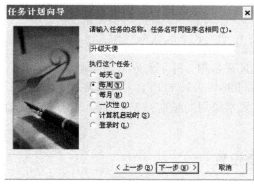

图 2-32　设置任务计划频率　　　　　　图 2-33　输入用户名和密码对话框

- 提示已成功计划了任务，如图 2-34 所示。单击"完成"按钮。

② 改变和终止任务计划。如果有一天，用户发现任务计划不适合了，那么可以通过"任务计划"窗口对计划进行编辑。当然，在不需要这个计划时，也可以删除。如果要删除某个任务计划，用户只要选中想取消的某个计划图标，右击，在弹出的快捷菜单中选择"删除"即可。如果想对某个计划进行修改，那么先选中要修改的计划，右单击在弹出的快捷菜单中，选择"属性"选项，则立即弹出已计划任务的属性窗口，如图 2-35 所示，用户可更改该任务计划或设置特殊属性。

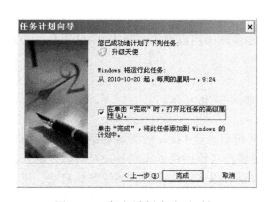

图 2-34　任务计划完成对话框　　　　　图 2-35　任务计划属性对话框

4．实训思考

① 通过任务管理器的"应用程序"选项卡来强行终止某个任务，并通过建立一个新任务

的方式来直接打开一个应用程序。

② 打开"任务管理器"窗口中的"进程"选项卡，观察用户所使用计算机进程的运行情况；再查看"进程页"中是否有"基本优先级"列，如果没有，请单击"查看"→"选择列"→选中"基本优先级"→"确定"，使之加到"进程页"上。

③ 打开"任务管理器"窗口中的"性能"选项卡，观察 CPU 使用、CPU 使用记录、内存使用、内存使用记录、总数、物理内存、核心内存等参数信息，哪些数值是不断变化的，哪些数值是固定不变的。

④ 运行 Word 应用程序，观察已启动的应用程序，并依次找到它们所对应的进程，查看相应的进程参数情况，最后终止 Winword.exe 进程。

⑤ 运行"计算器"，并将 calc.exe 进程的优先级设置为"高于标准"。

⑥ 熟悉任务管理器中"进程"标签中的系统进程名称，并了解它们的作用。

⑦ 任务管理器中，"进程"标签中的进程 System Idle Process 的 CPU 占有率为多少，为什么？

⑧ 计划一个"磁盘碎片整理程序"的任务，要求每周的星期一上午 8 点 30 分进行磁盘碎片整理。

实训 2　Linux 的安装、启动、退出与系统设置

1. 实训目的

① 掌握 Linux 操作系统 VMware 虚拟机的安装。

② 掌握 Linux 操作系统的启动与关闭。

③ 熟悉 Linux 操作系统的系统设置。

2. 实训预备

（1）Linux 操作系统 VMware 虚拟机的安装

VMware 一直是业内公认的专业虚拟机产品，它的许多功能，如克隆、快照，可让用户大大缩短安装、调试 OS 的时间，不管对虚拟机里的系统做多么危险的实验，也不用担心对本地文件系统会造成任何损坏，且可以设置还原点，将系统还原到任何设置了还原点的时刻，还可以实现在一台机器上同时开启多个不同的相互独立的系统。VMware 可以说是初学者必备的工具。

① 条件：计算机上预留 10 GB 以上的可用硬盘空间（用以存放安装有 Red Hat linux 9.0 系统的虚拟机）。

② 准备程序：VMware 虚拟机软件。

③ 安装步骤比较简单在此略去，安装后界面如图 2-36 所示。

（2）Linux 操作系统的启动与退出

① 系统的启动：在安装了 Linux 的系统中，开机后选择 Linux 做为启动系统，进入引导界面，系统开始进行软硬件和配置参数的检测，系统进行自检后将进入到登录对话框，输入用户名后按【Enter】键，出现请输入口令窗口，输入口令后按【Enter】键，系统开始启动，用户登录系统，出现如图 2-37 所示的系统桌面。本章是以 Red Hat Linux 9.0 为例进行实训的。

② 注销用户或关闭系统：选择"主菜单"（即桌面左下角的红帽子图标）→"注销"命令，将弹出注销对话框，用户可以选择注销、关闭或重新启动系统。

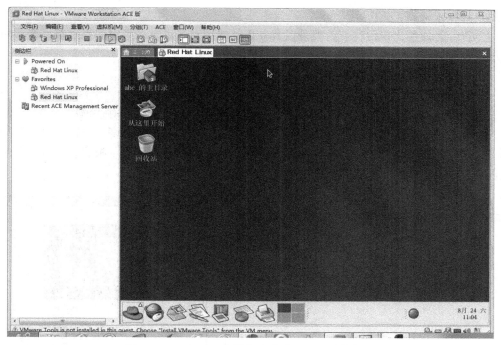

图 2-36　VMware 虚拟机上安装 Linux 后的界面

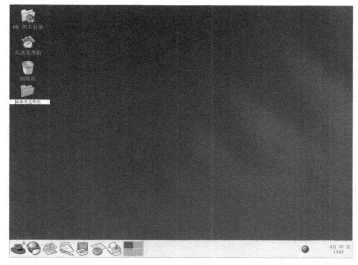

图 2-37　Linux 桌面

（3）Linux 系统的命令的使用

进入命令行界面（即 Shell 界面）的方法有两种：在桌面空白上右击，在弹出的快捷菜单中选择"新建终端"选项进入，Shell 界面如图 2-38 所示；或者在红帽子图标中，选择"系统工具"→"终端"进入。

（4）Linux 系统的命令提示符

常见的命令提示符有两个，即"$"符和"#"符。

"#"符：超级用户或系统管理员提示符。一般是以 root 作为用户名进入系统时的提示符。

超级用户的权限最高。

"$"符：普通用户提示符。一般是以 root 以外的用户名进入系统时的提示符。普通用户具有系统或超级用户定义的权限。

（5）系统的基本配置和管理

① 显示配置。对于一般用户来讲，都比较喜欢图形化的操作界面。选择"主菜单"→"系统设置"→"显示"，弹出如图 2-39 所示"显示设置"对话框。在此对话框中，单击"显示"标签，打开"显示"选项卡，提示用户选择显示器的分辨率和色彩深度。单击"高级"标签，打开"高级"选项卡，列出了"显示器"和"显示卡"选项组，用户可根据自己的实际情况进行重新设置。

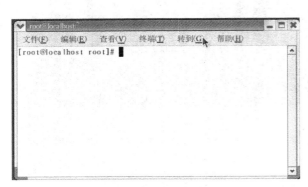

图 2-38 Shell 窗口   　　　　　　图 2-39 Linux 的显示配置

② 面板的使用。面板包含了便于使用系统的按钮图标和小型程序，还包含"主菜单"，其中包含所有应用程序的菜单项目的快捷途径。图 2-40 所示为面板。

图 2-40 Linux 的面板

③ 日期和时间设置。日期和时间设置可以通过命令方式，也可以通过界面方式来实现。通过界面方法设置日期和时间的最简单方法是在视窗中最下部的面板右侧的时间上双击，弹出现设置"日期/时间属性"对话框，如图 2-41 所示，其操作方法与 Windows 操作系统的方法一样。

④ 基本操作。

● 使用"主菜单"。

用户可以单击面板上的"主菜单"按钮（即红帽子图标）来将其展开，通过它可以访问系统内的应用程序和每个子菜单中的附加程序。

● 在面板上添加图标和小程序。

要在面板上添加小程序，右击面板上的未用区域，在弹出的快捷菜单中选择"添加到面板"，然后从下级菜单中选择程序，之后该程序的图标或者简要运行方式就会出现在面板上。

图 2-41　Linux 的"日期/时间属性"对话框

● 工作区切换。

图形化桌面给用户提供了使用多个工作区的能力，因此用户不必把所有运行着的应用程序都堆积在一个可视桌面区域。工作区切换器把每个工作区都显示为一个小方块，然后在上面显示运行的程序，可以用鼠标单击任何一个小方块来切换到某程序的界面。

● 任务条。

任务条又称任务栏，用来显示所有虚拟桌面上运行的应用程序。它在用户最小化应用程序的时候用来保留该任务，以便用户可以在需要时重新打开这个程序窗口。

● 配置桌面面板。

用户可以像使用 Windows 一样自动或手动地隐藏面板或将它置于桌面上的任一边，也可以改变其大小、颜色等。方法是在面板的未用区域右击，在弹出的快捷菜单中选择"属性"，则弹出"面板属性"对话框，如图 2-42 所示。

⑤ Linux 的桌面。目前 Linux 最常用的桌面有 3 种：CDE、KDE 和 GNOME。每种集成环境都有其不同的特征与外观，但其目的是一致的，即让用户在操作上得心应手，所以要采用哪种集成操作环境，完全视个人的习惯和喜好决定。

图 2-42　"面板属性"对话框

● K 桌面环境（KDE）：所提供的一切环境和 CDE 类似，拥有自己的窗口管理程序、文件管理器、网络工具和多媒体应用程序等，外观上非常漂亮。

● GUN 网络对象模型环境（GNOME）：不像 KDE 有许多自带的工具程序，GNOME 较偏向集成既有的 X Window System 应用程序，其本身并不内建任何窗口管理程序，它最大的特色是可搭配多种窗口管理程序，用户可以在其中挑选最顺手的一种来使用和搭配，整体感觉和 Windows 有些相似。

- TWM：与 GNOME、KDE 不同，TWM 不是一个桌面环境，而是一个窗口管理器。桌面环境集成了大量的应用程序，包括一些非常便利的系统管理工具、实用小工具等，而 TWM 是用来给 X 程序提供诸如标题的绘制、窗口阴影、窗口图标化、用户自定义宏、鼠标点击、键盘焦点、缩放等功能。

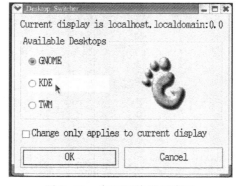

图 2-43　桌面环境设置窗口

⑥ 桌面的切换。依次选择"主菜单"→"系统工具"→"更多系统工具"→"Desktop Switching Tool"选项，打开如图 2-43 所示桌面环境设置窗口，可以选择下次启动时进入的桌面环境。

3．实训操作

操作一　使用系统监视器

以往经常通过命令的方式对系统中 CPU 的使用情况进行监视，在 Linux 中还提供了图形化的界面来进行系统监视，能让系统管理员轻松自如地监视整个系统。选择"主菜单"→"系统工具"→"系统监视器"选项，打开如图 2-44 所示的"系统监视器"窗口。在该窗口中可以查看所有进程的情况，也可只查看某一进程的情况。如果想查看某个进程的详细信息或对其进行操作，可直接选中该进程。

操作二　使用 Linux 系统实现互联网操作

Linux 操作系统具备很好的上网功能，有极好的安全性和可靠性，这一点比 Windows 系统更具有优势。要想使用 Linux 上网，首先要正确地配备客户端，步骤如下：选择"主菜单"→"系统设置"→"网络"选项，打开如图 2-45 所示的"网络配置"窗口

图 2-44　"系统监视器"窗口

图 2-45　"网络配置"窗口

首先，观察网卡是否正确驱动，然后单击 DNS 选项卡，配置 DNS 服务器的 IP 地址，如图 2-46 所示。然后再单击"主机"选项卡，配置主机的 IP 地址。

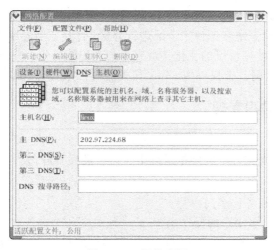

图 2-46　网络配置

以上操作完成后，打开 Linux 自备的浏览器 Mozilla，可轻松上网。网页显示如图 2-47 所示。

图 2-47　浏览网页

4．实训思考

① 启动 Linux 操作系统，记住自己所使用的账号和口令。

② 重新配置显示器的分辨率和颜色，并注意观察变化，为显示器配置屏保程序。

③ 掌握面板的使用，包括主菜单、快速启动、工作区切换器、任务条等。

④ 比较 KDE 桌面和 GNOME 桌面，比较各自的特点，并熟练掌握桌面的切换。

⑤ 使用设备管理器观察本机系统中的磁盘设备使用情况并做出记录和说明。

⑥ 使用系统监视器对系统资源使用情况进行分析，打开一个应用程序 OpenOffice.org Write 和一个游戏程序观察资源使用情况的变化，观察系统进程的变化，并分析说明。

⑦ 利用 Linux 实现上网，查找一些 Linux 相关资料，并以电子邮件的形式发给任课教师。

实训 3 Linux 中的进程管理

1．实训目的

通过对 Linux 进程的操作，了解操作系统中作业、进程等概念。

2．实训预备

（1）了解 Linux 的多任务、多用户特点

Linux 是一个多任务、多用户的操作系统。

Linux 的多用户是指在 Linux 系统中同时可以有多个用户使用同一台计算机，运行多个不同的应用程序。这与 MS-DOS 是不同的。在 MS-DOS 中，同一时间只能有一个用户使用 MS-DOS，而在 Linux 中，每一个与某个用户有关的进程都拥有文件以及与之相关的许可权限，任何作为这些进程结果而创建的文件将保持文件拥有权和许可权限。利用那些相同的许可权限，这些程序能访问和使用什么文件还将受到使用权的限制。因此，Linux 是一种多用户的操作系统。

Linux 的多任务是指允许同时运行多个程序。实际上，在 Linux 中，多个程序或进程在 CPU 上是依次执行的，操作系统安排它们的执行时间表并为它们分配资源。只要任务数量合理，计算机有足够的速度，则所有的程序看上去都在同时运行。

Linux 是一种有优先权的多任务操作系统。每个进程都分配有一个时间片，并在这个时间片中运行。当运行进程的时间片用完时，Linux 就暂停该进程并启动下一个正在等待的进程。这种处理时间片的方法需要将当前进程的现场保留到存储器中，同时将正在等待运行的进程的现场从存储器调入。

在 Linux 操作系统中，用户为了使系统能够识别自己，必须进行登录。登录分为两步：第一步是输入用户的登录名，系统将根据该登录名来识别用户；第二步是输入用户口令，该口令是用户自己选择的一个字符串，对其他用户是保密的，是在登录时系统用来辨别真假用户的关键字。系统认为只有用户自己和用户授权的人知道这个口令，所以只允许输入正确口令的用户登录，其他用户则不能登录到这个账户下。

```
login: wang
Password:
Last login: Fri Aug 25 10:10:58 on tty3
[wang@ww wang] $ _
```

此登录界面为 Shell 界面（即命令行界面）。

（2）Linux 中的进程

Linux 把正在运行的程序称为进程，每运行一个程序，就启动了一个进程。但进程又与程序不同。从某种意义上讲，一个进程的含义比一个程序的含义多，因为一个程序只是一个指令集，而一个进程却是动态的，因为它在运行中使用着系统的资源。

由于 Linux 是多任务系统，许多进程可以同时并发运行，Linux 通过为每个进程分配一个进程标识（PID）来识别和跟踪进程。

Linux 操作系统的一个用户可随时启动一个进程，还可以监控自己的进程并查看其他的进

程；如果有必要，还可以终止用户的进程。下面给出在 Shell 界面下有关进程的一些基本操作。

3. 实训操作

操作一 进程管理

（1）找出登录系统用户的命令：who

Linux 中，who 命令的目的是找到登录到系统的用户。who 命令列出目前已登录的用户的登录名、终端线路和登录时间。例如：

```
# who
    root    tty1    Jun    2       10:02
    wang    tty2    Jun    2       10:02
```

（2）报告进程状态命令：ps

Linux 中，ps 命令报告进程的状态，并可以用它确定哪个进程正在运行、进程是否完成、进程是否被挂起、进程已运行多久、进程正在使用的资源、进程的相对优先权等信息。该命令还能看到所有在系统上运行的进程的详细列表。

命令格式：ps[可选参数]

可选参数如下：

-a 显示终端上的所有进程，包括其他用户的进程。

-u 显示进程拥有者、进程启动时间等更详细的信息。

-x 显示所有终端上的进程信息。

-l 长格式显示。

-w 宽格式显示。

ps 输出的列表显示 4 个默认标题：PID、TTY、TIME 和 COMMAND，表 2-11 所示为标题的含义。

表 2-11　ps 输出中的列表的标题

字　段	含　义
PID	进程标识号
TTY	开始这个进程的终端
TIME	进程的累计执行时间，以分和秒表示
COMMAND	正在执行的命令名

下面给出用 ps 命令报告进程状态的操作。

① 显示所有正在执行的进程：

```
# ps
    PID    TTY     TIME        CMD
    439    tty2    00:00:00    bash
    559    tty2    00:00:00    ps
```

② 下列命令显示当前正在运行的进程的基本信息：

```
# ps -x
    PID     TTY     STAT    TIME        COMMAND
    439     tty2    S       0:00        -bash
    561     tty2    R       0:00         ps x
```

③ 显示所有用户的进程信息：

```
# ps -au
```

USER	PID	%CPU	%MEN	VSZ	RSS	TTY	STAT	START	TIME	COMMAND
root	419	0.0	0.8	2032	1140	tty2	S	15:19	0:00	login-wang
wang	439	0.0	0.7	1868	1020	tty2	S	15:20	0:00	-bash
wang	621	0.0	0.6	2552	880	tty2	R	16:01	0:00	ps

（3）kill 命令

命令格式：kill[进程号]

功能：终止正在执行的进程。

说明：当需要中断一个前台进程的时候，通常是使用组合键【Ctrl+C】；但是对于一个后台进程就必须使用 kill 命令来终止。kill 命令通过向进程发送指定信号来结束进程。

（4）进程的干预

在 Linux 桌面，单击"主菜单"→"系统工具"→"系统监视器"，启动"系统监视器"窗口，在"进程列表"选项卡中，用户可以根据条件查看进程。如果用户要求查看正在运行的进程的信息，可以单击窗口右侧的"查看"下拉列表框，从中选择"活动的进程"。

在"系统监视器"窗口中，用户除了能查看进程的情况，还可以对进程进行干预。用户可以随时对指定的进程修改其优先数，还可以同时启动多个进程，并随时对启动的进程进行"隐藏"和"结束"等操作。

例如，启动"主菜单"→"附件"→"计算器"应用程序，并将其优先数置为 15，然后将其撤销。其具体操作步骤如下：

① 修改进程的优先数：在"进程列表"选项卡中右击选中 gnome-calculator→"改变优先级"选项，弹出如图 2-48 所示的"改变优先级"对话框，拖动滑块将该进程优先级设为 15，单击"改变优先级"按钮。

② 右击选中 gnome-calculator→"结束进程"，弹出如图 2-49 所示的"结束进程"对话框，提示用户此时若结束该进程，将导致未保存的数据丢失。单击"结束进程"按钮，结束运行的"计算器"进程。

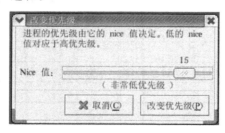

图 2-48　"改变优先级"对话框

图 2-49　"结束进程"对话框

操作二　Linux 中的进程通信

Linux 是一个功能强大的系统。两个不同的 Linux 系统的机器之间可以通过不同的方法交换信息。Linux 中提供的电子邮件 mail 命令和 talk 命令（Shell 界面下）用来进行用户之间的通信。

（1）电子邮件

① 发送电子邮件。发送电子邮件时，需在 mail 命令中将要发给邮件的用户名作为参数，然后输入要发送的信息。用户所输入的信息要以 EOF（通常以 Ctrl+d 开头的行表示）为结尾。

下面介绍如何发送一封电子邮件。假如用户 yan 希望给同一系统的用户 wang 发送一封电子邮件，操作如下：

```
[yan@www/yan]$mail wang
```

```
Subject: The user documentation
Good  morning
```
按【Ctrl+D】组合快捷键
```
$
```
此时同一系统的用户 wang 会被知有一封电子邮件。当用户向不在同一系统上的用户发送电子邮件时，在 mail 命令行的用户名后面要指定该用户所在的机器的主机名或 IP 地址，如"用户名@主机名"或"用户名 IP 地址"。

读电子邮件。当 mail 命令行中没有指定参数时，它的功能是阅读电子邮件的内容。这时，该命令会检查信箱，如果信箱中有电子邮件，便列出每一个电子邮件的头一行；否则，会给出提示信息。示例如下：
```
[yan@www/yan]$mail
No  mail  for  yan
[yan@www/yan]$
```
这说明当前信箱中没有电子邮件。用户可以试着给自己发两个电子邮件：
```
[yan@www/yan]$mail yan
Subject: test1
Hello, how  are  you.
```
按【Ctrl+D】组合快捷键。
```
[yan@www/yan]$mail yan
Subject: test2
We  have  a  meeting  today.
```
按【Ctrl+D】组合快捷键。

用户 yan 读电子邮件，显示有两上电子邮件，其标题为 test1 和 test2。
```
[yan@www/yan]$mail
Mail verion 8.1 6/6/93. Type ? for help.
"/var/spool/mail/yan": 2 meages 2 new
>N 1  yanTueApr1614: 0713/346  "test1"
N 1  yanTueApr1614: 1414/346  "test2"
&
```
输入 t，便可显示信件内容。"&"是 mail 程序中的提示符，在这个提示符下可以运行一些简单命令。用户可以使用"？"得到有关的帮助信息。

② mail 中的基本命令是：

t<信件标识>：在屏幕上显示信件内容。

d<信件标识>：删除信件。

s<信件标识>：将信件保存到文件中。

r<信件标识>：回信，即给发件人写回信。

q<信件标识>：从 mail 中退出，并将用户已经阅读过且没有被删除的信件保存到用户主目录中的 mbox 文件中。

x<信件标识>：从 mail 中退出，并不对信箱中的信件进行附加操作。

在上面的命令中，<信件标识>可以是以空格分离的数字列表。此外，用户也可以使用发信者的用户名来指定信件。如果没有在命令中给出<信件标识>，则缺省为被显示的最后一个信件。

（2）用 talk 或 write 命令实现用户间对话

用户可以使用 talk 或 write 命令与其他用户进行对话。talk 命令是一个可视程序，它将用户终端上的信息行复制到与之进行通话的用户终端上。

talk 命令的用法是：talk <用户名>

如果用户希望与同一计算机上的用户进行对话，则命令行中的用户名就是用户登录系统的用户名。如果一个用户希望与其他计算机上的用户进行对话，则用户名应以下面的形式给出："用户名@主机名" 或 "用户名@IP 地址"。

主机名为 "www" 的机器上的用户 yan 要与同一机器上的用户 wang 进行对话，可以使用下列命令：

```
[yan@www/yan]@talk  wang
```

talk 会首先将下列信息送到对方的屏幕上：

```
Message from TalkDeamon@www at 14:21
talk: connection requested by yan@www
talk: respond with: talk yan@www
```

这时，被呼叫的 wang 要使用下列命令进行应答：

```
[wang@www/wang]$talk yan
```

当对话通路被建立后，两个用户就可以同时进行输入，双方的输入信息会同时在双方的屏幕用两个分开的窗口内显示出来。可以使用中断快捷键【Ctrl+C】退出 talk 命令，这时，talk 会将光标移到屏幕的底部，并使终端恢复它原来的状态。

（3）向所有终端发消息命令：wall

该命令可输入一行或多行消息，按【Ctrl+D】组合快捷键结束。

（4）控制他人向自己终端发消息能力命令：mesg

命令格式：mesg[选项]

选项及含义：

y　允许他人向自己终端发消息。

n　禁止他人向自己终端发消息。

4．实训思考

① 列出目前已登录的用户信息。

② 以超级用户登录，显示所有正在执行的进程。

③ 以普通用户登录，列出所有用户的进程信息。

④ 在桌面环境下启动 "系统监视器"，显示进程信息内容及正在运行的进程信息内容。

⑤ 给自己发一个电子邮件，接收此邮件并显示该电子邮件的内容。

⑥ 删除发给自己的电子邮件。

⑦ 对已联网环境下的计算机实验室，请以自己的用户名登录 Linux 操作系统，并两两用户进行 talk 通信。

⑧ 正在进行 talk 通信的两个用户，如何终止通信。

习　题　2

一、单项选择题

1．进程调度是从（　　）选择一个进程投入运行。

　　A．就绪队列　　　　B．等待队列　　　　C．作业后备队列　　　　D．提交队列

2. 一个进程被唤醒，意味着（　　　　）。

　　A. 该进程重新占有了 CPU

　　B. 进程状态变为就绪

　　C. 它的优先权变为最大

　　D. 其 PCB 移至就绪队列的队首

3. 一进程在某一时刻具有（　　　　）。

　　A. 1 种状态　　　　B. 2 种状态　　　　C. 3 种状态　　　　D. 4 种状态

4. 在分时操作系统中，进程调度经常采用（　　　）算法。

　　A. 先来先服务　　　B. 最高优先权　　　C. 时间片轮转　　　D. 随机

5. 既考虑作业等待时间，又考虑作业执行时间的作业调度算法是（　　　）算法。

　　A. 响应比高者优先　　　　　　　　B. 短作业优先

　　C. 优先级调度　　　　　　　　　　D. 先来先服务

6. 产生死锁的基本原因是（　　　　）。

　　A. 资源分配不当和进程推进顺序非法

　　B. 系统资源不足和进程调度不当

　　C. 资源分配不当和系统中进程太多

　　D. 资源的独占性和 CPU 运行太快

7. 3 种基本类型的操作系统中都设置了（　　　　）。

　　A. 作业调度　　　　B. 进程调度　　　　C. 中级调度　　　　D. 高级调度

8. 下面对临界区的论述中，正确的一条是（　　　　）。

　　A. 临界区是指进程中用于实现进程互斥的那段代码

　　B. 临界区是指进程中用于实现进程同步的那段代码

　　C. 临界区是指进程中用于访问共享资源的那段代码

　　D. 临界区是指进程中访问临界资源的那段代码

9. 资源的按序分配策略可以破坏（　　　）条件。

　　A. 互斥使用资源　　　　　　　　　B. 占有且等待资源

　　C. 非抢夺资源　　　　　　　　　　D. 循环等待资源

10. 银行家算法是一种（　　　　）算法。

　　A. 死锁解除　　　　B. 死锁避免　　　　C. 死锁预防　　　　D. 死锁检测

二、填空题

1. 操作系统通过_____来感知进程的存在。

2. 进程调度程序具体负责_____的分配。

3. 从静态的角度看，进程是由 PCB、程序段和_____组成的。

4. 总的来说，进程调度有两种方式，即_____方式和_____方式。

5. _____把进程的调度单位与资源分配单位两个特性分开，从而使得一个进程的多个_____也可以并发。

6. 产生死锁的 4 个必要条件是_____、_____、_____和循环等待条件。

7. 在银行家法中，当一个进程提出资源请求将会导致系统从_____状态进入_____状态时，系统会暂时拒绝这一请求。

8. 每个进程中访问_____的程序段称为临界区，两个进程同时进入相关的临界区会造成错误。

三、问答题

1. 操作系统中为什么要引入进程概念？它会产生什么样的影响？

2. 试从动态性、并发性和独立性上比较进程和程序。

3. 试说明 PCB 的作用，为什么 PCB 是进程存在的唯一标志。

4. 试说明进程在 3 个基本状态之间转换的典型原因。

5. 有相同类型的 5 个资源被 4 个进程所共享，且每个进程最多需要 2 个这样的资源就可以运行完毕。试问该系统是否会由于对这种资源的竞争而产生死锁。

6. 试从物理概念上说明记录型信号量的 P 和 V 操作。

7. 在生产者—消费者问题中，如果缺少了 V(full)或 V(empty)，对执行结果有何影响？

8. 有 N 个并发进程，设 S 是用于互斥的信号量，其初值 S=3，当 S=-2 时，意味着什么？当 S=-2 时，执行一个 P(S)操作，后果如何？当 S=-2 时，执行一个 V(S)操作，后果如何？当 S=0 时，意味着什么？

四、综合题

1. 桌上有一空盘，允许存放一只水果。爸爸可向盘中放苹果或桔子，儿子专等吃桔子，女儿专等吃苹果。规定当盘空时一次只能放一只水果供吃者取用，请用 P、V 操作实现爸爸、儿子、女儿 3 个并发进程的同步。

2. 某车站售票厅，任一时刻最多容纳 20 名购票者，当厅中少于 20 名时厅外人可立即进入，否则等待。若把一个购票者看作一个进程，试写出该进程。

3. 公交车上司机和售票员各自的工作流程如图 2-50 所示，试用 P、V 操作实现司机和售票员进程之间的关系。

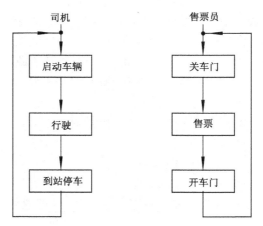

图 2-50 司机、售票员的工作流程

4. 在银行家算法中，若出现表 2-12 所示的资源分配情况：

试问：

① 该状态是否安全？

② 若进程 P2 提出请求 Request2(1,2,2,2)，系统能否将资源分配给它？

表 2-12　资源分配情况

Process	Allocation				Need				Available			
	A	B	C	D	A	B	C	D	A	B	C	D
P0	0	0	3	2	0	0	1	2	1	7	2	2
P1	1	0	0	0	1	7	5	0				
P2	1	3	5	4	2	3	5	6				
P3	0	0	3	2	0	6	5	2				
P4	0	0	1	4	0	6	5	6				

第3章 存储器管理

【知识结构图】

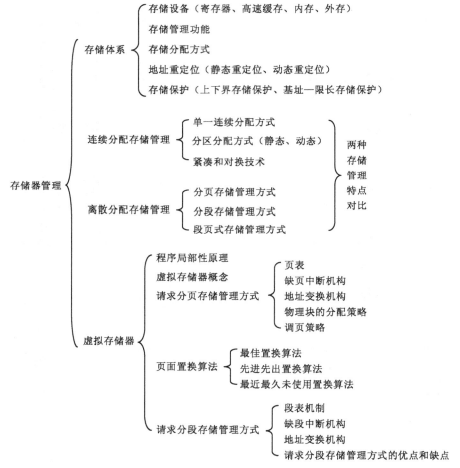

【学习目的与要求】

通过本章的学习，学生可掌握操作系统常用的内存管理方法、内存的分配和释放算法，掌握虚拟存储器的概念及实现方法。本章学习要求如下：

● 了解存储体系中相关的概念和机制；

● 掌握两种分配存储管理涉及的多种存储管理方式。

存储器是计算机系统的记忆设备，是用来存放程序和数据的部件。计算机中的全部信息，包括输入的原始数据、计算机程序、中间运行结果和最终运行结果等都保存在存储器中。近年来，存储器的容量虽然一直在不断扩大，但仍不能满足现代软件发展的需要。因此，存储器仍然是比较宝贵的资源。如何对存储器加以有效管理，不仅直接影响到存储器的速度和利用率，还对系统性能有很大的影响。

存储器管理既包括内存资源的管理，也包括外存资源的管理。但习惯上，会将存储器管理局限于内存资源管理。对外存的管理虽然与对内存的管理类似，但是外存主要用来存放文件，所以把对外存的管理放在文件管理这章中来加以介绍。操作系统功能中的存储器管理，在不引起混淆的前提下，主要是指对内部存储器（即内存或主存）的管理。

虽然现在内存容量越来越大，但它仍然是一个关键性的、紧缺的资源，尤其是在多道程序环境中，多个作业需共享内存资源，内存紧张的问题依然突出。所以，存储管理是操作系统功能的重要组成部分，能否合理有效地利用内存在很大程度上直接影响着整个计算机的性能。存储管理负责计算机系统内存空间的管理，其目的是充分利用内存空间，为多道程序并发执行提供存储基础，并尽可能地方便用户使用。

3.1　存　储　体　系

在一个完整的计算机系统中，用于存储数据与程序的存储设备有许多种。虽然它们在存取速度、存储容量等属性方面都各不相同，但是将它们组织在一起后，就能够使它们各自发挥自己的特长，共同承担存储信息的任务。所以，现代计算机系统一般采用多级存储器体系。

基本的存储设备包括内存和外存。由于 CPU 中的寄存器也可以存储少量的信息，所以它也可以被看作是存储体系的一层。另外，现在的计算机系统一般都增加了高速缓存（Cache）。从寄存器到高速缓存，再到内存，最后到外存，存取速度越来越慢，容量越来越大，成本和存取频度越来越低。

① 寄存器：寄存器是 CPU 内部的高速存储单元，主要用于存放程序运行过程中所使用的各种数据。寄存器的存储容量最小，但存取速度最高。

② 高速缓冲存储器：高速缓存的存取速度与中央处理器速度相当，非常快，但成本较高，容量较小（一般为几千字节到兆字节），主要用来存放使用频率较高的少量信息。

③ 内存：程序需要装入内存方能运行，因此内存储器一般用来存放用户正在执行的程序及用到的数据，中央处理器可随机存取其中的数据，其存取速度要比高速缓存慢一点，容量较高速缓存大得多（现在一般为几吉字节）。

④ 外存：又称辅助存储器，它不能被中央处理器直接访问，一般用来存放大量的、暂时不用的数据信息。辅助存储器存取速度较低，成本也较低，但容量较大（现在一般为几十到几百吉字节）。

计算机系统的多级存储器体系如图 3-1 所示。

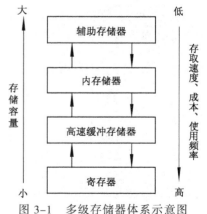

图 3-1　多级存储器体系示意图

3.1.1 存储管理的功能

内存空间按照所存内容不同，可被划分为两部分：一部分是系统区，是开机运行操作系统时由操作系统自动调入内存的，用来存放操作系统本身的一部分程序和数据；另一部分是用户区，根据用户操作的不同，存放用户的程序和数据等。存储管理的功能是对内存用户区的存储管理，主要应实现如下功能：

① 存储分配的功能：按作业要求进行内存分配，当作业完成后适时回收内存。

② 地址变换的功能：实现程序中的逻辑地址到物理地址的转换。

③ "扩充"主存容量的功能：实现内存的逻辑扩充，提供给用户更大的存储空间，允许用户运行比内存容量还要大的程序。

④ 存储保护的功能：对操作系统和用户信息提供存储保护。

3.1.2 存储分配方式

内存分配按分配特点的不同，可分为两种方式：

① 静态存储分配：指内存分配是在各目标模块链接后，在作业运行之前，把整个作业一次性地全部装入内存，并在作业的整个运行过程中，不允许作业再申请其他内存，或在内存中移动位置。也就是说，内存分配是在作业运行前一次性完成的。

② 动态存储分配：作业要求的基本内存空间是在作业装入内存时分配的，但在作业运行过程中，允许作业申请附加的内存空间，或是在内存中移动位置，即内存分配的工作可以在作业运行前及运行过程中逐步完成。

显然，动态存储分配具有较大的灵活性。它不要求一个作业把全部信息装入内存才开始运行，最初只需要把保证作业能运行的最少量信息装入内存即可，作业中暂不使用的信息可放在辅存中，不必装入内存，等真正需要这部分信息时再由辅存调入内存，从而大大提高了内存的利用率。

内存分配按作业在内存中占有的存储空间是否连续，可分为两种方式：

① 连续存储分配：指作业被调入内存时必须占有连续的存储空间，即使在作业的整个运行过程中又申请了内存空间，也必须保证再次申请的内存空间与原来该作业所占有的内存空间是连续的。可见这种存储分配方式不利于作业运行期间申请附加的内存空间，是有一定的局限性。

② 离散存储分配：指作业可以按着某个特定的单位被分成若干部分，每个部分在内存中必须是连续的，但各部分之间可以是不连续的，即离散的。这种存储分配方式与连续存储分配方式相比具有较大的灵活性。

3.1.3 存储空间的管理

存储空间的管理主要是指如何对内存空间进行分配与回收。在多道程序设计的环境中，当有作业进入计算机系统时，存储管理模块应能根据当时的内存分配状况，按作业要求分配给它适当的内存。作业完成时，应回收其占用的内存空间，以便供其他作业使用。

设计者应考虑这样的问题：首先，作业调入内存时，若有多个空闲区，应将其放置在什么位置；其次，作业调入内存时，若内存中现在没有足够的空闲区，为了使该作业能够投入运行，应考虑把那些暂时不用的信息从内存中移走，即所谓的对换问题；最后，当作业完成后，还要考虑如何将作业占用的内存进行回收，以便再分配给其他作业。

为此，应该对内存中所有空闲区和已分配的区域进行合理地组织，通常可使用分区说明表、空闲区链表等组织形式。这样，当作业进入内存时，可适当地按存储分配方式分配内存，而作业退出时，又要及时回收释放的内存。

3.1.4 地址重定位

为了实现静态或动态存储分配策略，必须考虑地址的重定位问题。为此，首先要明确几个重要概念。

1. 程序的装入

程序要运行，必须先创建一个进程，创建进程的首要任务是将其所对应的程序和数据装入内存。一般地，将一个用户的源程序变为可在内存中执行的程序需要经过编译、链接、装入 3 个步骤。

① 编译：由编译程序将用户的源文件编译成若干个目标模块。

② 链接：由链接程序将编译后形成的一组目标模块，以及它们所需要的库函数链接在一起，形成完整的装入模块。

③ 装入：由装入程序将需要装入的模块装入内存中。

程序从开始要执行到被装入内存要经过的过程如图 3-2 所示。

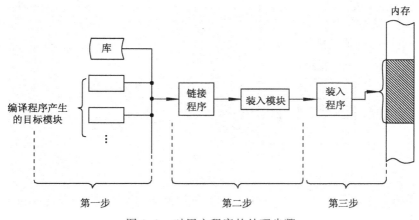

图 3-2 对用户程序的处理步骤

2. 存储空间

（1）逻辑地址（相对地址）

由于用户在编程时无法预知程序会在内存中的位置，所以无法直接使用内存地址，于是用户以 0 为起始地址来安排程序指令和数据。每条程序指令要访问的数据都有一个对应的地址，这个地址称为逻辑地址。由于它是相对于 0 的地址，又称相对地址、虚地址。

（2）逻辑地址空间（相对地址空间）

每一个完整的用户作业都存在着一定的连续的逻辑地址，这些地址形成一个范围，用户程序、数据、工作区都包含在该范围之内，这就是逻辑地址空间，也就是说逻辑地址空间就是逻辑地址的集合。用户可以直接对逻辑地址和逻辑地址空间进行访问和操作。逻辑地址空间又称为相对地址空间、用户空间或作业空间。其大小位于 0 到逻辑地址最大值之间。

（3）物理地址（绝对地址）

程序（模块）在内存中的实际地址称为物理地址，又称绝对地址、实地址。物理地址从 0

开始,最大值取决于内存的大小和内存地址寄存器的最大值,两者中较小的那个值为其最大值。

（4）物理地址空间（绝对地址空间）

当作业进入主存时,其占有的内存空间就是物理地址空间,也就是说,当逻辑地址空间被映射到内存时所对应的物理地址的集合就是物理地址空间,又称绝对地址空间。只有当逻辑地址空间存在时,才会有物理地址空间。其最大只能达到内存的大小。当然,还要考虑地址空间寄存器的大小。

3. 地址重定位

一个作业在装入时分配到的存储空间和它的地址空间是不一致的。在作业执行期间,由于程序和数据已装入内存,所以访问时要使用程序和数据现在所对应的物理地址,此时若仍然采用逻辑地址访问就会导致访问错误。因此,把作业地址空间中使用的逻辑地址变换成主存中物理地址的过程称为地址映射。

重定位方法:绝对地址=基址+相对地址。

基址是程序或数据在内存中的起始地址,又称始址,通常存于基址寄存器中。

根据地址变换进行的时间及采用技术手段的不同,可以把重定位分为静态重定位和动态重定位两种。

（1）静态重定位

① 定义:在程序装入时根据目标程序装入内存的位置来对目标程序中的地址进行变换,使之能正确运行。完成装入后,程序执行期间不再进行地址修改,因此也不允许程序在内存中移动。静态重定位的地址变换如图 3-3 所示。

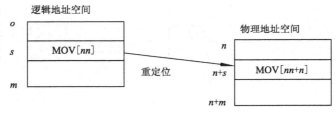

图 3-3　静态重定位

② 主要优点:可以用软件实现,实现容易,只需为每个程序分配一个连续的存储区即可。

③ 主要缺点:

● 由于要给每个作业分配连续的存储空间,且在作业的整个执行期间不能再移动,因而也就不能实现重新分配内存。

● 不利于内存空间的充分利用。

● 用户必须事先确定所需的内存空间大小,不利于申请附加的内存空间。

（2）动态重定位

① 定义:动态重定位是在程序的运行过程中,当指令需要执行时对将要访问的地址进行修改。动态重定位的地址转换如图 3-4 所示。

② 主要优点:

● 用户作业不要求分配连续的存储空间。

● 用户作业在执行过程中,可以动态申请存储空间和在内存中移动。

● 有利于程序段的共享。

③ 主要缺点:

- 需要附加的硬件支持。
- 实现存储管理的算法比较复杂。

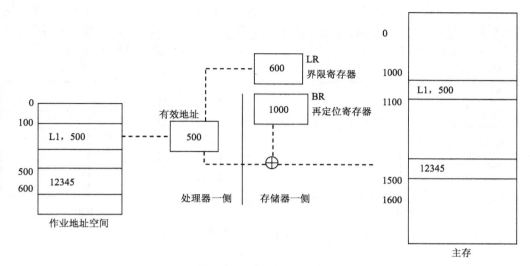

图 3-4　动态重定位

与静态重定位相比较，动态重定位的优点是非常明显的，且现在的计算机在不同程度上都提供动态重定位所需的硬件支持，因此动态重定位方法得到了普遍应用。

3.1.5　存储保护

在多道程序设计环境中，要保证各道程序只能在自己的存储区中活动，不能对其他程序产生干扰和破坏，尤其不能破坏操作系统的内存区。因此，必须对存储信息采取各种保护措施，这也是存储管理的一个重要功能。

存储信息的保护体现在不能越界访问，不能破坏操作系统或其他用户的程序。实现这种存储保护可以采用硬件的方法，也可采用软、硬件结合的方法。下面介绍的采用硬件的界限寄存器保护法是较为普遍的。

1．上、下界存储保护

上、下界保护是一种简单的存储保护技术。系统可为每道作业设置一对上、下界寄存器，分别用来存放当前运行作业在内存空间的上、下边界地址，用它们来限制用户程序的活动范围。如图 3-5（a）所示，内存大小为 512 KB，某作业在内存的起始位置是 20 KB，结束位置是 25 KB，上、下界寄存器的值分别为 25 KB 和 20 KB。在作业运行过程中，每当要访问内存某单元时，就检查经过重定位后产生的内存地址是否在上、下界寄存器所规定的范围之内，若在，则访问是合法的，可以进行，否则，产生越界中断，通知系统进行越界中断处理。

2．基址一限长存储保护

上、下界保护的一个变形是采用基址一限长存储保护。系统可为每个作业设一个基址寄存器和一个限长寄存器，基址寄存器存放该作业在内存的首址，限长寄存器存放该作业的长度。如图 3-5（b）所示，基址寄存器的值为 20 KB，限长寄存器的值为 5 KB。在作业运行时，每当要访问内存单元时，就检查指令中的逻辑地址是否超过限长寄存器的值，若不超过，则访问是合法的，可以进行；否则，视为非法访问。基址—限长存储保护通常可结合动态地址重定位实现，基址寄存器相当于重定位寄存器。

对于存储保护除了防止越界外，还可对某一区域指定专门的保护方式。常见的对某一区域的保护方式有 4 种：禁止做任何操作、只能执行、只能读、能读/写。例如，对许多用户可共享的程序，一般设定为只能执行；对许多用户可共享的数据，则设定为只能读；一般的用户数据则是可读/写的。

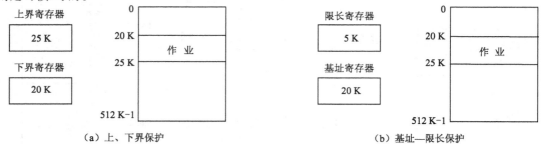

图 3-5　界限寄存器的两种存储保护方式

3.2　连续分配存储管理

连续分配方式，是指为一个用户程序分配一个连续的内存空间。这种分配方式曾被广泛应用于 20 世纪 60～70 年代的操作系统中，它至今仍在内存分配方式中占有一席之地。连续分配方式可进一步分为单一连续分配和分区分配等，分区分配方式又分为固定分区分配、动态分区分配。

3.2.1　单一连续分配方式

这是最简单的一种存储管理方式。采用这种存储管理方式时，可把内存分为系统区和用户区两部分：系统区仅提供给操作系统使用，通常是放在内存的低址部分；用户区是指除系统区以外的全部内存空间，提供给用户使用，但每次只能调入一道作业。若还有作业申请运行，必须等待内存中现有作业退出后，方可进入内存，所以这种分配方式只适用于单用户、单任务的操作系统。该分配方式的具体图示如图 3-6 所示。

单一连续分配方式管理简单，由于作业一旦调入后，在内存的地址就固定了，所以地址变换采用静态

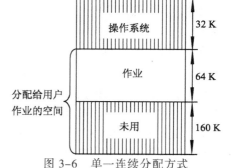

图 3-6　单一连续分配方式

重定位。该分配方式采用界地址寄存器方式进行存储保护，使用起来很安全。该分配方式的缺点是比用户区大的作业无法装入内存运行，并且不支持多用户，因此会产生资源浪费现象。在图 3-6 中，当一个 64 KB 的作业被装入后，用户区还剩余 160 KB 空间无法得到利用，导致存储空间的浪费。

3.2.2　分区分配方式

分区分配方式是由于多道程序设计的出现而产生的，即在内存中可以装入多道作业。根据分区管理方式的不同，可以分为固定分区分配和可变分区分配两种方式。

1．固定分区分配方式

固定分区分配方式是将内存的用户区空间划分为若干固定大小的区域，在每个分区中只装入一道作业，这样便允许有几道作业并发运行。当有空闲分区时，便可以从外存的后备作业队列中选择一个适当大小的作业装入该分区。划分分区的方法如下：

① 分区大小相等，即用户区中所有的内存分区大小相等。这种分区划分方法在实际应用过程中不太灵活，当程序太小时，每个分区都会有很大的剩余空间，会造成内存空间的浪费；当程序太大时，每个分区都装不下，又会导致该程序无法运行。所以这种划分方式比较适合于利用一台计算机去控制多个相同对象的场合，因为这些对象所需的内存空间的大小是一致的。

② 分区大小不等，即把内存用户区划分成多个大小不等的分区，一般是多个较小的分区、适量的中等分区和少量的大分区，这时便可根据程序的大小来分配适当地分区。具体管理方式如图 3-7 所示。

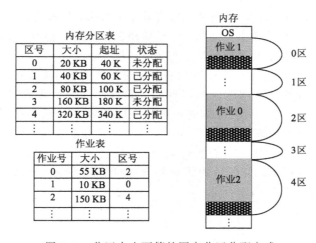

图 3-7　分区大小不等的固定分区分配方式

固定分区分配方式支持了多道程序设计技术，提高了 CPU 的利用率，但是能处理的作业大小受到了最大分区大小的限制，并且如果一道作业无法占满一个分区时，分区的剩余空间无法再被其他作业利用，形成了内部碎片，导致了空间的浪费。为了避免内部碎片的产生，更好地利用内存空间，引入了可变分区分配方式。

2．可变分区（动态分区）分配方式

可变分区分配方式是根据作业的实际需要，动态地为之分配内存空间，在实现时将涉及一些数据结构、分区分配算法和分区回收等一些问题。

（1）分区分配中管理空闲分区的数据结构

空闲分区的管理可以采用两种方式：

① 空闲分区表。在系统中设置一张空闲分区表，用于记录每个当前空闲的分区情况。每个空闲分区占一个表目，记录的信息包括分区序号、分区起始地址及分区大小等。

② 空闲分区链。为了更方便地实现对空闲分区的分配和回收，可以采用链表的形式，即在每个空闲分区的起始部分设置一些用于控制分区分配的信息（如分区大小和分配标志）及用于链接各分区所用的前驱指针，同时在分区尾部设置一个后继指针，通过这两个指针将所有的空闲分区链接成一个双向链表，如图 3-8 所示。

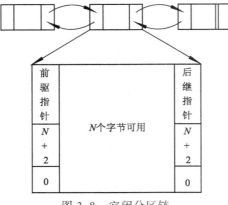

图 3-8　空闲分区链

（2）分区分配算法

当调度一个作业进入内存时，很可能同时有若干个可用分区都能够满足该作业的需求。这时就存在一个把哪个分区分配出去的问题。当然希望选择一个既能满足作业容量需求，又使浪费降至最低的分区进行分配，可采用的算法有如下几种：

① 首次适应算法（First Fit，FF）。首次适应算法又称最早适应算法。

系统将内存分区按地址递增顺序登记到相关管理空闲分区的数据结构中（如空闲分区表）。每次进行内存分配时，系统根据进程申请空间的大小，从头到尾顺序扫描空闲分区表，当从中找到第 1 个能够满足要求的空闲区，就立即分配出去。如图 3-9 所示，（a）中为作业 1、2、3 已经在内存中，现在作业 4、5、6 要进入内存，申请存储空间，采用首次适应算法装入作业 4、5、6，分配后的状态如图 3-9（b）所示，当作业 2、3 运行后释放内存空间后，状态如图 3-9（c）所示。

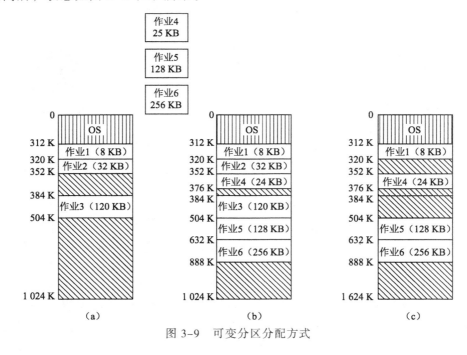

图 3-9　可变分区分配方式

这种分配算法的特点是不考虑该存储块是不是最适合用户使用，而是优先使用低地址，保留高地址部分的大空闲区。假设这块空闲区的大小恰好与用户所需尺寸完全一样，那么这种分配无疑是最优的。但实际情况往往并非如此，所找到的第 1 块满足条件的空闲区或多或少地要大一点儿。那么，分配的结果将很可能形成碎片以导致存储浪费。可以想象，系统运行一段时间后，小空闲分区会越来越多，将越来越难以找到满足需要的空闲区，查找速度会大为降低。

采用 FF 算法的另一个弊端是，每次进行内存分配时都是从头到尾顺序查找，使低端地址空间使用频繁，而高端地址空间较少使用，势必造成内存负载不均衡的问题。

② 循环首次适应算法（Circle First Fit，CFF）。该算法是由首次适应算法演变而成的，其思想是，每次存储分配总是从上次分配的下一个位置开始向尾部查找。查到的第 1 个可满足用户需求的空闲空间，就立即分配给用户。当查到尾部仍然没有合适的，则转到头部重新开始查找。这种算法的优点是使内存用户区不会造成低址部分的反复划分，负载均衡，缺点是难以保留大的空闲分区供大作业装入内存。

③ 最佳适应算法（Best Fit，BF）。在内存分配时，从空闲区表中找到一块满足进程需求的最小空闲区分配给它，从而使剩余空间最小。具体实现方法是，在数据结构中将空闲分区按尺寸递增排序，每次分配时顺序查找到的第 1 个满足需求的分区就是最佳适应的分区。这种做法减少了将大空闲区进行多次分割造成的空间浪费，但容易形成一些很小的碎片无法使用，同样不能提高内存利用率。

④ 最坏适应算法（Worst Fit，WF）。在内存分配时，从空闲区表中找到一块满足进程需求的最大空闲区分配给它，使得剩下来的空闲分区不致太小，还可以利用。具体实现方法是，在数据结构中将空闲分区按尺寸递减排序，每次分配时顺序查找到的第 1 个满足需求的分区就是最坏适应的分区。这种做法部分地缓解了由于碎片引起的浪费，适合于中小作业的运行，但对大作业的运行不是有利的。

例如，现在有一个 55 KB 的作业要装入内存，系统采用空闲分区链管理空闲分区，若采用首次适应算法进行分区分配，具体分配状态如图 3-10（a）所示；若采用最佳适应算法进行分区分配，具体分配状态如图 3-10（b）所示；若采用最坏适应算法进行分区分配，具体分配状态如图 3-10（c）所示。

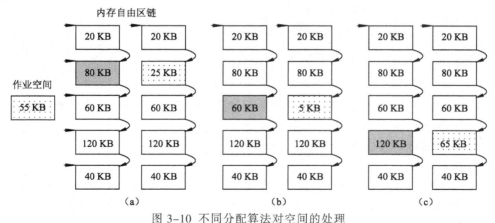

图 3-10 不同分配算法对空间的处理

3. 分区分配操作

在动态分区存储管理方式中，主要操作是分配内存和回收内存。

（1）分配内存

系统首先应利用某种分配算法，从空闲分区链（表）中找到所需大小的分区。设请求的分区大小为 u.size，表中每个空闲分区的大小可表示为 m.size。若 m.size–u.size≤size（size 是事先规定的不再分割的剩余分区的大小），说明多余部分太小，可以不再分割，将整个分区分配给请求者；若多余部分超过 size，从该分区中按请求的大小划分出一块内存空间分配出去，余下的部分仍留在空闲分区链（表）中。然后，将分配区的首址返回给调用者。图 3–11 给出了分配流程。

（2）回收内存

当进程运行完毕释放内存时，系统根据回收区的首址，从空闲区链（表）中找到相应的插入点，此时可能出现以下 4 种情况之一：

① 回收区与插入点的前一个空闲分区 F1 相邻接，如图 3–12（a）所示。此时应将回收区与插入点的前一分区合并，不必为回收分区分配新表项，只需修改其前一分区 F1 的大小即可，空闲区链（表）中的表项不变。

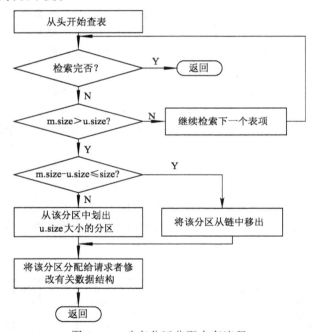

图 3–11　动态分区分配内存流程

② 回收分区与插入点的后一空闲分区 F2 相邻接，如图 3–12（b）所示。此时也可将两分区合并，形成新的空闲分区，但用回收区的首址作为新空冰棍区的首址，大小为两者之和，空闲区链（表）中的表项不变。

③ 回收区同时与插入点的前、后两个分区邻接，如图 3–12（c）所示。此时将 3 个分区合并，使用 F1 的首址，取消 F2 的表项，大小为三者之和，空闲区链（表）中的表项个数减少一个。

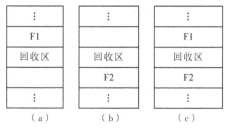

图 3–12　内存回收情况

④ 回收区既不与 F1 邻接，也不与 F2 邻接。这时应为回收区单独建立一新表项，填写回收区的首址和大小，并根据其首址插入到空闲链（表）中的适当位置，空闲区链（表）中的表项个数增加一个。

3.2.3 紧凑和对换技术

1. 紧凑

在连续分配方式中，必须把一个系统或用户程序装入一个连续的内存空间。如果在系统中只有若干个小的分区，但由于这些分区不相邻接，所以即使它们容量的总和大于要装入的程序，也无法把该程序装入内存。例如，图 3-13 中给出了在内存中现有 4 个互不邻接的小分区，它们的容量分别为 10 KB、30 KB、14 KB 和 26 KB，其总容量是 80 KB。但如果现在有一个 40 KB 的作业到达，由于必须为它分配一个连续空间，因此该作业无法装入。这种不能被利用的小分区称为"零头"或"碎片"。

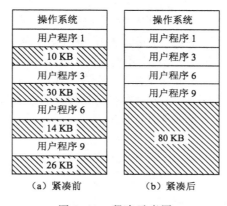

图 3-13　紧凑示意图

若想把大作业装入内存，可采用的一种方法是将内存中的所有作业进行移动，使它们全都相邻接，即把原来分散的多个小分区拼接成一个大分区，这时就可以把作业装入该区。这种通过移动内存中作业的位置以把原来多个分散的小分区拼接成一个大分区的方法称为"拼接"或"紧凑"。由于经过紧凑的某些用户程序在内存中的位置发生了变化，所以采用紧凑方法的系统在进行地址变换时必须进行动态重定位。

2. 对换

（1）对换的引入

只要空闲分区之和可以放下要装入的作业，利用紧凑方法就解决问题了，可是如果空闲分区之和小于作业的大小，这时只能用对换来装入大作业。所谓"对换"，是指把内存中暂时不能运行的进程或者暂时不用的程序和数据，调出到外存上，以便腾出足够的内存空间，再把已具备运行条件的进程或进程所需要的程序和数据调入内存。

（2）对换空间的管理

对换是提高内存利用率的有效措施。为了能对对换区中的空闲盘块进行管理，在系统中应配置相应的数据结构，以记录外存的使用情况。其形式与内存在动态分区分配方式中所用的数据结构相似，即同样可以用空闲分区表或空闲分区链。空闲分区表中的每个表目中应包含两项，即对换区的首址及其大小，它们的单位分别是盘块号和盘块数。

（3）进程的换出与换入

当创建进程需要更多的内存空间，但又无足够的内存空间等情况发生时，系统应将某进程换出。换出的过程是：系统首先选择处于阻塞状态且优先级最低的进程作为换出进程，然后启动磁盘，将该进程的程序和数据传送到磁盘的对换区上。若传送过程未出现错误，便可回收该进程所占用的内存空间，并对该进程的进程控制块做相应的修改。

系统应定时查看所有进程的状态，从中找出处于"就绪"状态但已换出的进程，将其中换出时间最久的进程作为换入进程，将之换入，直至已无可换入的进程或无可换出的进程为止。

3.3 离散分配存储管理

连续分配存储管理方式的一个共同特点是连续性。例如，在可变分区存储管理系统中，要求一个作业必须装入内存某一连续区域内。这样，经过一段时间的运行，随着多个作业的进入与完成，内存中容易产生许多分散的、比较小的外部碎片。解决这一问题的一个方法是采用紧凑技术，但紧凑技术易花费较长的处理器时间。为此，考虑采用另一种解决方法，即打破一个作业必须装入内存连续区域的限制，可以把一个作业分配到几个不连续的区域内，从而不需要移动内存中原有的数据，就可以有效地解决碎片问题。由此，出现了离散分配存储管理，又称非连续存储管理。

根据分配容量的基本单位不同，离散分配存储管理方式可分为分页存储管理、分段存储管理和段页式存储管理 3 种方式，下面分别加以介绍。

3.3.1 分页存储管理

1. 基本思想

分页存储管理方式是在大型机操作系统中被广泛采用的一种存储管理方案。分页存储管理是把内存空间分成大小相等、位置固定的若干个小分区，每个小分区称为一个存储块，简称块，并依次编号为 0、1、2、3、…、n 块，每个存储块的大小由不同的系统决定，一般为 2 的 n（n 为整数）次幂，如 1 KB、2 KB、4 KB 等，一般不超过 8 KB。同样，把用户的逻辑地址空间分成与存储块大小相等的若干页，依次为 0、1、2、3、…、m 页。当作业提出存储分配请求时，系统首先根据存储块大小把作业分成若干页。每一页可以存储在内存的任意一个空白块内，原本连续的用户作业可以分散地存储在不连续的存储块中。此时，由于进程的最后一页经常装不满一块而形成不可利用的内部碎片，但内部碎片的大小不会超过一个块。此时，只要建立起程序的逻辑页和内存的存储块之间的对应关系，借助动态地址重定位技术，作业就能够正常投入运行。

在分页系统中，允许将进程的每一页离散地存储在内存的任一物理块中，但系统应能保证进程的正确运行，即能在内存中找到每个页面所对应的物理块。为此，系统又为每个进程建立了一张页面映像表，简称页表。进程地址空间内的所有页依次对应页表中的一个项，其中记录了相应页在内存中对应的物理块号，如图 3–14（a）所示。在配置页表后，进程执行时，通过查找该表，即可找到每页在内存中的物理块号。所以页表的作用是实现从页号到物理块号的地址映射。图 3–14（b）给出了当有多个作业进入内存时的情况。

分页系统中的页面大小应适中。若页面太小，虽然可使块内碎片减小，但也会使每个进程占用较多的页面，从而导致页表过长，占用大量内存，还会降低页面换进换出的效率；若页面太大，虽然可以减小页表长度，提高页面换进换出速度，但又会使页内碎片增大。因此，页面的大小应选择适中，且页面大小应是 2 的整数次幂，一般为 512 B～8 KB。

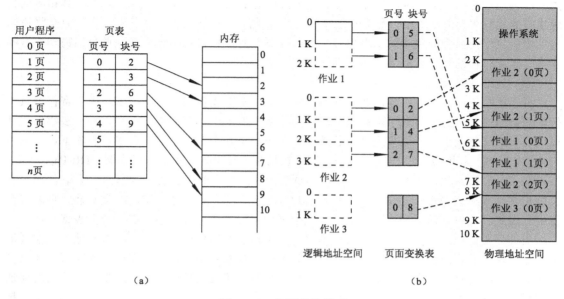

图 3-14　分页存储管理

2．地址变换机构

（1）分页存储管理中的逻辑地址

在作业执行过程中，由硬件地址分页结构自动将每条程序指令中的逻辑地址解释成两部分：页号 P 和页内地址 W。通过页号查页表得到存储块号 b，与页内地址 W 合成，形成物理地址，访问内存，得到所要访问的数据。

逻辑地址由硬件分成的两部分：页号 P 和页内地址 W，是系统自动进行的，对用户是透明的。页内地址的长度由页的大小决定，逻辑地址中除去页内地址所占的低位部分外，其余高位部分为页号。假定一个系统的逻辑地址为 32 位，页大小为 4 KB，则逻辑地址的低 12 位（2^{12}=4 KB）被解释成页内地址 W，而高 20 位则为页号 P，所以一个进程最多被分成 1 M 个页（2^{20}=1 M）。由此看来，这个系统中允许的最大进程为 4 GB（1 M×4 KB=4 GB）。该系统的逻辑地址结构如图 3-15 所示。

对于某特定机器，其地址结构是一定的。若给定一个逻辑地址空间中的地址为 A，页面的大小为 L，则页号 P 和页内地址 W 可按下式求得：

31	12	11	0
页号P		位移量W	

图 3-15　分页存储管理方式中的逻辑地址结构

$$p = INT\left[\frac{A}{L}\right]$$

$$w = [A]MODL$$

其中，INT 是整除函数，MOD 是取余函数。例如，某系统的页面大小为 1 KB，设 A=2170D，则由上式可以求得 P=2，W=122。

（2）地址变换机构的作用

为了能将用户地址空间中的逻辑地址变换为内存空间中的物理地址，在系统中必须设置地址变换机构。该机构的基本任务是实现从逻辑地址到物理地址的转换。由于页内地址和物理块内的物理地址是一一对应的（例如，对于页面大小是 1 KB 的页内地址是 0～1023，其相应的物理块内的地址也是 0～1023，无须再进行转换），因此，地址变换机构的任务，实际只是将逻辑地址中的页号转换为内存中的物理块号。又因为页表的作用就是用于实现从页号到物理块号的变换，因此，地址变换任务主要是借助页表来完成的。

（3）地址变换机构

页表的功能可以由一组专门的寄存器来实现。一个页表项用一个寄存器。由于寄存器具有较高的访问速度，因而有利于提高地址变换的速度。但由于寄存器成本较高，且大多数现代计算机的页表又可能很大，使页表项的总数可达几千甚至几十万个，显然这些页表项不可能都用寄存器来实现，因此，页表大多驻留在内存中。在系统中只设置一个页表寄存器 PTR（Page-Table Register），在其中存放页表在内存的始址和页表的长度。平时，进程未执行时，页表的始址和页表长度存放在该进程的 PCB 中。当调度程序调度到某进程时，才将这两个数据装入页表寄存器中。因此，在单处理器环境下，虽然系统中可以运行多个进程，但只需一个页表寄存器。

当进程要访问某个逻辑地址中的数据时，分页地址变换机构会自动地将有效地址（相对地址）分为页号和页内地址两部分，再以页号为索引去检索页表。查找操作由硬件执行。在执行检索之前，先将页号与页表长度进行比较，如果页号大于页表长度，则表示本次所访问的地址已超越进程的地址空间。于是，这一错误将被系统发现并产生一个地址越界中断。若未出现越界错误，则将页表始址与页号和页表项长度的乘积相加，便得到该表项在页表中的位置，于是可从中得到该页的物理块号，将之装入物理地址寄存器中。与此同时，再将有效地址寄存器中的页内地址送入物理地址寄存器的块内地址中。这样便完成了从逻辑地址到物理地址的变换。图 3-16 给出了分页存储管理方式中的地址变换机构。

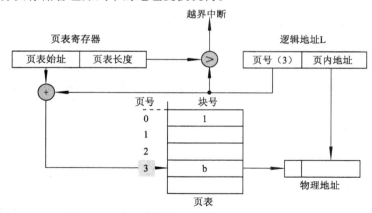

图 3-16　分页存储管理方式中的地址变换机构

3. 联想寄存器

由于页表是存放在内存中的，这使 CPU 每存取一个数据，都要两次访问内存。第一次是访问内存中的页表，从中找到指定页的物理块号，再将块号与页内偏移量 w 拼接，以形成物理地址。第二次访问内存时，才是从第一次所得地址中获得所需数据（或向此地址中写入数据）。因此，采用这种方式将使计算机的处理速度降低近 50%。可见，以此高昂代价来换取存储器空间利用率的提高，是得不偿失的。

为了提高地址变换速度，可在地址变换机构中，增设一个具有并行查寻能力的特殊高速缓冲寄存器，又称"联想寄存器"（Associative Memory）或称为"快表"，用以存放当前访问的那些页表项。

设置联想寄存器后的地址变换过程是：在 CPU 给出有效地址后，由地址变换机构自动将页号 p 送入高速缓冲寄存器，并将此页号与高速缓存中的所有页号进行比较，若其中有与此相匹配的页号，便表示所要访问的页表项在快表中。于是，可直接从快表中读出该页所对应的物理块号，并送到物理地址寄存器中。如果在快表中未找到对应的页表项，则还须再访问内存中的页表；找到后，把从页表项中读出的物理块号送地址寄存器。同时，再将此页表项存入快表的一个寄存器单元中，也就是重新修改快表。但如果联想寄存器已满，则 OS 必须找到一个存入较早的且已被认为不再需要的页表项，将它换出。图 3-17 给出了具有快表的地址变换机构。

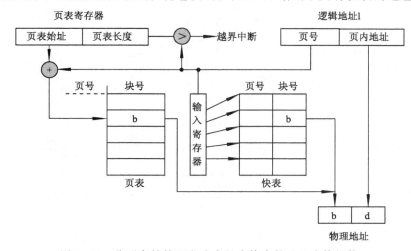

图 3-17　分页存储管理方式中具有快表的地址变换机构

由于成本的关系，快表不可能做得很大，通常只存放 16～215 个页表项。据统计，从快表中能找到所需页表项的几率可达 90%以上。这样，由于增加了地址变换机构而造成的速度损失，可减少到 10%，达到了可接受的程度。

4．两级页表和多级页表

现代的大多数计算机系统，都支持非常大的逻辑地址空间，基本上可以达到 2^{32}～2^{64}，在这样的环境下，页表就变得非常大，而且由于在进行地址变换的过程当中要用到页表，页表必须常驻内存，所以这时页表就要占用相当大的内存空间。例如，对于一个具有 32 位逻辑地址空间的分页系统，假定页面大小为 4 KB，即 2^{12} B，则在每个进程页表中的页表项可达 1M 个（$2^{32}/2^{12}=2^{20}$）。又因为每个页表项占用 4 个字节，则每个进程仅页表就要占用 4 MB（1M×4B）的内存空间，而且还要求是连续的，这显然是不现实的。这时，就可以采用离散分配的方式来存储页表，即对页表也进行分页存储管理。

（1）两级页表

对于要求连续的内存空间来存放页表的问题，可利用将页表进行分页，并离散地将各个页面分别存放在不同的物理块中的办法来加以解决。这时也要为离散分配的页表再建立一张页表，称为外部页表，在每个页表项中记录了页表页面的物理块号。

假设一个具有 32 位逻辑地址空间的分页系统，页面大小为 4 KB，若采用一级页表结构，应具有 20 位的页号，即页表项应有 1M 个。在采用两级页表结构时，再对页表进行分页，使每

页中包含 2^{10} 个页表项，且多允许有 2^{10} 个页表分页。此时，外部页表中的外层页内地址 P2 为 10 位，外层页号 P1 也为 10 位。此时的逻辑地址结构如图 3-18 所示。图 3-19 给出了两级页表结构。

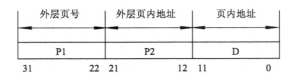

图 3-18　两级页表的逻辑地址结构

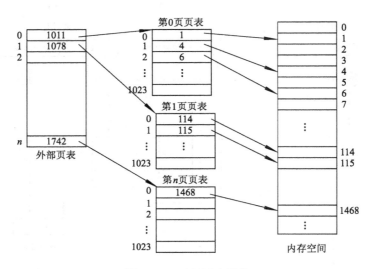

图 3-19　两级页表结构

由图 3-19 可以看出，在页表的每个表项中存放的是进程的某页在内存中的物理块号，如，第 0# 页存放在 1# 物理块中，第 1# 页存放在 4# 物理块中。而在外层页表的每个页表项中，所存放的是某页表分页的首地址，如第 0# 页表是存放在第 1011# 物理块中。外层页表和页表这两级页表可以用来实现从进程的逻辑地址到内存中物理地址间的变换。

为了方便地实现地址变换，在地址变换机构中同样需要增设一个外层页表寄存器，用于存放外层页表的始址，并利用逻辑地址中的外层页号，作为外层页表的索引，从中找到指定页表分页的起始地址，再利用 P2 作为指定页表分页的索引，找到指定的页表项，其中含有该页在内存的物理块号，用该块号和页内地址 d 即可构成访问的内存物理地址。图 3-20 给出了两级页表的地址变换机构。

上述对页表施行离散分配的方法，虽然解决了对大页表无需大片连续存储空间的问题，但并未解决用较少的内存空间去存放大页表的问题。此时，可以考虑只把当前需要的一部分页表项调入内存，以后再根据访问的需要陆续调入，即请求访问时再调入，请求调页的具体思想及实现方法将在虚拟存储器中给予介绍。在采用两级页表结构的情况下，对于正在运行的进程，必须将其外层页表调入内存，而对页表则只需调入一页或几页，为此可以在外层页表项中增设一个状态位 S，用来表征某页的页表是否已调入内存。

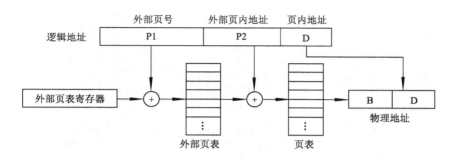

图 3-20 具有两级页表的地址变换机构

（2）多级页表

对于 32 位的计算机，采用两级页表结构是合适的，但是对于 64 位的机器，如果页面大小仍为 4 KB，则页内地址要占 12 位，外部页内地址占 10 位，则其余的 42 位将用于外部页号。此时在外层页表中可能有 2^{42} 个（即 4 096 G 个）页表项，要占用 16 384 GB（4 096 G×4 B）的连续内存空间，这样的结果显然是不现实的。因此必须采用多级页表，将外层页表再进行分页，即将各分页离散地装入到不相邻接的物理块中，再利用第 2 级的外层页表来映射它们之间的关系。

对于 64 位的机器，如果要求它能支持 2^{64} 即 16 777 216 TB 的物理存储空间，则即使是采用三级页表结构也是难以办到的，而在当前的实际应用中还没有要求到这个程度。所以在推出的 64 位的 OS 中，把可直接寻址的存储器空间减少为 45 位（即 2^{45}）长度左右，便可利用三级页表结构来实现分页存储管理。

3.3.2 分段存储管理方式

如果说，推动存储管理方式从固定分区到动态分区分配，进而又发展到分页存储管理方式的主要动力是提高内存利用率，那么，引入分段存储管理方式的目的，则主要是为了满足用户（程序员）在编程和使用上多方面的要求，较好地解决程序和数据的共享及程序动态链接等问题。

采用分段存储管理方式，首先可以方便程序员编程，用户可以把自己的作业按照逻辑关系划分为若干个段，每个段都是从 0 开始编址，并有自己的名字和长度，希望要访问的逻辑地址是由段名（段号）和段内偏移量决定的；其次，有利于信息共享和信息保护，因为段是信息的逻辑单位，可以以段为单位进行共享和保护；并且能够有效地实现程序的动态增长和动态链接，当运行过程中又需要调用某段时，再将该段调入内存并进行链接。

1．基本思想

在分段存储管理方式中，用户可以把自己的作业按地址空间划分为若干个段，每个段定义一组逻辑信息，例如，有主程序段 MAIN、子程序段 X、数据段 D 及栈段 S 等。分段存储管理的结构如图 3-21 所示。每个段都有自己的名字。为了实现简单起见，通常可用一个段号来代替段名，每个段都从 0 开始编址，并采用一段连续的地址空间。段的长度由相应的逻辑信息组的长度决定，因而各段长度不等。

分段方式已得到许多编译程序的支持，编译程序能自动地根据源程序的情况而产生若干个段。例如，Pascal 编译程序可以为全局变量、用于存储相应参数及返回地址的过程调用栈、每个过程或函数的代码部分、每个过程或函数的局部变量等，分别建立各自的段。装入程序将装入所有这些段，并为每个段赋予一个段号。

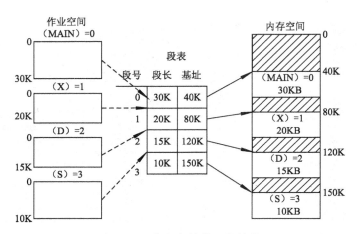

图 3-21   分段存储管理的结构

在前面所介绍的动态分区分配方式中，系统为整个进程分配一个连续的内存空间。而在分段式存储管理系统中，则是为每个分段分配一个连续的分区，进程中的各个段可以离散地装入内存不同的分区中。为使程序能正常运行，就要从物理内存中找出每个逻辑段所对应的位置，应像分页系统那样，在系统中为每个进程建立一张段映射表，简称"段表"。每个段在段表中占有一个表项，其中记录了该段在内存中的起始地址（又称"基址"）和段的长度，如图 3-21 所示。段表可以存放在一组寄存器中。这样有利于提高地址转换速度，但更常见的是将段表放在内存中。在配置了段表后。执行中的进程可通过查找段表，找到每个段所对应的内存区。可见，段表是用于实现从逻辑段到物理内存区的映射。

2．地址变换机构

整个作业的地址空间，由于是分成多个段，因而是二维的，即其逻辑地址由段号（段名）和段内地址所组成。分段存储管理的逻辑地址结构如图 3-22 所示。

段号	段内地址
31	16 15 0

图 3-22   分段存储管理的逻辑地址结构

为了实现从进程的逻辑地址到物理地址的变换功能，在系统中设置了段表寄存器，用于存放段表始址和段表长度。在进行地址变换时，系统将逻辑地址中的段号与段表长度进行比较。若段号大于段表长度，表示段号太大，是访问越界，产生越界中断信号；若未越界，则根据段表的始址和该段的段号，计算出该段对应段表项的位置，从中读出该段在内存中的起始地址，然后，再检查段内地址是否超过该段的段长。若超过，同样发出越界中断信号；若未越界，则将该段的基址与段内地址相加，得到要访问的内存物理地址。图 3-23 所示为分段存储管理的地址变换过程。

3．分页与分段的区别

分页与分段存储管理有很多相同之处，如它们在内存中都是离散存放的，并且都要通过地址变换机构将逻辑地址映射到物理内存中，但从概念上讲，两者是完全不同的。它们的不同之处在于：

① 页是信息的物理单位，分页是为实现离散分配方式，用于消减内存的外部碎片，提高内存的利用率。或者说，分页仅仅是由于系统管理的需要而不是用户的需要。段是信息的逻辑单位，它含有一组意义相对完整的信息。分段的目的是为了更好地满足用户的需要。

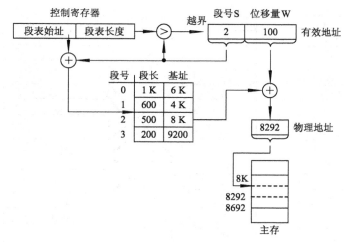

图 3-23 分段存储管理的地址变换过程

② 页的大小固定且由系统决定，由系统把逻辑地址划分为页号和页内地址两部分，是由机器硬件实现的，因而在系统中只能有一种大小的页面；而段的长度却不固定，决定于用户所编写的程序，通常由编译程序在对源程序进行编译时，根据信息的性质来划分。

③ 分页的作业地址空间是一维的，即单一的线性地址空间，程序员只需利用一个记忆符，即可表示一个地址；而分段的作业地址空间则是二维的，程序员在标识一个地址时，既要给出段名，又要给出段内地址。

4．段的共享

分段存储管理系统的一个最突出的优点是易于实现段的共享，即允许若干个进程共享一个或多个段，而且对段的保护也十分简单易行。在分页系统中，虽然也能够实现程序和数据的共享，但是实现起来比较繁琐。下面通过一个例子来说明这个问题。

例如，有一个多用户系统，可以同时接纳 50 个用户，他们都执行一个文本编辑程序 Editor。如果文本编辑程序有 200 KB 的代码和另外 40 KB 的数据区，则总共需要 12 000 KB 的内存空间来支持 50 个用户。如果 200 KB 的文件编辑程序代码是可重入的（即允许多个进程同时访问但不允许任何进程对它进行修改），则无论是在分页系统还是在分段系统中，该代码都能被共享，在内存中只需要保留一份文本编辑程序的副本，此时所需的内存空间仅为 2 200 KB（200 KB+40 KB×50），而不是 12 000 KB。

假定在分页存储管理系统中，每个页面的大小为 4 KB，那么 200 KB 的文本编辑程序代码将占用 50 个页面，数据区占 10 个页面。为实现代码的共享，应在每个进程的页表中都建立 50 个页表项，假设它们的物理块号都是 11#～60#。在每个进程的页表中，还须为自己的数据区建立页表项，假设它们的物理块号分别是 61#～70#、71#～80#、81#～90#、……，等等。图 3-24 所示是分页存储管理系统中共享 Editor 的示意图。

在分段存储管理系统中实现共享则容易得多，只需在每个进程的段表中为文本编辑程序设置一个段表项，就可以实现对文本编辑程序的共享了。

图 3-25 所示是分段存储管理系统中共享 Editor 的示意图。

可见，利用分段存储管理系统实现共享，比分页存储管理系统实现共享要简单方便得多。

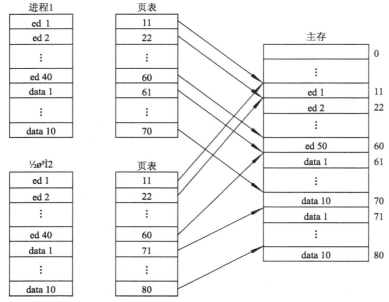

图 3-24 分页存储管理系统中共享 Editor 的示意图

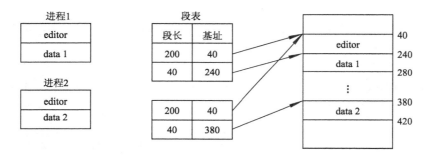

图 3-25 分段存储管理系统中共享 Editor 的示意图

3.3.3 段页式存储管理方式

前面所介绍的分页和分段存储管理方式都各有其优缺点。分页存储管理系统能有效地提高内存的利用率，而分段存储管理系统能够反映程序的逻辑结构以满足用户的需要，还可以方便地实现段的共享。如果能对这两种存储管理方式各取其优点，则可以将两者结合成一种新的存储管理方式系统。

1. 基本思想

段页式存储管理是分页和分段两种存储管理方式的结合，同时具备两者的优点，既具有分段存储管理系统的便于实现、分段可共享、易于保护等一系列优点，又能像分页系统那样很好地解决内存的外部碎片问题以及可为各个分段离散地分配内存等问题。

段页式存储管理主要涉及如下管理思想：

① 对作业地址空间进行段式管理。也就是说，将作业地址空间分成若干个逻辑分段，每段都有自己的段名。

② 每段内再分成若干大小固定的页，每段都从零开始为自己的各页依次编写连续的页号。段页式存储管理的作业地址空间如图 3-26 所示。

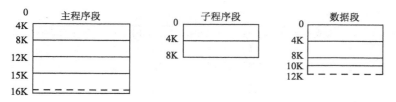

图 3-26 段页式存储管理的作业地址空间

③ 对内存空间的管理仍然与分页存储管理一样，将其分成若干个与页面大小相同的物理块，对内存空间的分配是以物理块为单位的。

④ 作业的逻辑地址包括三部分：段号、段内页号和页内位移。其结构如图 3-27 所示。

对上述 3 部分的逻辑地址来说，用户可见的仍是段号 S 和段内位移 W。由地址变换机构将段内位移 W 的高几位划分为段内页号 P，低几位划分为页内位移 D。

段号（S）	段内页号（P）	页面位移（D）

图 3-27 段页式存储管理的地址结构

2. 地址变换机构

为实现地址变换，段页式系统设立了段表和页表。系统为每个作业建立一张段表，并为每个段建立一张页表。段表表项中至少包含段号、页表起始地址和页表长度等信息。其中，页表起始地址指出了该段的页表在内存中的起始存放地址。页表表项中至少要包括页号和块号等信息。此外，为了指出运行作业的段表起始地址和段表的长度，系统有一个段表控制寄存器。段表、页表和内存的关系如图 3-28 所示。

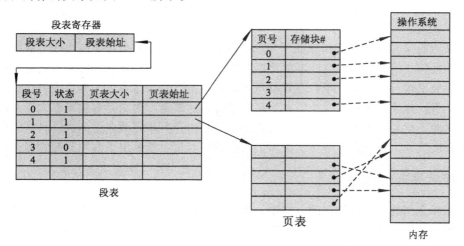

图 3-28 段页式系统中利用段表和页表实现地址映射

段页式存储管理进行地址变换的过程为：首先根据段号 S，将其与段表控制寄存器中的段长比较。若超出段长，则产生越界中断，否则由段号和段表控制寄存器中的段表起始地址相加得到该段在段表中的相应表项位置。由该表项得到该段对应的页表存放的起始地址，再由段内位移 W 分解出页号 P 和页内位移 D，从而找到对应页表项的位置，从中得到该页所在的物理块号。此时将物理块号与段内位移 W 分解出的页内位移拼接起来得到所需的物理地址。图 3-29 给出了段页式系统中的地址变换机构。

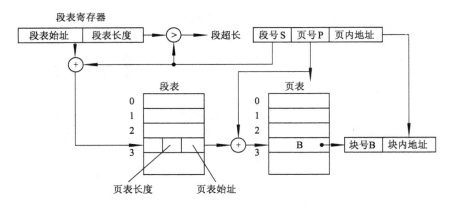

图 3-29　段页式系统中的地址变换机构

从上述过程中可知，若段表、页表存放在内存中，则为了访问内存的某一条指令或数据，将需要访问三次内存。

① 查找段表获得该段所对应页表的起始地址。

② 查找页表获得该页所对应的物理块号，从而形成所需的物理地址。

③ 根据所得到的物理地址到内存中去访问该地址中的指令或数据。

3 次访问内存极大地降低了内存的存取速度，因此同样也可以采用联想存储器技术提高内存的存取速度，基本原理与分页存储管理情况相似。

3.4　虚拟存储器

前面介绍的分区存储管理和分页、分段存储管理技术，都要求作业在执行之前必须全部装入内存，并且作业的逻辑地址空间不能比内存空间大，否则该作业就无法装入内存运行；或者有大量作业要求运行，但是由于内存容量不足以容纳所有这些作业，只能将少数作业装入内存让它们先运行，而使其他的大量作业在外存上等待，这都是因为内存容量不够大造成的。为了解决这些问题，就要增加内存容量。但是物理上增加内存容量一般会受到机器自身的限制，并且要增加系统成本，所以人们考虑从逻辑上扩充内存容量，便提出了虚拟存储管理技术。

3.4.1　程序局部性原理

在前面所介绍的几种存储管理方式中，都要求作业在运行前必须一次性地全部装入内存，可是许多作业在每次运行时，并非其全部程序和数据都要用到。如果一次性地装入其全部程序，也是对内存空间的一种浪费；同时，作业装入内存后，便一直驻留在内存中，直至作业运行结束。尽管运行中的进程会因 I/O 操作而长期等待，或有的程序模块在运行过一次后就不再需要运行了，它们都仍将继续占用宝贵的内存资源。由此可以看出，上述的一次性及驻留性，使许多在程序运行中不用或暂时不用的程序和数据占据了大量的内存空间，使一些需要运行的作业反而无法被装入运行。现在要研究的问题是：一次性及驻留性在程序运行时是否是必需的。

经过分析发现，在较短的时间内，程序的执行仅局限于某个部分。相应地，它所访问的存储空间也局限于某个区域。因此提出了下述几个论点：

① 程序执行时，除了少部分的转移和过程调用指令外，在大多数情况下仍是顺序执行的。

② 过程调用将会使程序的执行轨迹由一部分区域转至另一部分区域，但经研究看出，过程调用的深度在大多数情况下都不会超过 5。这就是说，程序将会在一段时间内都局限在这些过程的范围内运行。

③ 程序中存在许多循环结构，循环结构中的语句虽然少，但它们将反复地多次执行。

④ 程序中还包括许多对数据结构的处理，它们往往都局限于很小的范围内。

程序局部性又表现在时间局限性和空间局限性两个方面。时间局限性是指如果程序中的某条指令一旦执行，或者某数据被访问过，则不久后这些指令和数据可能再次被访问，这是由于在程序中存在着大量的循环操作；空间局限性是指一旦程序访问了某个存储单元，在不久之后，其附近的存储单元也将被访问，即程序在一段时间内所访问的地址，可能集中在一定的范围之内，因为程序是顺序执行的。

3.4.2　虚拟存储器的概念

基于程序局部性原理，没有必要把一个作业一次性全部装入内存再开始运行，可以先把进程当前执行所涉及的程序和数据放入内存中，其余部分可以根据需要临时调入。进程在运行时，如果它本次所要访问的程序和数据已调入内存，便可继续执行下去；若本次所要访问的程序或数据尚未调入内存，此时程序应利用 OS 所提供的请求调入功能，将它们调入内存，以使进程能继续执行下去。如果此时内存已满，还须再利用置换功能，将内存中暂时不用的程序或数据调至磁盘上，腾出足够的内存空间，再将要访问的程序或数据调入内存，使程序继续执行下去。这样，便可使一个大的用户程序能在较小的内存空间中运行，也可在内存中同时装入更多的进程使它们并发执行。从用户角度看，该系统所具有的内存容量，将比实际内存容量大得多。但是必须说明的是，用户所看到的大容量只是一种感觉，是虚的，实际上系统的物理内存容量并没有增大，是操作系统和硬件相配合来完成内存和外存之间信息的动态调度。这样的计算机系统好像为用户提供了一个存储容量比实际内存大得多的存储器，人们把这样的存储器称为虚拟存储器。所谓虚拟存储器，是指具有请求调入功能和置换功能，能从逻辑上对内存容量加以扩充的一种存储器系统。

对用户来说，引入虚拟存储器概念相当于系统为每个用户建立了一个虚存，这个虚存就是用户的逻辑地址空间。用户在编程时可以不考虑实际内存的大小，认为自己编写多大的程序就有多大的虚拟存储器与之对应，每个用户可以在自己的逻辑地址空间中编程，在各自的虚拟存储器上运行，给用户编程带来了极大的方便。

当然，虚拟存储器的容量也不是无限的，一个虚拟存储器的逻辑容量由内存容量和外存容量之和所决定，但是它的最大容量取决于计算机的地址结构。例如，某计算机系统的内存大小为 64 MB，其地址总线是 32 位的，则虚存的最大容量为 $2^{32}=4$ GB，即用户编程的逻辑地址空间可高达 4 GB，远比其内存容量大得多。

在虚拟存储器中，允许将一个作业分多次调入内存。如果采用连续分配方式，应将作业装入一个连续的内存区域中。为此，须事先为它一次性地申请足够的内存空间，以便将整个作业先后分多次装入内存。这不仅会使相当一部分内存空间都处于暂时或永久的空闲状态，造成内存资源的严重浪费，而且也无法从逻辑上扩大内存容量。因此，虚拟存储器的实现，都毫无例外地建立在离散分配存储管理方式的基础上。下面介绍一种常见的虚存管理方式：请求式分页存储管理。

3.4.3 请求分页存储管理方式

请求分页存储管理是在分页式存储管理的基础上发展起来的，为了能支持虚拟存储器功能而增加了请求调页功能和页面置换功能。也就是说，先把内存空间划分成大小相等的块，将用户逻辑地址空间划分成与块相等的页，每页可装入到内存的任一块中。这都类似于分页式存储管理。但是当一个作业运行时，不要求把作业的全部信息装入内存，而只装入目前运行所要用到的几页，其余的仍保存在外存，等到需要时再请求系统调入。此时，每次调入和换出的基本单位都是长度固定的页面，这使得请求分页系统在实现上要比请求分段系统简单（后者在换进和换出时是可变长度的段）。因此，请求分页便成为目前最常用的一种实现虚拟存储器的方式。

请求式分页存储管理中有关作业地址空间分页、主存存储空间分块的概念与页式存储管理完全相同。不同的是，请求页式存储管理中，只需将作业的部分页面装入主存即可开始运行。在执行过程中，当所需页面不在主存时，再将其调入；当主存空间不足而又需调入页面时，则按一定的策略淘汰内存中的某个页面；并且若被淘汰页面曾被修改过，则还要将其写回外存。

1．页表

在请求分页系统中所需要的主要数据结构是页表，其基本作用仍然是实现页号到物理块号的映射，将用户地址空间中的逻辑地址变换为内存空间中的物理地址。由于只将应用程序的一部分调入内存，还有一部分仍在盘上，故应在页表中再增加若干项，供程序（数据）在换进、换出时参考。在请求分页系统中的每个页表项内容如图 3-30 所示。

页号	物理块号	状态位P	访问字段A	修改位M	外存地址

图 3-30　请求分页系统中的页表结构

其中一些字段的说明如下：

① 状态位 P：用于指示该页是否已调入内存，供程序访问时参考。

② 访问字段 A：用于记录本页在一段时间内被访问的次数，或记录本页最近已有多长时间未被访问，供选择换出页面时参考。

③ 修改位 M：表示该页在调入内存后是否被修改过，供置换页面时参考。由于内存中的每一页都在外存上保留一份副本，因此，若未被修改，在置换该页时就不需要将该页写回到外存上，以减少系统的开销和启动磁盘的次数；若已被修改，则必须将该页重写到外存上，以保证外存中所保留的始终是最新副本。

④ 外存地址：用于指出该页在外存上的地址，通常是盘块号，供调入该页时参考。

2．缺页中断机构

在请求分页系统中，每当所要访问的页面不在内存时，便产生一个缺页中断，请求 OS 将所缺之页调入内存。缺页中断作为中断，同样需要经历保护 CPU 环境、分析中断原因、转入缺页中断处理程序进行处理、恢复 CPU 环境等几个步骤。但缺页中断与一般中断相比，还是有着明显的区别：

① 缺页中断是在执行一条指令期间，发现所要访问的指令或数据不在内存时所产生的中断。并立即转去处理，并且一条指令在执行期间，可能产生多次缺页中断；而一般中断则是在一条指令执行完毕后才检查是否有中断请求到达，若有才去响应和处理，否则继续执行下一条指令。

② 缺页中断处理完成后，仍返回到原指令去重新执行；而一般中断则是返回到下一条指令去执行。

3．地址变换机构

请求分页系统中的地址变换机构，是在分页系统地址变换机构的基础上，再为实现虚拟存储器而增加了某些功能而形成的，如产生和处理缺页中断，以及从内存中换出一页的功能等。图 3-31 给出了请求分页系统中的地址变换过程。

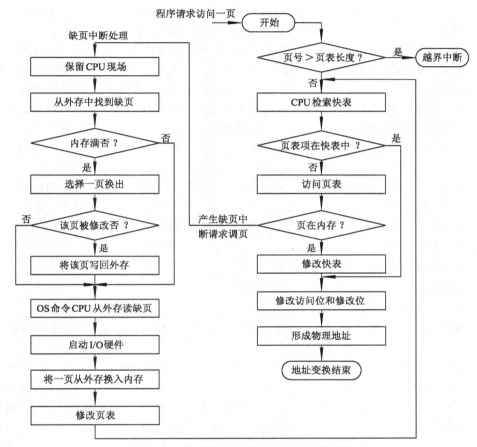

图 3-31　请求分页系统中的地址变换过程

在进行地址变换时，首先检索快表，试图从中找出所要访问的页。若找到，便修改页表项中的访问位。对于写指令，还须将修改位置成"1"，然后利用页表项中给出的物理块号和页内地址，形成物理地址。地址变换过程到此结束。

如果在快表中未找到该页的页表项，应到内存中去查找页表，再根据找到的页表项中的状态位 p，来了解该页是否已调入内存。若该页已调入内存，这时应将此页的页表项写入快表，当快表已满时，应先调出按某种算法所确定的页的页表项，然后再写入该页的页表项；若该页尚未调入内存，这时应产生缺页中断，请求 OS 从外存把该页调入内存。

4．物理块的分配策略

在请求分页系统中，可采取两种内存分配策略，即固定和可变分配策略。在进行置换时，也可采取两种策略，即全局置换和局部置换。于是可组合出以下 3 种适用的策略。

（1）固定分配局部置换（Fixed Allocation，Local Replacement）

这是指基于进程的类型或根据程序员、程序管理员的建议，为每个进程分配一定数目的物理块，在整个运行期间都不再改变。采用该策略时，如果进程在运行中发现缺页，则只能从该进程在内存的 n 个页面中选出一页换出，然后再调入一页，以保证分配给该进程的内存空间不变。实现这种策略的困难在于：应为每个进程分配多少个物理块难以确定。若太少，会频繁地出现缺页中断，降低了系统的吞吐量；若太多，又必然使内存中驻留的进程数目减少，进而可能造成 CPU 空闲或其他资源空闲的情况，而且在实现进程对换时，会花费更多的时间。

（2）可变分配全局置换（Variable Allocation，Global Replacement）

这可能是最易于实现的一种物理块分配和置换策略，已用于若干 OS 中。在采用这种策略时，先为系统中的每个进程分配一定数目的物理块，而系统自身也保持一个空闲的物理块队列。当某进程发现缺页时，由系统从空闲物理块队列中取出一个物理块分配给该进程，并将欲调入的（缺）页装入其中。这样，凡产生缺页（中断）的进程都将获得新的物理块。仅当空闲物理块队列中的物理块用完时，OS 才能从内存中选择一页调出，该页可能是系统中任一进程的页，这样，自然又会使那个进程的物理块减少，进而使其缺页率增加。

（3）可变分配局部置换（Variable Allocation，Local Replacement）

它同样是基于进程的类型或根据程序员的要求，为每个进程分配一定数目的物理块，但当某进程发现缺页时，只允许从该进程在内存的页面中选出一页换出，这样就不会影响其他进程的运行。如果进程在运行中频繁地发生缺页中断，则系统须再为该进程分配若干附加的物理块，直至该进程的缺页率减少到适当程度为止；反之，若一个进程在运行过程中的缺页率特别低，则此时可适当减少分配给该进程的物理块数，但不应引起其缺页率的明显增加。

5．调页策略

（1）何时调入页面

为了确定系统将进程运行时所缺的页面调入内存的时机，可采取预调页策略或请求调页策略。

① 预调页策略。如果进程的许多页是存放在外存的一个连续区域中，则一次调入若干个相邻的页，会比一次调入一页更高效些。但如果调入的一批页面中的大多数未被访问，则又是低效的。可采用一种以预测为基础的预调页策略，将那些预计在不久之后便会被访问的页面预先调入内存。如果预测较准确，这种策略显然是很有吸引力的。但遗憾的是，目前预调页的成功率仅约 50%。故这种策略主要用于进程的首次调入时，由程序员指出应该先调入哪些页。

② 请求调页策略。当进程在运行中需要访问某部分程序和数据时，若发现其所在的页面不在内存，便立即提出请求，由 OS 将其所需页面调入内存。由请求调页策略所确定调入的页，是一定会被访问的，再加之请求调页策略比较易于实现，故在目前的虚拟存储器中，大多采用此策略。但这种策略每次仅调入一页，故需花费较大的系统开销，增加了磁盘 I/O 的启动频率。

（2）从何处调入页面

请求分页系统中的外存分为两部分：用于存放文件的文件区和用于存放对换页面的对换区。通常，由于对换区采用连续分配方式，而文件区采用离散分配方式，故对换区的磁盘 I/O 速度比文件区的高。这样，每当发生缺页请求时，系统应从何处将缺页调入内存，一般可分成两种情况：

① 系统拥有足够的对换区空间，这时可以全部从对换区调入所需页面，以提高调页速度。为此，在进程运行前，便须将与该进程有关的文件，从文件区复制到对换区。

② 系统缺少足够的对换区空间，这时凡是不会被修改的文件，都直接从文件区调入。而

当换出这些页面时，由于它们未被修改而不必再将它们换出，以后再调入时，仍从文件区直接调入。但对于那些可能被修改的部分，在将它们换出时，便须调到对换区，以后需要时，再从对换区调入。

（3）页面调入过程

每当程序所要访问的页面未在内存时，便向 CPU 发出一缺页中断，中断处理程序首先保留 CPU 环境，分析中断原因后，转入缺页中断处理程序。该程序通过查找页表，得到该页在外存的物理块，如果此时内存能容纳新页，则启动磁盘 I/O 将所缺之页调入内存，然后修改页表；如果内存已满，则须先按照某种置换算法从内存中选出一页准备换出。如果该页未被修改过，可不必将该页写回磁盘；但如果此页已被修改，则必须将它写回磁盘，然后再把所缺的页调入内存，并修改页表中的相应表项，置其存在位为 "1"，并将此页表项写入快表中。在缺页调入内存后，利用修改后的页表形成所要访问数据的物理地址，再去访问内存数据。

3.4.4　页面置换算法

进程运行过程中，若所要访问的页面不在内存而需把它们调入内存，但内存已无空闲空间时，为了保证该进程能正常运行，系统必须从内存中调出一页程序或数据，送到磁盘的对换区中。但应将哪个页面调出，须根据一定的算法来确定。通常，把选择换出页面的算法称为页面置换算法（Page-Replacement Algorithms）。置换算法的好坏，将直接影响到系统的性能。

一个好的页面置换算法，应具有较低的页面更换频率。从理论上讲，应将那些以后不会再访问的页面换出，或把那些在较长时间内不会再访问的页面调出。如果页面置换算法选择不当，就会出现刚刚被置换出去的页面又被访问到，这种由于中断频率太高及页面置换的算法选择不好，使处理器花在页面交换的时间太长，从而导致系统的性能急剧下降，称为颠簸（或抖动），这种情况甚至会导致系统崩溃。

目前存在着许多种置换算法，它们都试图更接近于理论上的目标。这里只讨论局部范围内的几种常用的置换算法。

1. 最佳置换算法

最佳置换算法是一种理论上的算法。其所选择的被淘汰页面，将是以后永不使用的，或者是在未来最长时间内不再被访问的页面。采用最佳置换算法，通常可保证获得最低的缺页率。但由于人们目前还无法预知一个进程在内存的若干个页面中，哪一个页面是未来最长时间内不再被访问的，因而该算法是无法实现的，但可以利用该算法去评价其他算法。现举例说明如下。

假定系统为某进程分配了 3 个物理块，并考虑有以下的页面号引用串：

$$1, 4, 3, 2, 1, 5, 4, 3, 2, 3, 5, 1, 3, 5$$

进程运行时，当系统为该进程分配的 3 个物理块没有完全被占用时，先通过 3 次缺页中断分别将 1，4，3 这 3 个页面装入内存。以后，当进程要访问页面 2 时，已经没有空闲的物理块，所以将会因产生缺页中断而导致页面置换。此时 OS 根据最佳置换算法，将选择页面 3 予以淘汰。这是因为页面 1 将作为第 5 个被访问的页面，页面 4 是第 7 个被访问的页面，而页面 3 则是第 8 次要进行的页面访问。下次访问页面 1 时，因它已在内存而不必产生缺页中断。当进程访问页面 5 时，又将引起页面 1 被淘汰，因为，它在现有的 1，4，2 这 3 个页面中，页面 1 将是以后最晚被访问的。图 3-32 给出了采用最佳置换算法时的置换图，可知，采用最佳置换算法发生了 7 次缺页中断，产生了 4 次页面置换。

页面引用情况

1	4	3	2	1	5	3	2	3	5	1	3	5
1	1	1	1	1	5	5	5	5	5	5	5	5
	4	4	2	2	2	2	2	2	2	1	1	1
		3	3	3	3	3	3	3	3	3	3	3

图 3-32　采用最佳页面置换算法时的置换图

2. 先进先出（FIFO）置换算法

是最早出现的置换算法。该算法总是淘汰最先进入内存的页面，即选择在内存中驻留时间最久的页面予以淘汰。该算法实现简单，只需把一个进程已调入内存的页面，按先后次序链接成一个队列，并设置一个指针，称为替换指针，使它总是指向最老的页面。但该算法与进程实际运行的规律不相适应，因为在进程中，有些页面经常被访问，FIFO 置换算法并不能保证这些页面不被淘汰。

采用 FIFO 算法对上述实例进行页面置换的情况如图 3-33 所示。

页面引用情况

1	4	3	2	1	5	3	2	3	5	1	3	5
1	1	1	2	2	2	3	3	3	3	3	3	5
	4	4	4	1	1	1	2	2	2	2	2	2
		3	3	3	5	5	5	5	5	1	1	1

图 3-33　采用先进先出页面置换算法时的置换图

进程运行时，先通过 3 次缺页中断分别将 1，4，3 这 3 个页面装入内存。以后，当进程要访问页面 2 时，将会因产生缺页中断而导致页面置换。此时 OS 根据先进先出页面置换算法，将选择页面 1 予以淘汰。这是因为页面 1 是页面 1、4、3 中最先进入内存的。接下来访问页面 1 时，因它已不在内存而再次产生缺页中断，此时应从页面 2、4、3 中淘汰页面 4，因为页面 4 是目前 3 个页面中较早进入内存的。图 3-33 给出了采用先进先出页面置换算法时的置换图。由图可看出，采用先进先出置换算法发生了 12 次缺页中断，产生了 9 次页面置换，比最佳置换算法多了近一倍。

理论上讲，若给一个进程分配的物理块越多，产生缺页中断和页面置换的次数也越少。但是，先进先出页面置换算法会产生一种异常现象，即物理块数越多，缺页中断和页面置换的次数反而增加。例如，某进程的页面号引用串为 1，2，3，4，1，2，5，1，2，3，4，5，当为该进程分配 3 个物理块时，共产生 9 次缺页中断，若为其分配 4 个物理块，则产生了 10 次缺页中断。请读者自行验证。

3. 最近最久未使用（LRU）置换算法

FIFO 置换算法性能之所以较差，是因为它所依据的条件是各个页面调入内存的时间，可是页面调入的先后次序并不能确实地反映页面的使用情况。最近最久未使用（LRU）的页面置换算法是根据页面调入内存后的使用情况进行决策的。由于无法预测各页面将来的使用情况，只能利用"最近的过去"来预测"最近的将来"。因此，LRU 置换算法是选择最近最久未使用的页面予以淘汰。该算法赋予每个页面一个访问字段，用来记录一个页面自上次被访问以来所经历的时间 t，当需要淘汰一个页面时，选择现有页面中其 t 值最大的，即最近最久未使用的页面予以淘汰。

假定系统为某进程分配了 4 个物理块，并考虑有以下的页面号引用串：

$$1, 4, 3, 2, 1, 5, 4, 3, 2, 3, 5, 1, 3, 5$$

利用 LRU 算法对上例进行页面置换的结果如图 3-34 所示。在系统所分配的 4 个物理块用完之后，当进程对页面 5 进行访问时，由于页面 4 是最近最久未被访问的，故将它置换出去。当进程又对页面 4 进行访问时，页面 3 成为了最近最久未使用的页，将它换出，以此类推。采用 LRU 页面置换算法时，共产生 9 次缺页中断，5 次页面置换。

页面引用情况

1	4	3	2	1	5	4	3	2	3	5	1	3	5
1	1	1	1		1	1	1	2			2		
	4	4	4		5	5	5	5			5		
		3	3		3	4	4	4			1		
			2		2	2	2	3			3		

图 3-34　采用最近最久未使用页面置换算法时的置换图

有的时候，最近最久未使用页面置换算法与最佳置换算法比较相似，但这并非是必然的结果。因为，最佳置换算法是从"向后看"的观点出发的，即它是依据以后各页的使用情况；而 LRU 算法则是"向前看"的，即根据各页以前的使用情况来近似地判断以后各页的使用情况，而实际上页面过去和未来的走向之间并无必然的联系。

3.4.5　请求分段存储管理方式

请求分段系统中的程序运行之前，只需先调入若干分段（不必调入所有的分段）便可以启动运行。当所访问的段不在内存中时，可请求操作系统将所缺的段调入内存。像请求分页系统一样，为实现请求分段存储管理方式，同样需要一定的硬件支持和相应的软件。

1. 段表机制

在请求分段式管理中所需要的主要数据结构是段表。由于在应用程序的许多段中，只有一部分段装入内存，其余的一些段仍留在外存上，故须在段表中增加若干项，以供程序在调进、调出时参考。图 3-35 给出请求分段的段表结构。

段号	段长	状态位 P	访问位 A	修改位 M	R	W	E	A	段的基址	外存始址

图 3-35　请求分段系统中的段表结构

段号：一个程序段在内存中的唯一标号。

段长：该程序段的长度。

状态位 P：该程序段是否在内存中。

访问位 A：该程序段是否最近被使用过。

修改位 M：该程序段内容在内存中是否被修改过。

存取权限：

- R 是否允许读操作。

- W 是否允许写操作。

- E 是否允许执行此段程序。

- A 增补位，用于表示本段在内存中是否做过动态增长，或是否允许在段末追加信息。

段的基址：该段在内存的起始地址。

外存始址：用于指出该段在外存上的首地址。

2. 缺段中断机构

在请求分段系统中，每当发现运行进程所要访问的段尚未调入内存时，便由缺段中断机构产生一个缺段中断信号，由缺段中断处理程序将所需的段调入内存。缺段中断机构与缺页中断类似，它同样需要在一条指令的执行期间产生和处理中断，以及在一条指令执行期间可能产生多次缺段中断。但由于分段是信息的逻辑单位，因而不可能出现一条指令被分割在两个分段中和一组信息被分割在两个分段中的情况。缺段中断的处理过程如图 3-36 所示。由于段不是定长的，这使缺段中断处理要比缺页中断处理复杂。

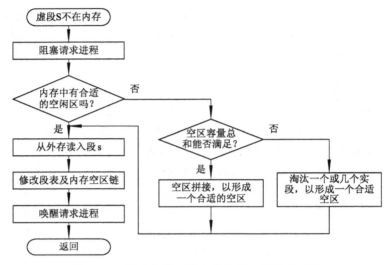

图 3-36　请求分段系统中的缺段中断处理过程

3. 地址变换机构

请求分段系统中的地址变换机构，是在分段系统地址变换机构的基础上形成的。因为被访问的段并非全在内存，因而在地址变换时若发现所要访问的段不在内存，必须先将所缺的段调入内存，并修改段表，然后才能再利用段表进行地址变换。为此，在地址变换机构中又增加了某些功能，如缺段中断的请求及处理等。图 3-37 给出了请求分段系统的地址变换过程。

4. 请求分段存储管理方式的优点和缺点

（1）请求分段存储管理方式的优点

① 可提供大容量的虚存：与请求分页存储管理类似，一个作业运行时，内存只存放较少的段。在作业执行过程中，需要使用某段时再从外存调入。如果此时内存无空间，则需进行段的紧凑或移出某些段。

② 允许动态增加段的长度：对于一个较大的段，开始可以装入其中的一部分当，程序员企图向段中增加新的内容或扩大段的长度时，可以动态增加段的长度。因为段表中有一个增补位，当访问的地址大于段长时，便产生越界中断。此时检查增补位，若为 1，则可增加段长度，可以通过紧凑或移去一些段的办法来实现。

③ 利用允许动态增长段的特性，比较容易处理变化的数据结构，如表格和数据段等。

④ 便于段的动态链接：一个作业可能由若干个程序段组成，在采用单一线性地址空间时，这些程序段要在执行之前完成链接和装配工作,产生出一个完整的连续空间。这个过程称为静态链接。这种工作不仅费时，有时甚至是徒劳的，因为在作业运行过程中，有的程序模块根本未被调用和执行过。为此，最好是在需要调用某程序段时，再把它链接到作业空间中，这就是动态链接。

⑤ 由于请求段式存储管理为用户提供的是二维地址空间，每个程序模块构成独立的分段，有自己的名字，为实现动态链接提供了基础。

⑥ 便于实现程序段的共享：进入内存中的程序段占据内存中的一个连续存储区。若多个作业要共享它，只需在它们各自的段表中填入该段的起始地址，设置上适当的权限即可。

⑦ 便于实现存储保护：在段表中规定了段的存取权限和段的长度，超出段长会引起越界中断，违反存取权限会引起存储保护中断。通过这种方法能防止一个用户作业侵犯另一个用户作业，也可防止对共享程序的破坏。

（2）请求段式存储管理的缺点

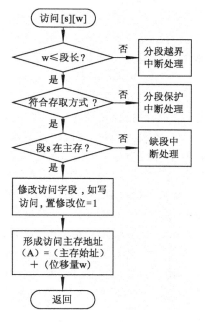

图 3-37　请求分段系统地址变换过程

请求段式存储管理进行地址变换和实现紧凑操作要花费处理器时间，为管理各分段要设立若干表格，需要提供额外的存储空间，而且也会像请求页式存储管理一样出现系统抖动现象。

本 章 小 结

存储管理的研究对象主要是中央处理器能直接访问的内存储器，其目的有两个方面：一方面是为了在多道程序环境下，提高内存资源的利用率；另一方面也方便用户对内存储器这一关键性资源的使用。

本章首先介绍了存储管理的四大功能：内存分配与回收、逻辑地址重定位、存储保护、虚拟存储器。接着介绍了连续存储管理和离散存储管理。其中，连续存储管理包括单一连续分配存储管理、固定分区存储管理和可变式分区存储管理 3 种实现方法，离散存储管理包括分页式存储管理、分段式存储管理和段页式存储管理。

虚拟存储技术是从逻辑上扩充内存的有效方法，实现这一技术的理论依据是程序的局部性原理。本章重点以请求页式存储管理和请求段式存储管理为例介绍了虚拟存储技术的实现方法。

实 　 训

实训 1　Windows Server 2003 的系统监视器

1. 实训目的

掌握 Windows 系统性能监视的方法，理解必要的性能参数含义。

2．实训预备

对计算机系统进行各项性能的监视是计算机管理的一项关键性任务，尤其对网络中充当服务器的计算机系统更是如此。用户通过对计算机系统的性能监视和检测，可以了解各个系统资源的运行情况，从而为解决系统中存在的问题、改进系统性能、改善系统效率等提供决策依据。事实上，"Windows 任务管理器"中的"性能"选项卡就提供了有关 CPU 和内存性能的实时监视，除此之外，Windows 还为用户提供了许多专用的系统实时监视工具，如性能监视器、事件查看器和网络监视器等。这里主要介绍利用性能监视器来实时监视内存管理性能参数的方法。

系统监视器是一种收集与资源有关的数据的系统管理工具，它通过图表和报告的形式，使用户可以方便、直观地了解到特定的组件或者应用程序进程的资源使用情况，从而了解计算机的执行效率，发现或者推断出系统可能出现的错误。可以使用警报窗口和触发器程序监视系统的性能，并在触发器中设定一个警戒值，当资源的使用达到该警戒值时，系统会打开警报窗口通知用户。

Windows Server 2003 提供的性能监视器应用程序能帮助用户实时监视计算机的系统性能，从而及时了解计算机的性能及工作效率。对于用户，在使用性能监视器之前必须让应用程序知道，用户需要它监视什么信息。在性能监视器应用软件中，引入了"对象"和"计数器"两个概念，用来标识和跟踪计算机系统内部一些设备活动。

（1）对象

对象是一台计算机资源的任何一部分，它可以被赋予特征，并当作一个可标识的元素来操作。Windows Server 2003 把一个计算机系统及其程序和数据文件看作是可管理对象的一个集合，每个对象属于某一类型，具有其自己的特性或属性。大部分计算机上的典型对象包括处理器、内存、进程、线程、高速缓存等。Windows Server 2003 所支持的标准对象如下：

ACS/RSVP Service（ACS/RSVP 服务）；

Browser（浏览器）；

Cache（高速缓存）；

Distributed Transaction Coordinator（分布式事务协调器）；

HTTP Indexing Service（HTTP 索引服务）；

ISA Accounting Clients（ISA 账号管理客户机）；

ISA Accounting Server（ISA 账号管理服务器）；

ISA Authentication Clients（ISA 身份验证客户机）；

ISA Authentication Server（ISA 身份验证服务器）；

ICMP（Internet 控制报文协议）；

IMDB Service（IMDB 服务）；

Indexing Service（索引服务）；

Indexing Service Filter（索引服务过滤器）；

IP（Internet 协议）；

Job Object Details（工作队详细信息）；

Job Object（工作对象）；

Memory（内存）；

NBT Connection（NBT 连接）；

Network Interface（网络接口）；

Network Segment（网络段）；

Objects（对象）；

Paging File（分页文件）；

Physical Disk（物理磁盘）；

Print Queue（打印队列）；

Process（进程）；

Processor（处理器）；

RAS Port（RAS 端口）；

RAS Total（RAS 总数）；

Redirector（重定向器）；

Server（服务器）；

Server Work Queues（服务队列工作队）；

System（系统）；

TCP（传输控制协议）；

Telephony（电话连接）；

Thread（线程）；

UDP（用户数据报文协议）。

（2）计数器

计数器是记录有关被指定的那些对象的各种类型信息的记录器。例如：处理器是 Windows Server 2003 的一个对象，用户使用"性能监视器"可以查看由专门用于处理器对象的一些计数器所收集到的信息。在系统监视器中，把反映系统及网络运行情况的性能参数分为处理器（Processor）、内存（Memory）、高速缓存（Cache）、磁盘（Disk）、进程（Process）等几个大类，称为性能对象。每个性能对象中又有多个可以实时跟踪的性能参数，称为计数器。每一个这样的计数器都有个形象的名字，可以在它们之间进行选择，如名字为%Processor Time（处理器）、%User Name （用户名）、%User Time （用户时间）的计数器等，每个计数器都监视着处理器活动的不同阶段。

可以使用的计数器很多，通常只需要选择用户关心的或者与系统故障相关的计数器进行监视即可。例如，如果发现数据库响应速度太慢，就可以使用磁盘计数器，了解产生这种情况的原因。添加计数器后，就会显示该计数器的实时情况，其数据浏览方式有图表视图、直方图、报表视图 3 种，用户可以通过单击相应的工具栏按钮来进行选择。

计数器日志是记录计数器捕捉到的数据的文件，它可以反映系统在某一段时间内的运行状况。创建日志文件的最佳时机是在刚刚安装完 Windows 之后，因为此时是系统运行状态最好的时候。随着系统硬件的不断增加，系统的性能可能会有所下降，这时可以用捕获到的数据与计数器日志的数据相比较，从而了解新添加的硬件对系统的影响。

（3）警报

警报是一个很理想的监视系统性能的工具，通过在警报中设置一个阀值，系统就会在超过这个阀值时捕获一次警报，并向用户发出一定的信息。

为了使用警报功能，需要建立一个警报文件。用户可以选择"性能管理器"窗口中的"警报"选项，在列表框的空白处右击，在弹出的快捷菜单中选择"新的警报设置"命令来新建警报文件。然后，在新警报的属性对话框中，添加警报所需要的计数器、设置其阀值，还可以指定当警报发生时向某台计算机发送信息、执行某个文件等内容。

（4）实时监视内存管理性能参数

对虚拟内存页面交换文件大小的设置，用户可以先通过性能监视器来查看内存的各项参数，然后分析实际需要来加以确定。实时监视内存性能参数的方法如下：

选择"性能"窗口中的"系统监视器"选项，添加性能对象 Memory 中的 Page Faults/sec、Pages Input/sec、Pages Output/sec、Pages/sec、Page Reads/sec、Page Writes/sec 等计数器进行监视。这几项参数的含义如下：

① Page Faults/sec：是指处理器处理错误页（即不命中）的综合速率，用每秒处理的错误页数来计算。该计数器包括硬错误（需要磁盘访问的错误页）和软错误（在物理内存的其他地方找到的错误页），其值过大会明显降低系统速度和效率。

② Pages Input/sec：是指为解决页错误从磁盘上读取的页数，即当 CPU 访问的页面不在物理内存时，需要从磁盘上检索并调入的硬错误数量。

③ Pages Output/sec：是指为解决页错误而调出并回写到磁盘上的页数。

④ Pages/sec：是指为解析硬错误从磁盘读取或写入磁盘的页数，即为 Pages Input/sec 与 Pages Output/sec 的总和。该计数器值推荐为 00～20，其值越低，表明访问磁盘页面数越少，系统响应请求的速度也就越快。如果该值一直很高（大于 80），则表明系统访问磁盘的数量过多，可考虑增加内存容量或优化内存管理。

⑤ Page Reads/sec：是指为解决硬页错误而读取磁盘的次数。该计数器的值越小越好，其阀值是>5，如果持续保持为 5，表示内存可能不足。

⑥ Page Writes/sec：是指为解决硬页错误而写回磁盘的次数。

（5）系统瓶颈

用户往往希望所使用的仪器及设备的性能处于最佳状态，这对计算机使用者也不例外。对计算机来说，造成性能问题最重要的原因是"系统瓶颈"，它通常指用户的系统资源中速度最慢的那一部分。"系统瓶颈"将是影响系统性能的一个重要因素。最常见的瓶颈是内存、处理器、磁盘等，以下就这三大瓶颈分别作简单介绍。

① 内存瓶颈：要解决内存瓶颈，不能只考虑计算机的物理内存，同时还应考虑一些相关的问题，如分页文件等。分页文件指的是块区域，系统把该区域作为 RAM 使用，即虚拟内存。内存瓶颈的存在主要由以下性能计数器来确定。

- Memory 可用字节数（Available Bytes）。该计数器用时于显示总的可用内存空间。任何情况下，系统的 RAM 空间不应少于 4 MB。RAM 空间越大，计算机的效率将会越高。
- Memory 委托字节数（Committed Bytes）。该计数器显示系统正在使用的总的内存空间。该值越小，说明系统的性能越好。
- Memory 每秒分页（Pages/sec）。该计数器显示了系统在某一时刻正在处理的内分页数。该值越小，说明系统的性能越好，其范围是 1～20。
- Memory 非分页缓冲池字节数（Pool Nonpaged Bytes）。该计数器显示不能写到磁盘中的数据信息。该值的大小依赖于系统运行的应用程序的多少，应避免该数值过大或过小，一般应是一个相对稳定的图表。

② 处理器瓶颈：处理器瓶颈的存在主要由以下性能计数器来确定：

- Processor%特权时间（Privileged）。该计数器指出处理器的内核模式进程中所花费的时间。计数器中看到的数值应小于 75%（该数值指占用处理器时间百分比）。该值越小，说明系统的性能越好。
- Processor%处理器时间（Processor Time）。该计数器指出处理器被占用的总的时间。处理器的持续使用率应该小于 75%，如果处理器处于高的使用率，则说明系统的性能存在问题，CPU 可能需要升级。
- Processor%用户时间（User Time）。该计数器指出是处理器在用户应用程序中占用的时间，即执行用户进程所用时间的百分比。
- Processor 每秒中断次数（Interrupts/sec）。该计数器指出处理器接收到总的中断次数。该值越小越好。
- System 处理器队列长度（Processor Queue length）。该计数器指出进程中正在准备运行的线程的数量。它应该是一个相对较小的值。
- Server Work Queue 队列长度（Queue length）。该计数器指出处理器队列中请求的总数量。它应该是一个相对较小的值。

③ 磁盘系统瓶颈。对于磁盘系统瓶颈除了要考虑计算机上的驱动器的容量，同时还应考虑磁盘的控制卡以及磁盘缓冲区。用户首先应对自己使用的磁盘硬件进行仔细考察，选择性能好、可靠性高的硬盘和控制卡，然后再用下列计数器来定期地检查磁盘的系统性能。

- Physical Disk%磁盘时间（Disk Time ）。该计数器帮助用户确定磁盘系统是否能够胜任所有的工作。经过一段时间评测之后，如果发现计数器的值一直超过 50%，此时应该考虑升级磁盘系统。该值越小越好。
- Physical Disk 每次传送的平均字节数（Avg.Disk Bytes/transfer）。该计数器的值代表从磁盘读取的或写入磁盘的平均字节数。该值完全依赖于用户所使用的磁盘系统，值越大越好。
- Physical Disk 每秒传送字节数（Disk Bytes/esc）。该计数器可查看每秒从磁盘读取或写入磁盘的字节量。该计数器的值越高，说明系统的效率越高。该计数器的值完全取决于用户所使用的磁盘系统。
- Physical Disk 磁盘队列长度（Disk Queue Length）。该计数器的值指出磁盘尚未处理的 I/O 请求的数量。

3．实训操作

操作 利用系统监视器监视系统的性能

对计算机用户来说，最重要的任务之一就是要经常对自己所使用的计算机进行调整和优化，使其处于最佳状态。Windows Server 2003 中为用户提供了可以完成此任务的实用程序即性能监视器。

性能监视器是一个图形方式的实用程序，它可用来对计算机的性能进行统计，并将结果显示出来。"性能"管理单元包含两个方面：一是系统监视器，用于实时跟踪和显示系统的性能；二是性能日志和警报，用于记录系统的性能状态和根据设置的警戒值向用户报告信息。性能监视器统计出的性能数据可以以报表的形式或图形的形式显示出来供用户查看。该应用程序不仅可以实时收集计算机的性能数据，还可以捕捉某一特定时刻的数据以备将来查看。

使用"性能监视器"应用程序监视所选择的一个或多个计数器的方法如下：

① 启动"性能监视器"：单击"开始"→"设置"→"控制面板"→"管理工具"，双击

"性能"，找开"性能"窗口，然后选择"性能"窗口中的"系统监视器"选项，即可进入性能监视器窗口，如图 3-38 所示。

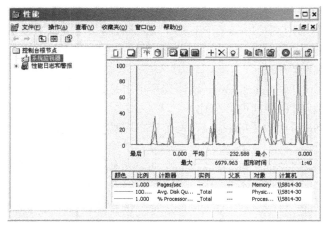

图 3-38 "性能"窗口

② 单击图 3-38 中部工具栏上的"+"按钮，将弹出如图 3-39 所示的"添加计数器"对话框。如果使用本地计算机的计数器，则选中"使用本地计算机计数器"单击按钮；如果使用远程计算机的计数器，则选中"从计算机选择计数器"单选按钮，在下面的下拉列表框中，输入要监视的计算机的名字或从下拉列表中选择。

③ 单击"性能对象"下拉列表框，选择要监视的对象。

④ 选中"从列表选择计数器"单按钮钮，在下拉列表框中选择要监视的计数器，再选中"从列表选择实例"单选按钮。

⑤ 单击"添加"按钮。

⑥ 重复②～⑤步，添加其他的计数器。

⑦ 添加完毕，单击"关闭"按钮返回。

此时，"性能"窗口会出现一个绘制了用户所选计数器的图表。

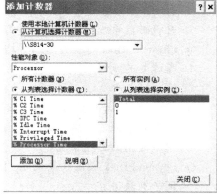

图 3-39 "添加计数器"对话框

4．实训思考

① 启动性能监视器，熟悉性能监视器窗口工具栏中的每个按钮的功能。

② 添加计数器%Processor Time。监视其实时活动的情况。

③ 清除实训思考②中的显示，启动某个应用程序，观察计数器%Processor Time 的实时活动情况。

④ 在启动及未启动画图应用程序的情况下，同时监视器对象的计数器%Processor Time、%User Time 及内存对象的计数器 Available Bytes 的实时活动情况。

⑤ 监视 Objects 对象中的进程（Processes）和线程（Threads）的实时活动情况。

⑥ 用性能监视器观察所使用的计算机的处理器性能。

⑦ 用性能监视器观察所使用的计算机的内存性能。

⑧ 用性能监视器观察所使用的计算机的磁盘性能。

⑨ 性能监视器统计出的性能数据可以以哪几种方式显示？

⑩ 何谓"对象"，何谓"计数器"，为何引入它们？

⑪ 内存瓶颈由哪些性能计数器来确定，读者使用的计算机是否存在内存瓶颈？

⑫ 处理器瓶颈由哪些性能计数器来确定，读者使用的计算机是否存在处理器瓶颈？

⑬ 磁盘瓶颈由哪些性能计数器来确定，读者使用的计算机是否存在磁盘瓶颈？

实训 2　Windows Server 2003 的存储管理

1．实训目的

了解 Windows 系统的存储管理方法，结合虚拟存储器的实现原理，掌握虚拟存储器容量的调整方法。

2．实训预备

Windows Server 2003 系统采用请求调页存储管理方式，并使用预调页策略。对于 Windows 32 位文件系统，最多可以访问寻址 4 GB 的内存空间，操作系统为应用程序提供了 2 GB 的内存范围，同时为自己保留了 2 GB 的内存范围。但实际还达不到这么多。从提高系统的速度、性能角度来讲，当然内存越大越好，但内存大到一定程度后，如果计算机其他资源性能指标跟不上，那么，再增加内存，其作用也不明显，这等于内存资源的浪费。内存的大小可根据计算机系统实际用途来确定，一些大型程序、图形图像软件、媒体工具、游戏及常驻内存程序，如 ICQ 网络寻呼机、病毒防火墙、系统工具等，均占用较大内存。

虚拟存储器是实现利用小容量主存运行大规模程序的有效方法，它把辅存当作主存使用，将主存和辅存看成一个整体而统一编址，形成一个庞大的存储空间，从而解决了对存储器大容量和低成本要求之间的矛盾。

内存空间和作业空间都划分为 4 KB 大小的页面。每个进程都有 4 GB 大小的虚拟内存空间可以寻址（因为 32 位系统可以使用 00000000H～FFFFFFFFH 的地址范围）。其中，低 2GB（00000000H～7FFFFFFFH）是用户进程可以使用的虚拟地址空间；高 2 GB（80000000H～FFFFFFFFH)是保留给系统使用的虚拟地址空间。Windows 系统在用户的硬盘上使用一个特殊的文件，称为虚拟内存交换文件或页面文件，并通过它来实现虚拟地址和物理地址之间的映射。当 CPU 访问的虚拟地址单元不在内存时，系统就会把访问单元所在的页面从硬盘调入内存，并把该页中的虚拟地址转换成实际的物理地址。

在设置虚拟内存时，右击"我的电脑"图标，在弹出的快捷菜单中选择"属性"命令，弹出"系统属性"对话框，选择"高级"标签，单击"性能"选项组中的"初始大小"按钮，在弹出的对话框中的"虚拟内存"区域中单击"更改"按钮。"驱动器"一般选有较大剩余空间的分区，"初始大小"取上述数据结果稍大的整数。"最大值"可设置为硬盘分区最大剩余空间。

虽然可以使用硬盘来虚拟内存，扩大资源，但硬盘速度毕竟比真正的物理内存慢许多。当调用或运行一个大型应用程序，速度很慢时，要当心出现内存不足的错误。要启用系统监视器，随时监测内存使用情况。

如果系统可用内存不多，就要注意释放内存。释放内存最简单有效的办法就是重新启动计算机，也可以使用【Ctrl+Alt+Del】组合键弹出"任务管理器"对话框，选择其中的程序。强行结束任务。另外，如果剪贴板储存了一幅图像，也会较多占用内存空间，可在菜单中选择"视图"→"工具栏"→"剪贴板"命令，出现剪贴板工具栏，单击"清空剪贴板"按钮，即可清除剪贴板中的图像。随时删除一些临时性文件，或在浏览器的选项中选择退出浏览器时清空临时文件夹；定期杀毒，因为病毒会占用计算机内存，造成计算机资源下降。

如果计算机在启动自检过程中，发出不间断的长"嘟"声，说明系统没有检测到内存，或内存芯片有问题，可以关闭电源，打开机箱，取出内存条，清除其表面浮灰及氧化产生的铜锈，再安装好，对直插式的两头都要插到位，重新开机试验，如还不正常，可更换内存。

3．实训操作

操作一　调整页面文件大小

在 Windows 系统中，硬盘和内存之间进行交换的页面文件大小一般是实际内存容量的 1.5～3 倍，用户可以根据实际需要进行适当调整。设置页面文件大小的方法是：右击桌面上 "我的电脑"图标，在弹出的快捷菜单中选择"属性"命令，弹出"系统属性"对话框；然后切换到"高级"选项卡，如图 3-40 所示。单击"设置"按钮弹出如图 3-41 所示的"性能选项"对话框。在"高级"选项卡的"虚拟内存"选项组中显示了当前所有驱动器页面文件大小的总数，单击"更改"按钮，弹出如图 3-42 所示的"虚拟内存"对话框，从中可以调整页面文件所在的驱动器、页面文件的初始大小和最大值。

图 3-40 "系统属性"对话框的"高级"选项卡

图 3-41 "性能选项"对话框

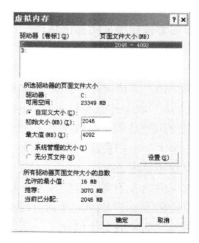

图 3-42 "虚拟内存"对话框

操作二　量身定制虚拟内存

① 普通设置法。根据一般的设置方法，虚拟内存交换文件最小值、最大值同时都可设为内存容量的 1.5 倍，但如果内存本身容量比较大，如内存是 2 GB，那么它占用的空间也是很可观的。所以可这样设定虚拟内存的基本数值：内存容量在 1 GB 以下，就设置为 1.5 倍；在 2 GB 以上，设置为内存容量的一半；介于 1 GB 与 2 GB 之间的设为与内存容量相同值。

② 精准设置法。由于每个人实际操作的应用程序不可能一样，例如，有些人要运行 3ds Max、Photoshop 等这样的大型程序，而有些人可能只是打打字、玩些小游戏，所以对虚拟内存的要求并不相同，于是就要因地制宜地精确设置虚拟内存空间的数值。

① 先将虚拟内存自定义的"初始大小""最大值"设为两个相同的数值，如 2050 MB。

② 然后依次打开"控制面板"→"管理工具"→"性能"，在出现的"性能"窗口中，展开左侧栏目中的"性能日志和警报"，选中其下的"计数器日志"，在右侧栏目中空白处右击，选择快键菜单中的"新建日志设置"命令，弹出如图 3-43 所示的"新建日志设置"对话框。

③ 在"新建日志设置"对话框"名称"一栏中填入任意名称，如"虚拟内存测试"，单击"确定"按钮。在弹出的如图 3-44 所示"虚拟内存测试"对话框中单击"添加计数器"按钮进入下一个对话框。

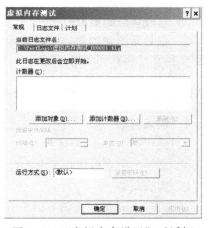

图 3-43　"新建日志设置"对话框　　　　图 3-44　"虚拟内存设置"对话框

④ 在该对话框中打开"性能对象"下拉列表，选择其中的"Paging File"，选中"从列表中选择计数器"，并在下方的栏目中选择"%Usage Peak"；选中"从列表选择实例"，在下方的栏目中选择"_Total"，再依次单击"添加"→"关闭"结束。

⑤ 为了能方便查看日志文件，可右击该日志，在弹出的快捷菜单中选择"属性"命令，在弹出的"虚拟内存测试属性"对话框中打开"日志文件"选项卡，如图 3-45 所示。"日志文件类型"选择"文本文件"，最后单击"确定"按钮即可返回到"性能"窗口。

⑥ 添加完成后，在右侧栏目中可以发现多了一个"虚拟内存测试"项目，如图 3-46 所示。如果该项目为红色则说明还没有启动，右击该项，选择快捷菜单中的"启动"命令即可。

接下来运行常用的一些应用程序，运行一段时间后，进入日志文件所在的系统分区下默认目录"PerfLogs"，找到"虚拟内存测试_000001.csv"并用记事本程序打开它，可查看每一栏中倒数第二项数值，这个数值是虚拟内存的使用比率，找到这项数值的最大值，用最大值乘以 2 050 MB（前面所设定的虚拟内存数值），得出数值为 943MB。用该数值可以将初始大小设为 943 MB，而最大值可以根据磁盘空间大小自由设定，一般建议将它设置为最小值的 2～3 倍。

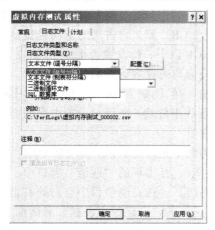

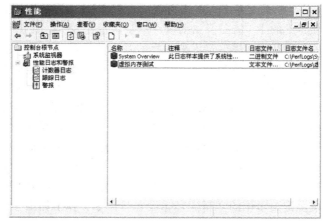

图 3-45 "虚拟内存测试属性"对话框　　　　　图 3-46 "性能"窗口

4. 实训思考

① 打开"虚拟内存"对话框，调整页面文件至合适的大小。

② 修改系统的虚拟内存。

③ 查看系统盘的使用情况和剩余空间，如果系统盘剩余空间有限，可以考虑将虚拟内存页面交换文件调整到其他分区。

实训 3　Linux 中内存交换空间（swap）的构建

1. 实训目的

① 设置一个 swap 分区。

② 创建一个虚拟内存文件。

2. 实训预备

在安装 Linux 时一定需要两个分区。一个是根目录，另外一个就是 swap（内存交换空间）。swap 的功能就是在应付物理内存不足的情况下所造成的内存扩展记录的功能。

一般来说，如果硬件的配备足够的话，那么 swap 应该不会被系统用到，swap 被利用时通常是物理内存不足的情况。从计算机基础知识中，可知 CPU 所读取的数据都来自于内存，当内存不足的时候，为了让后续的程序可以顺利运行，在内存中暂不使用的程序与数据就会被挪到 swap 中。此时内存就会空出来给需要执行的程序加载。由于 swap 用硬盘来暂时放置内存中的信息，所以用到 swap 时，主机硬盘灯就会开始闪个不停。

swap 分区对于目前的桌面计算机来讲，存在的意义已经不大，因为目前主机的内存都很大，至少都有 1 GB 以上。因此在个人使用上不设置 swap 应该也没有什么太大的问题。不过，如果针对服务器或者是工作站这些常年上线的系统来说，那么，无论如何，swap 还是需要创建的。由于不知道何时会有大量来自网络的请求，因此事先最好能够预留一些 swap 来缓冲一下系统的内存用量，至少达到"备而不用"的地步。因为 swap 主要的功能是当物理内存不够时，将某些在内存当中所占的程序暂时移动到 swap 当中，让物理内存可以被需要的程序使用。另外，如果主机支持电源管理模式，Linux 主机系统可以进入"休眠"模式的话，那么，运行当中的程序状态会被记录到 swap 中，以作为"唤醒"主机的状态依据。另外，有某些程序在运行时，本就会利用 swap 的特性来存放一些数据段，所以，swap 还是需要创建的，只是不需要太大。不过，swap 在被创建时，是有限制的。如：在内核 2.4.10 版本以后，单一 swap 已经没有 2 GB 的限制了。但是，最多还是仅能创建 32 个 swap，而且，由于目前 x86_64（64 位）最大内存寻址到 64 GB，因此，swap 总量最大也是仅能达 64 GB。

想象一个情况，假设现在已经将系统创建起来了，此时却发现没有构建 swap，那该如何补救呢？可以使用如下方式来创建 swap 分区。

3．实训操作

使用物理分区构建 swap。下面给出划分新磁盘分区，然后将这个磁盘分区做成 swap 的方法。

（1）分区

使用 fdisk 命令在磁盘中分出一个分区给系统作为 swap。由于 Linux 的 fdisk 命令默认会将分区的 ID 设置为 Linux 的文件系统，所以还要设置一下 system ID。

```
[root@www~]# fdisk  /dev/sda2   （注：根据 Linux 安装方式的不同，此处的设备名也不一样）
Command (m for help) : n
Command action
   e   extended
   p  primary partition(1-4)
```
此时输入 p，显示：
```
Partition number(1-4): 4
First  cylinder  (1-966, default 1):   <==这里按[Enter]键，取默认值 1
Using default value 1
Last cylinder or +size or +sizeMor  +sizeK (1-966, default 966) : <==这里可
```
以按[Enter]键，取默认值 966，或输入所需值，如+256M
```
Command (m for help) ; p
   Device Boot      Start     End     Blocks     Id    System
   dev/hda2p1          1       966    7759363+    83     Linux<==新增的选项
Command (m for help) : t                          <==修改系统 ID
Selected partition 1  //若有多个分区，可以输入要修改的分区编号，例如：
      Partition number  (1-7): 7                    <==七号分区
Hex code (type L to list codes) : 82                      <==改成 swap 的 ID
Changed system type of partition 1 to 82  (Linux swap)
Command (m for help) :p
   Device Boot    Start     End     Blocks     Id    System
/dev/hda2p1          1      966    7759363+     82    Linux swap
Command (m for help) : w                       <==更新分区表
The partition table has been altered!
```
此时已更新分区表。
```
[root@www~]# partprobe
```
这个操作很重要，不要忘记让内核更新分区表。

（2）格式化，构建 swap 格式

利用新建 swap 格式的"mkswap 设备文件名"命令就能够格式化该分区成为 swap 格式。
```
[root@www~]#  mkswap /dev/sda2
Setting up swapspace version 1,  size=7945613kB
```
此时可以通过 free 命令先查看一下内存使用情况。
```
[root@www~]# free
            total      Used      free      shared    buffers   cached
Mem:       742664     684592     58072        0       43820     497144
```

```
-/+ buffers/cache:      143628      599036
Swap:       522104        0         522104
```

以上信息的含义是：本系统有 742 664 KB 的物理内存，使用了 684 592 KB，剩余 58 072 KB，43 820 KB / 497 144 KB 分别用于缓冲/高速缓冲。swap 有 522 104 KB。

（3）使用

最后将该 swap 设备启动，命令为"swapon 设备文件名"。

```
[root@www~]#  swapon  /dev/sda2
```

（4）查看

通过 free 命令查看内存的使用情况。

```
[root@www~]#  free
                 Total      used       free      shared    buffers    cached
Mem:            742664     684712      57952        0       43872     497180
-/+ buffers/cache:  143660    599004
Swap:          8281488       0       8281488
```

此时 swap 分区容量已增加。

```
[root@www~]# swapon -s
Filename        Type          Size       Used     Priority
/dev/sda3       partiton      522104      0        -1
/dev/sda2       partiton      7759384     0        -2
```

此时列出了目前所有使用的 swap 设备。

4．实训思考

请思考还有没有其他办法构建 swap 分区？

习　题　3

一、单项选择题

1. 虚拟存储管理系统的理论依据是程序的（　　　）原理。

　　A. 静态性　　　　　B. 局部性　　　　　C. 创造性　　　　　　D. 可变性

2. 在以下存储管理方案中，不适用于多道程序设计系统的是（　　　）。

　　A. 单用户连续分配　　　　　　　B. 固定式分区分配

　　C. 可变式分区分配　　　　　　　D. 页式存储管理

3. 在可变式分区分配方案中，某一作业完成后，系统收回其主存空间，并与相邻空闲区合并，为此需修改空闲区表，造成空闲区数减 1 的情况是（　　　）。

　　A. 无上邻空闲区，也无下邻空闲区　　B. 有上邻空闲区，但无下邻空闲区

　　C. 有下邻空闲区，但无上邻空闲区　　D. 有上邻空闲区，也有下邻空闲区

4. 下面的（　　　）页面淘汰算法有时会产生异常现象。

　　A. 先进先出　　　B. 最近最少使用　　C. 最不经常使用　　　D. 最佳

5. 系统出现抖动现象的主要原因是由（　　　）引起的。

　　A. 置换算法选择不当　　　　　　B. 交换的信息量太大

　　C. 内存容量不足　　　　　　　　D. 采用页式存储管理策略

6. 虚拟存储器的最大容量是由（　　　）决定的。

　　A. 内外存容量之和　　　　　　　B. 计算机系统的地址结构

　　C. 作业的相对地址空间　　　　　D. 作业的绝对地址空间

7. 在请求分页系统的页表中增加了若干项，其中修改位供（　　　）时参考。

　　A. 分配页面　　　　　B. 置换算法　　　　C. 程序访问　　　　D. 换出页面

8. 下列关于虚拟存储器的论述中，正确的是（　　　）。

　　A. 为提高请求分页系统中内存的利用率，允许用户使用不同大小的页面

　　B. 在虚拟存储器中，为了让更多的作业同时运行，通常只应装入某作业的 10%～20%
后便启动运行

　　C. 由于有了虚拟存储器，于是允许用户使用比内存更大的地址空间

　　D. 实现虚拟存储器的最常用的算法是最佳适应算法 OPT

9. 动态重定位技术依赖于（　　　）。

　　A. 装入程序　　　　B. 重定位寄存器　C. 目标程序　　　　D. 编译程序

10. 通常情况下，（　　　）存储管理方式支持多道程序设计，管理最简单，但内存碎片多。

　　A. 段式　　　　　　B. 页式　　　　　C. 固定分区　　　　D. 可变分区

11. 在请求调页系统中，若逻辑地址中的页号超过页表控制寄存器中的页表长度，则会引
起（　　　）。

　　A. 输入/输出中断　B. 时钟中断　　　C. 越界中断　　　　D. 缺页中断

二、填空题

1. 将作业相对地址空间的相对地址转换成内存中的绝对地址的过程称为_____。

2. 在请求调页系统中，若逻辑地址中的页号超过页表寄存器中的页表长度，则会产生_____。

3. 静态重定位在程序_____时进行，动态重定位在程序_____时进行。

4. 在请求分页的页表中，主要包含的信息有页号、块号、_____、_____、
和外存地址。

5. 在分页系统中为实现地址变换而设置了页表寄存器，其中存放了_____和_____。

6. 把逻辑地址分为页号和页内地址是由_____规定的，故分页的作业地址空间是
_____维的。

7. 分段保护中的越界检查是通过_____中存放的_____和段表中的_____实现的。

三、问答题

1. 为什么要引入动态重定位？如何实现？

2. 在采用首次适应算法回收内存时，可能出现哪几种情况？应怎样处理这些情况？

3. 分页和分段存储管理有何区别？

4. 虚拟存储器有哪些特征？其中最本质的特征是什么？

四、综合题

1. 在一个请求分页系统中采用 LRU 页面置换算法时，假如一个作业的页面走向为 1、3、
2、1、3、5、1、3、2、1、5，当分配给该作业的物理块数 M 分别为 3 和 4 时，试计算在访问
过程中所发生的缺页次数和缺页率，并比较所得结果。

2. 在采用页式存储管理的系统中，作业 J 的逻辑地址空间为 4 页，每页 2 048 字节，且已
知该作业的页面映象为：第 0、1、2、3 页被分别放入第 2、4、6、7 号物理块中，试求出有效
逻辑地址 4865 所对应的物理地址，并画出地址变换机构图。

3. 在一分页存储管理系统中，逻辑地址长度为 16 位，页面大小为 4 096 字节，现有一逻
辑地址为 2F6AH，且第 0、1、2 页依次放在物理块 5、10、11 中，问相应的物理地址为多少？

第**4**章 设备管理

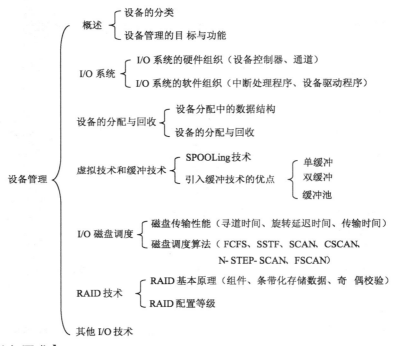
【学习目的与要求】

通过本章的学习，学生可理解并掌握 CPU 与外围设备的数据传输方式与技术，以及数据传输过程中采用的缓冲技术，理解 I/O 进程的控制使用方法。本章学习要求如下：

- 了解设备的分类、设备管理的目标与功能；
- 了解 I/O 系统的软、硬件组织及其输入/输出的控制方式；
- 理解设备分配与回收的过程机制，及其采用的数据结构；
- 掌握虚拟技术和缓冲技术的工作原理和引进意义；
- 了解 RAID 技术和其他 I/O 技术。

计算机系统的一个重要组成部分是 I/O（输入/输出）系统。I/O 系统是用于实现数据输入、输出及数据存储的系统。也就是说，在计算机系统中，除了对处理器、存储器的管理外，还要对输入/输出设备进行有效管理，才能完成操作系统的主要功能。通常把各种外围设备及其接口线路、控制部件与管理软件统称为 I/O 系统。

随着计算机软、硬件技术的飞速发展，各种各样的计算机外设不断出现在人们的生活中，如扫描仪、数码照相机等，同时在多道程序运行环境中要并行处理多个作业的 I/O 请求、对网络设备的使用等，这些都对设备管理提出了更高的要求。因此为了方便用户，提高外围设备的并行程度和利用率，由操作系统对种类繁多、特性和工作方式各异的外设进行统一管理显得极为重要。

4.1　设备管理概述

现代计算机系统中常配有各种各样的设备，常见的有显示器、键盘、打印机、磁盘机、光盘、音频设备、数码照相机、闪盘等。这些设备在性能上存在着很大的差异，这就使设备管理成为操作系统中最繁杂且与硬件关系最密切相关的部分。

4.1.1　设备的分类

I/O 设备的类型繁多，设备的分类可以从设备的使用、操作系统管理以及系统设备与用户设备等不同的角度来进行分类。

1．按使用特性分类

按设备的使用特性来划分，可分为存储设备和输入/输出设备。

（1）存储设备

存储设备又称外存、辅助存储器、后备存储器，用于永久保存用户要用计算机来处理的信息。磁盘、磁带、光盘都属于存储设备。一般地，存储设备既是输入设备，又是输出设备。当用户需要计算机处理存储设备上的数据时，存储设备就作为输入设备向计算机提供数据；当用户把自己所需要的数据由内存保存到存储设备上时，存储设备就是输出设备了。

（2）输入/输出设备

用户通过直接操作输入/输出设备与计算机通信。输入设备是计算机用来接收外部世界信息的设备，如用户从键盘输入命令或数据，从扫描仪输入图像。输出设备是将计算机加工处理的数据送向外部世界的设备，如显示器、打印机等。

2．按传输速率分类

① 低速设备：指传输速率在每秒几字节至几百个字节的设备，如键盘、鼠标等。

② 中速设备：指传输速率在每秒几千字节至几万字节的设备，如激光打印机等。

③ 高速设备：指传输速率在至少几十万字节至几兆字节的设备，如磁带机、磁盘机等。

3．按信息传输单位分类

（1）块设备

这类设备的信息存取总是以数据块为单位。块设备属于有结构设备。典型的块设备是磁盘，每个盘块的大小为 512 B～4 KB。磁盘设备的基本特征是其传输速率较高，通常每秒钟为几 MB；另一特征是可寻址，即对它可随机地读/写任一块。

（2）字符设备

字符设备用于数据的输入和输出，其基本单位是字符，故称为字符设备，如打印机、键盘等。字符设备的每个传输单位——字符是不可寻址的。

4．按资源分配方式分类

（1）独占设备

当有多个并发进程共享某一设备时，只允许一个进程访问的设备称为独占设备，也就是说，独占设备是不允许两个以上的进程同时占有、交替访问的设备。如果有多个并发进程要使用某一独占设备，必须互斥使用，即将该设备分配给一个进程后，便由该进程独占，在其占有期间，即使该设备空闲，也不允许其他进程使用，直到该进程主动释放该设备后，其他进程才可使用。打印机就是一种独占设备。如果两个进程交替使用打印机，就会使两个进程的打印内容混在一起，无法区分，使打印的数据失去意义。由此可见，独占设备的利用率较低。

（2）共享设备

允许多个并发进程交替使用的设备称为共享设备，该类设备没有占有权的问题，只要设备空闲，申请使用的进程就可以使用设备。典型的共享设备是磁盘。

（3）虚拟设备

虚拟设备是指通过虚拟技术将一台独占设备变换为若干台供若干个进程使用的逻辑设备。每个进程被分配到一个逻辑设备，当进程使用该逻辑设备时，必须保证该逻辑设备对应的独占设备处于空闲，否则进程只能等待。可见，虚拟设备是为了提高设备的利用率，希望独占设备被若干进程交替使用（即变成所谓的共享设备）而出现的。

5．按设备的从属关系分类

（1）系统设备

操作系统生成时就纳入系统管理范围的设备就是系统设备，通常也称"标准设备"，如键盘、显示器、磁盘驱动器等。

（2）用户设备

在完成任务过程中，用户特殊需要的设备称为用户设备。由于这些是操作系统生成时未经登记的非标准设备，因此对于用户来说，需要向系统提供使用该设备的有关程序（如设备驱动程序等）；对于系统来说，需要提供接纳这些设备的手段，以便将它们纳入系统的管理。

4.1.2　设备管理的目标与功能

研究设备管理就需要首先知道设备管理实现的目标及为实现该目标而应具备的功能。

1．设备管理的目标

计算机配置操作系统的主要目的，一是为了提高系统资源利用率，二是方便用户使用计算机。设备管理的目标，完全体现了这两点。

① 提高外围设备的利用率。在多道程序设计环境下，外围设备的数量肯定少于用户进程数，竞争不可避免。因此在系统运行过程中，如何合理地分配外围设备，协调它们之间的关系，如何充分发挥外围设备之间、外围设备与 CPU 之间的并行工作能力，使系统中的各种设备尽可能地处于忙碌状态，显然是一个非常重要的问题。

② 为用户提供方便、统一的使用界面。"界面"是用户与设备进行交流的手段。计算机系统配备的外围设备类型多样，特性不一，操作各异。操作系统必须把各种外围设备的物理特性隐藏起来，也必须把各种外围设备的操作方式隐藏起来，这样，用户使用时才会感觉到方便，统一。

2. 设备管理的功能

要达到上述的两个目标，设备管理必须具有如下功能：

① 提供一组 I/O 命令，以便用户进程能够在程序中发出所需要的 I/O 请求，这就是用户使用外围设备的"界面"。

② 进行设备的分配与回收。在多道程序设计环境下，多个用户进程可能会同时对某一类设备提出使用请求。设备管理软件应该根据一定的算法，决定把设备具体分配给哪个进程使用，对那些提出设备请求但暂时未分配设备的进程，应该进行管理（如组成设备请求队列），按一定次序等待。当某设备使用完毕后，设备管理软件应该及时将设备收回。如果有用户进程在等待该设备，还要再进行分配。

③ 对缓冲区的管理。一般来说，CPU 的执行速度、访问内存储器的速度都比较高，而外围设备的数据传输速度则相对很低，从而产生高速 CPU 与低速 I/O 设备之间速度不匹配的矛盾。为了解决这种矛盾，系统往往在内存中开辟一些区域称为"缓冲区"，CPU 和 I/O 设备都通过这种缓冲区传送数据，以使设备与设备之间、设备与 CPU 之间的工作得以协调。在设备管理中，操作系统有专门的软件对这种缓冲区进行管理、分配与回收。

④ 实现真正的 I/O 操作。用户进程在程序中使用了设备管理提供的 I/O 命令后，设备管理就要按照用户的具体请求，启动设备，通过不同的设备驱动程序，进行实际的 I/O 操作。I/O 操作完成之后，将结果通知用户进程。

4.2　I/O　系　统

随着计算机技术的飞速发展，外围设备的种类越来越多，如果还让 CPU 来管理众多的输入/输出操作，必然会严重影响系统效率。因此，广泛使用 DMA 和通道技术来减轻 CPU 的负担，提高输入/输出效率。在硬件发展的同时，软件也在不断地更新。本节主要介绍输入/输出系统的硬件组织和软件组织以及 I/O 控制方式等内容。

4.2.1　I/O 系统的硬件组织

1. 设备控制器

通常，设备并不直接与 CPU 进行通信，而是与设备控制器通信。设备控制器是 I/O 设备中的电子部件，在个人计算机中它常常是一块可以插入主板扩展槽的印制电路板，又称接口卡，而设备本身则是 I/O 设备的另一组成部分—机械部分。操作系统一般不直接与设备打交道，而是把指令直接发送到设备控制器中。

为了实现设备的通用性和互换性，设备控制器和设备之间应采用标准接口，如 SCSI（小型计算机系统接口）或 IDE（集成设备电子器件）接口。设备控制器上一般都有一个接线器可以通过电缆和标准接口相连接，它可以控制 2 个、4 个或 8 个同类设备。对于个人计算机和小型计算机系统来说，由于它们的 I/O 系统比较简单，所以 CPU 与设备控制器之间的通信采用单总线模型。单总线型 I/O 系统结构如图 4-1 所示。

设备控制器是 CPU 与 I/O 设备之间的接口，它接收从 CPU 发来的命令，并控制 I/O 设备工作，使处理器从繁杂的设备控制事务中解脱出来。设备控制器是一个可编址设备，当它仅控制一个设备时，只有一个唯一的设备地址，若连接多个设备，则具有多个设备地址，使每一个地址对应一个设备。

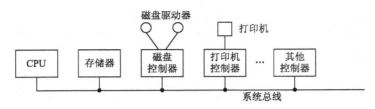

图 4-1 单总线型 I/O 系统结构

（1）设备控制器的功能

① 接收和识别命令。CPU 会向设备控制器发送多种命令，这时它应该能够接收并识别这些命令。为此，在设备控制器中应设置相应的控制寄存器，用来存放接收的命令和参数，并对接收的命令进行译码。

② 实现 CPU 与设备控制器、设备控制器与设备间的数据交换。为此，在设备控制器中需设置数据寄存器。

③ 随时让 CPU 了解设备状态。在设备控制器中设置一个状态寄存器，用其中的每一位来反映设备的某一种状态。

④ 识别设备地址。系统中的每一个设备都有一个地址，而设备控制器又必须能够识别它所控制的每个设备的地址。另外，为使 CPU 能向寄存器中写入或从寄存器中读出数据，这些寄存器应具有唯一地址。这样设备控制器为了能正确识别这些地址应配置地址译码器。

（2）设备控制器的组成

由于设备控制器处于 CPU 和设备之间，既要与 CPU 通信，又要与设备通信，所以还应具有按照 CPU 所发来的命令去控制设备操作的功能。因此大多数设备控制器由以下 3 个部分组成。

① 设备控制器与 CPU 的接口。该接口用于实现设备控制器与 CPU 之间的通信，其中有 3 类信号线：数据线、地址线和控制线。数据线通常与两类寄存器相连接：数据寄存器和控制/状态寄存器。

② 设备控制器与设备的接口。在一个设备控制器上可以连接一台或多台设备。相应地，在设备控制器中就有一个或多个设备接口，一个接口连接一台设备，在每个接口中都有 3 种类型的信号：数据信号、控制信号和状态信号。具体接口模型如图 4-2 所示。

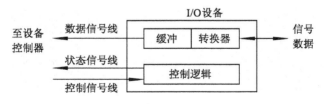

图 4-2 设备控制器与设备的接口模型

③ I/O 逻辑。它用于对 I/O 进行控制，通过一组控制线与 CPU 交互。CPU 利用 I/O 逻辑向设备控制器发送命令，I/O 逻辑对接收到的命令进行译码。每当 CPU 要启动一个设备时，一方面将启动命令送给设备控制器，另一方面又同时通过地址线把地址送给设备控制器。由设备控制器的 I/O 逻辑对收到的地址进行译码，再根据译出的命令对所选的设备进行控制。

设备控制器的组成如图 4-3 所示。

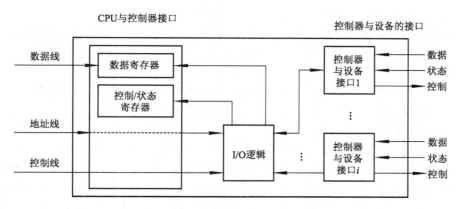

图 4-3 设备控制器的组成

2. 通道

当主机配置的外围设备很多时，仅有设备控制器是远远不够的，CPU 的负担依然很重，于是在 CPU 和设备控制器之间又增设了通道，这样可使一些原来由 CPU 处理的 I/O 任务转由通道来承担，从而把 CPU 从繁杂的 I/O 任务中解脱出来，提高系统的工作效率。

（1）通道及通道与 CPU 间的通信

通道又称 I/O 处理器，是一个独立于 CPU 的专管输入/输出控制的处理器，控制设备与内存直接进行数据交换。通道具有执行 I/O 指令的功能，并通过执行通道程序来控制 I/O 操作。但 I/O 通道又与一般的处理器不同：一方面是其指令类型单一，由于通道硬件较简单，执行的指令也只是与 I/O 操作有关的指令；另一方面是通道没有自己的内存，它所执行的通道程序存放在主机的内存中，即通道与 CPU 共享内存。

有了通道之后，CPU 与通道之间的关系是主从关系，CPU 是主设备，通道是从设备。采用通道方式实现数据传输的过程为：当运行的程序要求传输数据时，CPU 向通道发出 I/O 指令，命令通道开始工作，CPU 就可以继续进行其他数据处理；通道接收到 CPU 的 I/O 指令后，从内存中取出相应的通道程序，通过执行通道程序完成 I/O 操作；当 I/O 操作完成（或出错）时，通道以中断方式中断 CPU 正在执行的程序，请求 CPU 的处理。引入通道后的 I/O 系统结构如图 4-4 所示。

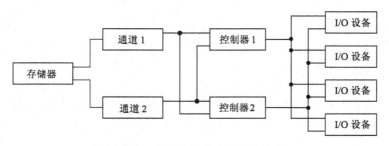

图 4-4 具有通道的 I/O 系统结构

为了实现主机与外围设备的数据传送，系统至少要有一条数据传输路径。当然，从提高效率的观点上看，系统要设多条路径以防止负荷不平衡造成 I/O 狭口，即通常所指的"瓶颈"。从容错角度上看，系统也应当具有替代某些发生故障设备的路径。因此，通常希望系统中的每一台设备连接到两个或更多的设备控制器上，每个控制器连接到两台或更多台的通道设备上，甚至系统配置两台或更多台的处理器构成多条数据传输路径。

由此可见，引入通道技术后，可以实现 CPU 与通道的并行操作。另外，通道之间，以及通道上的外围设备也都能实现并行操作，从而提高系统效率。

（2）通道的类型

通道是用于控制外围设备的，但由于外围设备种类繁多，各自的速率相差很大，因而使得通道也有各种类型，按信息交换方式可分为以下 3 种类型。

① 字节多路通道。

它含有多个非分配型子通道，每个子通道连接一台 I/O 设备，这些子通道以字节为单位按时间片轮转方式共享主通道。每次子通道控制外围设备交换一个字节后，便立即让出字节多路通道，以便让另一个子通道使用。当所有子通道轮转一周后，就又返回来由第一个子通道去使用字节多路通道。但由于它的传送是以字节为单位进行的，要频繁进行通道的切换，因此输入/输出效率不高。它多用来连接低速或中速设备，如打印机等。

图 4-5 所示为字节多路通道工作原理。它所含有的多个子通道 A、B、C、D、…、N、分别通过控制器与一台设备相连。假定这些设备的速率相近，且同时向主机传送数据。设备 A 所传送的数据流为 A_1、A_2、A_3…，设备 B 所传送的数据流为 B_1、B_2、B_3、…，把这些数据流合成后送往主机的数据流为 A_1、B_2、C_1、D_1…，A_2、B_2、C_2、D_2、…。

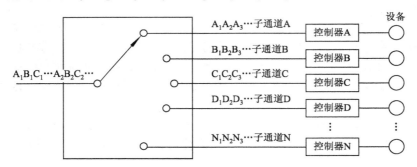

图 4-5　字节多路通道工作原理

② 数组选择通道。

它按成组方式进行数据传送，每次以块为单位传送一批数据，所以传输速度很快，主要用于连接高速外围设备，如磁盘等。但由于它只含有一个分配子通道，在一段时间内只能执行一个通道程序，控制一台设备进行数据传送，致使当某台设备占用了该通道后，便一直独占，直至它传送完毕释放该通道，其他设备才可以使用。可见，这种通道利用率较低。

③ 数组多路通道。

数组选择通道虽然有很高的传输速率，但它每次只允许一个设备传送数据，因此将它的优点和字节多路通道分时并行操作的优点相结合，引入了数组多路通道。它含有多个非分配型子通道，可连接多种高速外围设备，以成组方式进行数据传送，多个通道程序、多种高速外围设备并行操作。这种通道主要用来连接中、高速设备，如磁带等。

数组多路通道先为某一台设备执行一条通道命令，传送一批数据，然后自动地转换为另一台设备执行一条通道命令。由于它在任何一个时刻只能为一台设备服务，类似于选择通道，但它不等整个通道程序执行结束就为另一台设备的通道程序执行指令，又类似于字节多路通道的分时功能。在本质上，数组多路通道相当于通道程序的多道程序设计技术的硬件实现。如果所有的通道程序都只有一条指令，那么数组多路通道就相当于数组选择通道。

4.2.2　I/O 系统的软件组织

前面了解了计算机系统中输入/输出的硬件组织，对设备如何输入/输出已有了初步认识，但要实现具体的输入/输出操作还需要有相应的软件组织。

输入/输出软件的设计目标就是将软件组织成一种层次结构，底层的软件用来屏蔽输入/输出硬件的细节，从而实现上层的设备无关性（即设备独立性），高层软件则主要为用户提供一个统一的、规范的、方便的接口。

为了实现这个目标，操作系统把输入/输出软件组织分成以下层次：中断处理程序、设备驱动程序、与设备无关的 I/O 软件、用户层的输入/输出软件。图 4-6 所示为 4 个层次及每层软件的主要功能，其中箭头表示控制流。

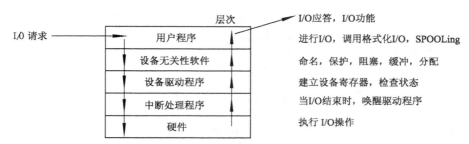

图 4-6　输入/输出软件的层次结构

当用户程序从文件中读一个数据块时，需要通过操作系统来执行此操作。设备无关性软件首先在数据块缓冲区查找此数据块。若未找到，则调用设备驱动程序向硬件提出相应的请求。用户进程随即阻塞，直至数据块读出。当磁盘操作结束时，硬件发出一个中断，它将激活中断处理程序。中断处理程序则从设备获得返回状态值，并唤醒被阻塞的用户进程来结束此次请求，随后用户进程将继续进行。

下面对这 4 个层次自底向上分别进行讨论。

1. 中断处理程序

在设备控制器的控制下，I/O 设备完成 I/O 操作后，设备控制器便向 CPU 发出一个中断请求，CPU 响应后便转向中断处理程序。无论是哪种 I/O 设备，其中断处理程序的处理过程都大体相同。I/O 中断处理的流程如图 4-7 所示，主要有以下几个阶段：

① 检查 CPU 响应中断的条件是否满足。如果有来自中断源的中断请求，并且 CPU 允许中断，则 CPU 响应中断的条件满足，否则中断处理无法进行。

② CPU 响应中断后立即关中断。如果 CPU 响应中断，则它立即关中断，使其不能再次响应其他中断。

③ 保存被中断进程的 CPU 环境。为了在中断处理结束后能使进程正确地返回到断点，系统必须把当前处理的状态字 PSW 和程序计数器 PC 等内容保存在中断保留区（栈）中，对被中断进程的 CPU 现场也要进行保留（将它们压入中断栈中），包含所有的 CPU 寄存器，如段寄存器、通用寄存器等，因为在中断处理时可能会用到这些寄存器。

④ 分析中断原因，转入相应的设备中断处理程序。由处理器对各个中断源进行测试，识别中断类型（例如是磁盘中断，还是时钟中断）和中断的设备号（如哪个磁盘引起的中断），处理优先级最高的中断源发出的中断请求，并发送一个应答信号给发中断请求信号的进程，使之消除该中断请求信号，然后将该中断处理程序的入口地址装入到程序计数器中，使处理器转向中断处理程序。

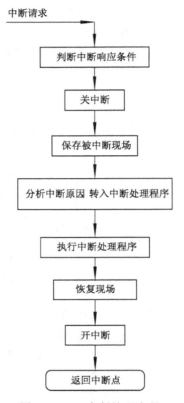

图 4-7　I/O 中断处理流程

⑤ 执行中断处理程序。对不同的设备有不同的中断处理程序。中断处理程序首先从设备控制器中读出设备状态，判断看是否正常完成。如果正常完成，则驱动程序便可做结束处理；如果还有数据要传送，则继续进行传送；如果异常结束，则根据发生异常的原因进行相应的处理。

⑥ 恢复被中断进程的 CPU 现场。当中断处理完成后，便可将保存在中断栈中的被中断进程的现场信息取出，并装入相应的寄存器中。这样当某程序是指令在 N 位置时被中断的，退出中断后，处理器再执行本程序时，便从 $N+1$ 开始，于是便返回了被中断的程序。

⑦ 开中断，CPU 继续执行。I/O 操作完成后，驱动程序必须检查本次 I/O 操作中是否发生了错误，以便向上层软件报告，最终向调用者报告本次执行情况。

2. 设备驱动程序

不同类型的设备应有不同的设备驱动程序。所谓设备驱动程序是指驱动物理设备和 DMA 控制器或 I/O 控制等直接进行 I/O 操作的子程序集合。设备驱动程序主要负责启动指定设备，即负责设置与相关设备有关的寄存器的值，启动设备进行 I/O 操作，指定操作的类型和数据流向等。当然，在启动指定设备之前，还必须完成一些必要的准备工作，如检验设备是否"空闲"等。在完成所有准备工作后，才向设备控制器发送一条启动命令。

系统完成 I/O 请求的具体处理过程是：用户进程发出 I/O 请求→系统接受 I/O 请求→设备驱动程序具体完成 I/O 操作→I/O 完成后，用户进程重新开始执行。图 4-8 所示为 I/O 请求处理过程。

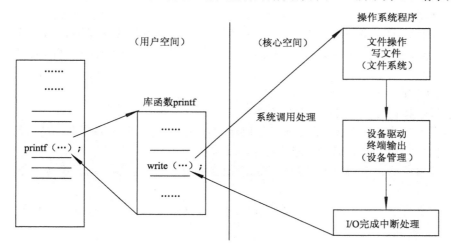

图 4-8　I/O 请求处理过程

下面简要说明此过程，其中重点叙述设备驱动程序的处理过程。

（1）将抽象要求转换为具体要求

通常在每个设备控制器中都含有若干个寄存器，它们分别用于暂存命令、数据和参数等。用户及上层软件对设备控制器的具体情况毫无了解，因而只能向它发出抽象的要求，但这些命令无法传送给设备控制器。因此，就需要将这些抽象的要求转换为具体要求。例如，将抽象要求中的盘块号转换为磁盘的盘面号、磁道号及扇区号。这一转换工作只能由驱动程序来完成，因为在操作系统中只有驱动程序才同时了解抽象要求和设备控制器中的寄存器情况，也只有它才知道命令、数据和参数应分别送往哪个寄存器。

（2）检查 I/O 请求的合法性

对于任何输入设备，都是只能完成一组特定的功能，若该设备不支持这次的 I/O 请求，则认为这次 I/O 请求非法。例如，用户试图请求从打印机输入数据，显然系统应予以拒绝。此外，还有些设备（如磁盘和终端），它们虽然都是既可读又可写的，但若在打开这些设备时规定是只读的，则用户的写请求必然被拒绝。

（3）读出和检查设备状态

在启动某个设备进行 I/O 操作时，其前提条件应是该设备正处于空闲状态。因此在启动设备之前，要从设备控制器的状态寄存器中读出设备的状态。例如，为了向某设备写入数据，此前应先检查该设备是否处于接收就绪状态，仅当它处于接收就绪状态时，才能启动设备控制器，否则只能等待。

（4）传送必要的参数

有许多设备，特别是块设备，除必须向其控制器发出启动命令外，还需传送必要的参数。例如，在启动磁盘进行读/写操作之前，应先将本次要传送的字节数和数据应到达的主存始址送入控制器的相应寄存器中。

（5）启动 I/O 设备

在完成上述准备工作后，驱动程序可以向控制器中的命令寄存器传送相应的控制命令。对于字符设备，若发出的是写命令，驱动程序将把一个数据传送给控制器；若发出的是读命令，则驱动程序等待接收数据，并通过从控制器中的状态寄存器读入状态字的方法，来确定数据是否到达。

（6）I/O 完成

I/O 完成后，由通道（或设备）产生中断信号。CPU 接到中断请求后，如果条件符合，则响应中断，然后转去执行相应的中断处理程序，唤醒因等待 I/O 完成而阻塞的进程，调度用户进程继续运行。

综上所述，设备驱动程序有如下功能：

① 可将接收到的抽象要求转换为具体要求。

② 接受用户的 I/O 请求。设备驱动程序将用户的 I/O 请求排在请求队列的队尾，检查 I/O 请求的合法性，了解 I/O 设备的状态，传递有关参数等。

③ 取出请求队列中的队首请求，将相应设备分配给它。然后启动该设备工作，完成指定的 I/O 操作。

④ 处理来自设备的中断，及时响应由控制器或通道发来的中断请求，并根据其中断类型调用相应的中断程序进行处理。

3．设备无关性软件

（1）设备无关性概念

为了提高操作系统的可扩展性和适应性，人们提出了设备无关性（即设备独立性）的概念；其含义是：用户编写的应用程序独立于具体使用的物理设备，即使设备更换了，应用程序也不用改变。为了实现设备独立性而引入了逻辑设备和物理设备的概念。逻辑设备是实际物理设备属性的抽象，它并不局限于某个具体设备。例如，一台名为 LST 的具有打印机属性的逻辑设备，它可能是 0 号或 1 号打印机，在某些情况下，也可能是显示终端，甚至是一台磁盘的某部分空间（虚拟打印机）。逻辑设备究竟与哪一个具体的物理设备相对应，要由系统根据当时的设备情况来决定，或由用户指定。应用程序使用逻辑设备名来请求使用某类设备，而系统在实际执行时，使用的是物理设备名。当然系统必须具有将逻辑设备名转换成物理设备名的功能。这类似于存储器管理中所介绍的逻辑地址和物理地址的概念。在应用程序中，所使用的是逻辑地址，而系统在分配和使用内存时，必须使用物理地址。

引入设备无关性这一概念，使用户程序可使用逻辑设备名，而不必使用物理设备名。这有以下优点：

① 使设备分配更加灵活。当多用户多进程请求分配设备时，系统可根据设备当时的忙闲情况合理调整逻辑设备名与物理设备名之间的对应情况，以保证设备的独立性。

② 可以实现 I/O 重定向。所谓 I/O 重定向，是指可以更换 I/O 操作的设备而不必改变应用程序。例如，在调试一个应用程序时，可将程序的输出结果送到屏幕上显示，而在程序调试完后，如需正式地将程序运行结果打印出来，即更换输出设备，则只需将 I/O 重定向的数据结构——逻辑设备表中的显示终端改为打印机即可，而不必修改应用程序。

（2）设备无关性软件

设备驱动程序是一个与硬件（或设备）紧密相关的软件。为了实现设备独立性，就必须在驱动程序之上设置一层与设备无关的软件。它提供适用于所有设备的常用 I/O 功能，并向用户层软件提供一个一致的接口。其主要功能如下：

① 向用户层软件提供统一接口。无论哪种设备，它们向用户所提供的接口都相同。例如，对各种设备的读操作，在应用程序中都用 read，而写操作都用 write。

② 设备命名。设备无关性程序负责将设备名映射到相应的设备驱动程序，一个设备名对应一个 i 节点。其中包括主设备号和次设备号。由主设备号可以找到设备驱动程序，由次设备号提供参数给驱动程序，并指定具体的物理设备。

③ 设备维护。操作系统应向各用户赋予不同的设备访问权限，以实现对设备的保护。在 Linux 系统中，对设备提供的保护机制同文件系统一样，采用 RWX 权限机制，由系统管理员为每台设备设置合理的访问权限。

④ 提供一个独立于设备的块。设备无关性软件屏蔽了不同设备使用的数据块大小可能不同的特点，向用户软件提供了统一的逻辑块大小。例如，把若干个扇区作为一个逻辑块，这样用户软件就可以与逻辑块大小相同的抽象设备交互，而不管磁盘物理扇区的大小。

⑤ 对独占设备的分配与回收。有些设备在某一时刻只能由一个进程使用，这就需要操作系统根据对设备的使用要求和忙闲情况来决定是接受还是拒绝请求。对独占设备的分配和回收实际上属于对临界资源的管理。

⑥ 缓冲管理。字符设备和块设备都用到缓冲技术。对于块设备读写以块为单位进行，但用户可以读/写任意大小的数据块。如果用户写半个块，操作系统将在内部利用缓冲管理技术保留这些数据，直到其他数据到齐后才一次性将这些数据写到块设备上。对于字符设备，用户向系统写数据的速度可能比向设备输出的速度快，所以也需要缓冲。

⑦ 差错控制。由于 I/O 操作中的绝大多数错误都与设备有关，所以主要由设备驱动程序来处理，而与设备无关的软件只处理那些设备驱动程序无法处理的错误。例如，一种典型的错误是磁盘块受损导致不能读/写，驱动程序在尝试若干次读/写操作失败后，就向设备无关性软件报错。

4. 用户层的 I/O 软件

用户层的 I/O 软件是 I/O 系统软件的最上层软件，负责与用户和设备无关的 I/O 软件进行通信，即它面向程序员，当接收到用户的 I/O 指令后，把具体的请求发送到设备无关的 I/O 软件，进行进一步的处理。它主要包含用于 I/O 操作的库例程和 SPOOLing 系统。

大部分 I/O 软件属于操作系统，但也有一小部分是和用户程序链接在一起的库例程，甚至是核心外运行的完整程序。例如，write 是写文件的系统调用，由它调用的库函数 write（）将和用户程序连在一起，放在可执行程序中。对软盘和磁盘的写操作都是 write（），这两个设备的具体参数完全不同，读/写速度也有很大差异，但用户层的输入/输出软件完全屏蔽了具体的硬件细节，向用户提供统一的接口。

SPOOLing 系统是用户层 I/O 软件的另一个重要类别。它是在多道程序设计中将一台独占设备改造成为共享设备的一种行之有效的技术。在后面的章节中将具体讲述 SPOOLing 技术。

4.2.3 输入/输出控制方式

输入/输出控制方式是随着操作系统的发展而发展的，它经历了几个不同的阶段。

1. 程序 I/O 方式

在早期的计算机系统中，外围设备的输入/输出管理主要采用查询方式。若进程需要使用外围设备进行输入/输出时，首先测试设备状态。当设备状态为"忙碌"时，继续以循环方式进行测试，直至设备"空闲"时，启动设备进行数据传送。这种方式造成的结果是 CPU 的绝大部分时间浪费在等待低速设备的操作上。CPU 除了主动进行测试设备状态以外，无其他方法得知设备的工作情况，只能运行在一个循环程序上，直到设备空闲为止，程序 I/O 方式的流程如图 4-9（a）所示。可见，这是一种低效的 I/O 控制方式。

查询方式可以采用硬件提供的专用 I/O 指令，也可以采取内存操作指令完成。后者将设备地址映射为内存地址空间的一部分，是目前硬件通常提供的 I/O 指令形式，称为内存映射 I/O。

2. 中断驱动方式

中断引入之后，设备具有中断 CPU 的能力，使设备与 CPU 可以并行。处理器代表进程向相应设备发出 I/O 请求，然后仍返回中断处继续执行原来的任务。当 I/O 完成时，设备产生中断信号，CPU 进行中断处理，如果进程等待的 I/O 操作完成，则将进程唤醒，然后 CPU 继续执行被中断的程序，其流程如图 4-9（b）所示。

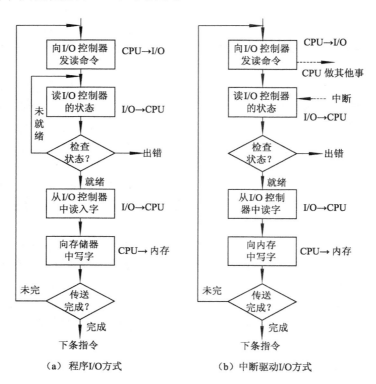

（a）程序I/O方式　　　　（b）中断驱动I/O方式

图 4-9　输入/输出控制方式

中断模式使设备与 CPU 可以并行，但对于不少设备而言每传输一个字节就会产生一次中断，当设备较多时对 CPU 的中断打扰很多。另外，中断伴随处理器状态的切换，增加了系统开销。为使 CPU 从繁重的 I/O 操作中解脱出来，集中处理计算工作，产生了专门负责 I/O 操作的通道技术。通道造价比较高，主要用在大型和中小型计算机系统中。在微计算机系统中流行的 DMA 技术借鉴了通道技术的思想，但其 I/O 控制功能和造价与通道有很大差别。

与查询方式一样，中断驱动 I/O 方式既可以采用硬件提供的专用 I/O 指令，也可以采用内存映射 I/O 指令完成。

3. DMA 方式

DMA 是直接存储器访问（Direct Memory Access）的英文缩写。在 DMA 控制方式中，数据传送可以绕过处理器，直接利用 DMA 控制器实现内存和外围设备的数据交换。每交换一次，可传送一个数据块。因此，这是一种效率很高的传输方式。

图 4-10 所示为 DMA 控制器组成示意图。DMA 控制器由三部分组成：主机与 DMA 控制器的接口，DMA 控制器与块设备的接口，I/O 控制逻辑。这里主要介绍主机与 DMA 控制器之间的接口。

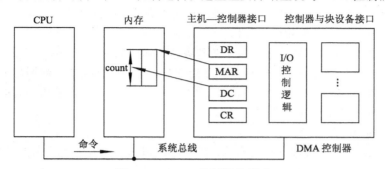

图 4-10　DMA 控制器的组成

为了实现在主机与控制器之间成块数据的直接交换，必须在 DMA 控制器中设置 4 类寄存器。

① 命令/状态寄存器 CR：用于接收从 CPU 发来的 I/O 命令或有关控制信息，或设备的状态。

② 内存地址寄存器 MAR：在输入时，它存放把数据从设备传送到内存的起始目标地址；在输出时，它存放由内存到设备的内存源地址。

③ 数据寄存器 DR：用于暂存从设备到内存或从内存到设备的数据。

④ 数据计数器 DC：存放本次 CPU 要读或写的字节数。

当进程要从某台外围设备读入一个数据块时，处理器便向 DMA 控制器发送本次传送数据的内存地址，存放于 DMA 控制器的地址寄存器 MAR 内。处理器还要向 DMA 控制器发送本次数据传送的数量，存于 DMA 控制器的计数器 DC 中。此外，访问磁盘的地址也将发送至 DMA 控制器，存于 I/O 控制逻辑内，最后再发出一条启动 DMA 的指令进行数据传输。DMA 启动起来后，通过挪用总线周期的方式进行数据传送。DMA 方式工作流程如图 4-11 所示。执行步骤为：

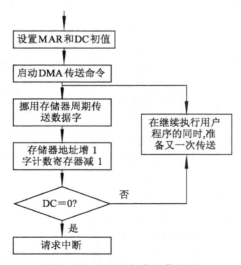

图 4-11　DMA 方式工作流程

① 从磁盘读出一个字节数据，送入数据寄存器 DR 中暂存。

② 挪用一个系统总线周期（即内存周期），将该字节送到地址寄存器指示的内存单元中去。

③ 地址寄存器 MAR 自动加 1，同时让计数器 DC 减 1。

④ 若计数器的值不为 0，表示磁盘读操作尚未结束，步骤转① 准备接收下一个字节数据。

⑤ 若计数器的值为 0，表示磁盘读操作结束。DMA 控制器向处理器发出中断信号。

⑥ 处理器接到 DMA 发来的中断信号后，转入相应的中断处理程序，读 DMA 的状态，判断本次传送是否成功。依此作相应的处理。

目前，许多 DMA 中设有数据缓冲区来缓和数据传输中的速度不匹配。例如，在用 DMA 控制的磁盘存储系统中，磁盘一旦开始传输，无论 DMA 是否作好准备，数据流都以恒速从磁盘设备传来。如果总线正忙，DMA 不能成功地挪用总线，可能出现数据丢失。而配置了缓冲区的 DMA，对时间的要求就不会那么苛刻。

DMA 方式与中断方式存在如下区别：

① 中断方式是在数据缓冲寄存器满后，发出中断请求，CPU 进行中断处理的；DMA 方式则是在所要求传送的数据块全部传送结束时要求 CPU 进行中断处理的，大大减少了 CPU 进行中断处理的次数。

② 中断方式的数据传送是由 CPU 控制完成的，而 DMA 方式是在 DMA 控制器的控制下不经过 CPU 控制而完成的。

4. 通道控制方式

通道是继 DMA 之后，让处理器摆脱 I/O 操作的又一项发明。通道方式可以进一步减少 CPU 的干预，即把 DMA 中以一个数据块的读/写为单位的干预，减少为以一组数据块的读/写及有关控制和管理为单位的干预。同时，又可实现 CPU、通道和 I/O 设备三者的并行操作，从而更有效地提高整个系统的资源利用率。例如，当 CPU 要完成一组相关的读（或写）操作及有关控制时，只需向 I/O 通道发送一条指令，以给出其所要执行的通道程序的首地址和要访问的 I/O 设备。通道接到该指令后，通过执行通道程序便可完成 CPU 指定的 I/O 任务。

通道是通过执行通道程序，并与设备控制器共同实现对 I/O 设备的控制的。通道程序是由一系列通道指令（或称为通道命令）所构成的。通道工作过程如图 4-12 所示。

通道指令与一般的机器指令不同，在它的每条指令中都包含下列信息：

① 操作码。它规定了指令所执行的操作，如读、写、控制等操作。

② 内存地址。标明字符送入内存（读操作）和从内存取出（写操作）时的内存首址。

③ 计数。表示本条指令所要读（或写）数据的字节数。

④ 通道程序结束位 P。用于表示通道程序是否结束。P=1 表示本条指令是通道程序的最后一条指令。

⑤ 记录结束标志 R。R=0 表示本通道指令与下一条指令所处理的数据是同属于一个记录；R=1 表示这是处理某记录的最后一条指令。表 4-1 列出了一个由 6 条通道指令所构成的简单的通道程序。该程序的功能是将内存中不同地址的数据，写成多个记录。

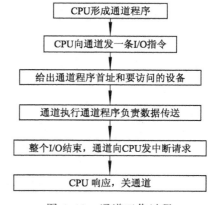

图 4-12　通道工作过程

其中，前 3 条指令是分别将 813～892 单元中的 80 个字符和 1034～1173 单元中的 140 个字符及 5830～5889 单元中的 60 个字符写成一个记录；第 4 条指令是单独写一个具有 300 个字符的记录；第 5、6 条指令写含 500 个字符的记录。

表 4-1 通道程序实例

操 作 码	P	R	计 数	内 存 地 址
WRITE	0	0	80	813
WRITE	0	0	140	1034
WRITE	0	1	60	5830
WRITE	0	1	300	2000
WRITE	0	0	250	1850
WRITE	1	1	250	720

4.3 设备的分配与回收

设备分配是用户对独享设备的使用方式。用户分得一台独享设备后可以自由地使用，直到使用完毕将设备释放为止。当用户请求进行 I/O 操作时，还要分配有关的数据传输通路，也就是分配通道和控制器。

共享设备是允许多个用户交替使用的设备，此类设备不能分给某个用户独占。

4.3.1 设备分配中的数据结构

设备分配中使用的数据结构要取决于系统的硬件配置结构。在进行设备分配时所需的数据结构有：设备控制表、控制器控制表、通道控制表和系统设备表。

图 4-13 给出了设备分配所需的数据结构表。

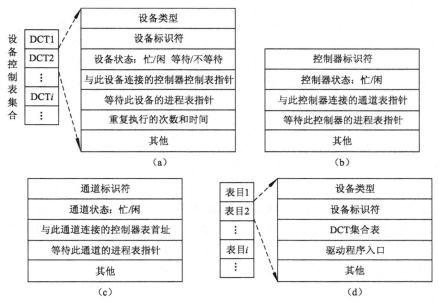

图 4-13 设备分配所需的数据结构

1. 系统设备表（SDT）

这是一个登记系统设备配置情况的表格，用来登记系统拥有的所有设备类型及每种类型设备的配置情况，如图 4-13（d）所示。该表格供设备分配和回收使用，每种设备类型在该表中占用一行，其各字段及其含义如下：

- 设备标识符：系统公布给用户的设备名称（又称逻辑设备名）。
- DCT 指针：指向"设备控制表"的指针。
- 驱动程序入口：每一个设备逻辑名称关联着一类设备，同时也关联着一个设备驱动程序。系统对设备的驱动控制，都要通过相关的驱动程序实现。此处为该类设备的驱动程序入口地址。

2. 设备控制表（DCT）

计算机系统中的所有外围设备不论何种类型，都被登记在这个表格中，每台设备在该表中占用一行，登记该设备的使用情况，如图 4-13（a）所示。其各主要字段及其含义如下：

- 设备类型：本设备属于哪种类型，每台设备只属于一个设备类型。
- 设备标识符：系统赋予物理设备的内部编码，每台设备都有自己的唯一标识，供管理使用。
- 设备属性：登记该设备是独享设备还是共享设备。
- 设备状态：登记独享设备的当前状态是空闲或是忙碌。
- 重复执行次数：是一个常数。表明本设备在数据传送时，若发生故障可重新传送的次数。
- 进程表指针：凡因请求该设备未得以满足的进程，其 PCB 都应按照一定的策略排成一个队列，称为该设备的请求队列，或简称设备队列。任务队列指针指向一个等待使用该设备的任务队列的队首。

3. 控制器控制表（COCT）

为了使输入/输出任务能够顺利进行，还要有一个空闲的控制器和通道。系统要参照控制器控制表（COCT）和通道控制表（CHCT），分配一条数据传输路径。控制器控制表如图 4-13（b）所示，主要字段含义如下：

- 控制器标识：系统为设备控制器命名的内部编码，每个设备控制器都有自己的唯一标识，供系统管理使用。
- 控制器状态：登记本设备控制器当前状态如何，如忙碌/空闲等。
- CHCT 指针：指向"通道控制表"的指针。该指针指明了与本控制器相连接的第一个通道。
- 进程表指针：指向等待本设备进行数据传送的 PCB 队列。

4. 通道控制表（CHCT）

通道控制表如图 4-13（c）所示，主要字段含义如下：

- 通道标识：系统为通道命名的内部编码。每个通道有自己的唯一标识，供系统管理使用。
- 通道状态：登记该通道的当前状态，忙碌/空闲、正常/故障等。
- COCT 指针：指向"控制器控制表"的指针。该指针指明了与本通道相连接的第一个设备控制器。
- 进程表指针：指向等待本设备进行数据传送的 PCB 队列。

4.3.2 设备的分配与回收

当一个进程获得了所需设备、控制器和通道三者后，就具备了进行 I/O 操作的物理条件。但在多进程的系统中，由于进程数多于设备数，必然会引起进程对资源的争夺。所以还需要系统提供一套合理的分配原则和合适的分配算法，各进程才能先后有序地得到所需的资源，系统才能有条不紊地工作。

1. 设备分配原则

根据设备的固有属性（独享、共享还是虚拟）、用户要求和系统配置情况决定设备分配总原则为：既要充分发挥设备的使用效率，又应避免由于不合理的分配方法造成进程死锁，另外还要做到把用户程序与具体物理设备独立开来。即用户程序使用的是逻辑设备，而分配程序将逻辑设备转换成物理设备后，再根据要求的物理设备号进行分配，也就是前面所讲的设备独立性。

设备分配方式有静态分配和动态分配两种。静态分配方式是在用户进程开始执行之前，由系统一次分配给该进程所要求的全部设备、控制器、通道。一旦分配之后，这些资源就一直为该进程所占用，直到该进程被撤销。静态分配方式下不会产生死锁，但资源的使用效率低。因此，静态的分配方式并不符合设备分配的总原则。

动态分配是进程执行过程中根据执行需要分配设备。当进程需要设备时，通过系统调用向系统提出设备请求，由系统按照事先规定的策略给进程分配所需要的设备、控制器和通道，一旦用完之后，便立即释放。动态分配方式有利于提高系统资源利用率，但如果分配算法使用不当，则有可能造成进程死锁。

2. 设备分配算法

设备分配算法就是具体按照什么分配方法将设备分配给进程。对设备的分配算法与进程的调度算法有些相似之处，但它比较简单。一般多采用以下几种算法。

（1）先来先服务分配算法

当有多个进程对同一设备提出 I/O 请求，或者是在同一设备上进行多次 I/O 操作时，系统按照进程对该设备提出请求的先后顺序，将这些进程排成一个设备请求队列，其队首指向被请求设备的 DCT。当设备空闲时，设备分配程序总是把此设备首先分配给设备请求队列的队首进程。

（2）优先级算法

这种算法的设备 I/O 请求队列按请求 I/O 操作的进程优先级的高低排列，高优先级进程排在设备队列的前面，低优先级进程排在队列的后面。当有一个新进程要加入设备请求队列时，并不是简单地把它挂在队尾，而是根据进程的优先级插在适当的位置。这样就能保证在该设备空闲时，系统能从 I/O 请求队列的队首取下一个具有最高优先级的进程，并将设备分配给它。

3. 设备分配程序

下面通过一个具有 I/O 通道系统的例子，来介绍设备分配的过程。当某进程提出 I/O 请求后，系统的设备分配程序可按以下步骤进行设备分配。

（1）分配设备

首先根据 I/O 请求中的物理设备名，查找系统设备表 SDT，从中找出该设备的 DCT，再根据 DCT 中的设备状态字段，可知该设备是否空闲。若忙，便将请求进程的 PCB 挂在请求设备的队列上；否则，便按照一定的分配算法来判断本次分配的安全性。如果不会导致系统进入不安全状态，便将设备分配给请求进程，否则不进行分配。

（2）分配控制器

在系统把设备分配给请求 I/O 的进程后，再到设备的 DCT 中找出与该设备连接的控制器的

COCT。从 COCT 的状态字中可知该控制器是否空闲。若忙，便将请求进程的 PCB 挂在该控制器的等待队列上；否则，便将该控制器分配给进程。

（3）分配通道

在该 COCT 中又可找到与该控制器连接的通道的 CHCT，再根据 CHCT 内的状态信息，可知该通道是否空闲。若忙，便将请求 I/O 的进程挂在该通道的等待队列上；否则，将该通道分配给进程。

只有在设备、控制器和通道三者都分配成功时，这次的设备分配才算成功。然后，便可启动该 I/O 设备进行数据传送。

图 4-14 所示为独占设备的分配流程。

为了获得设备独立性，进程应使用逻辑设备名来请求 I/O 设备。这样系统首先从 SDT 中找出第一个该类设备的 DCT。若该设备忙，又查找第二个该类设备的 DCT，仅当所有该类设备都忙时，才把进程挂在该类设备的等待队列上。

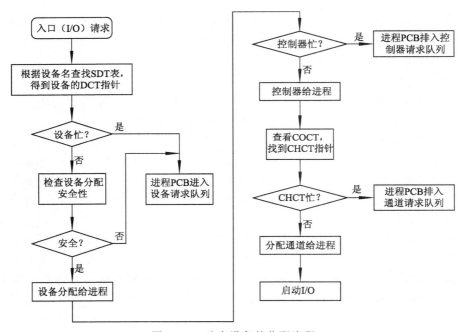

图 4-14 独占设备的分配流程

另外，为了防止在 I/O 系统中出现"瓶颈"现象，通常都采用多通路的 I/O 系统结构。此时对控制器和通道的分配，同样要经过几次反复，即若设备（或控制器）所连接的第一个控制器（或通道）忙时，应查看所连接的第二个控制器（或通道），仅当所有的控制器（或通道）都忙时，此次控制器（或通道）分配才算失败，才把进程挂在控制器（或通道）的等待队列上。而只要有一个控制器（或通道）可用，系统便可将它分配给进程。

4．设备的回收

当某一作业或进程使用完设备后，需释放设备，调用系统释放设备过程，释放所分配的设备。回收设备的过程是：首先修改设备控制表中的设备状态，使之变为可用，并将已释放的设备所建立的数据结构清空。对于独占型设备，除具体释放设备外，若此时设备控制表中的设备分配队列中有等待者，则需要选择一个进程将其唤醒。对于共享设备，只需将设备释放即可。

4.4　虚拟技术和缓冲技术

如前所述，虚拟性是操作系统的四大特征之一。如果说，可以通过多道程序技术将一台物理 CPU 虚拟为多台逻辑 CPU，从而允许多个用户共享一台主机，那么，通过 SPOOLing 便可以将一台物理 I/O 设备虚拟为多台逻辑 I/O 设备，同样允许多个用户共享一台物理 I/O 设备。

4.4.1　SPOOLing 技术

1. 什么是 SPOOLing

为了缓和 CPU 的高速性与 I/O 设备低速性间的矛盾，引入了脱机输入/输出技术。该技术是利用专门的外围控制机，将低速 I/O 设备上的数据传送到高速磁盘上，或者相反。事实上，当系统中引入了多道程序技术后，完全可以利用其中的一道程序，来模拟脱机输入时的外围控制机功能，把低速输入设备上的数据传送到高速磁盘上；再用另一道程序来模拟脱机输出时外围控制机的功能，把数据从磁盘传送到低速输出设备上。这样，便可在主机的直接控制下，实现脱机输入/输出功能。此时的外围操作与 CPU 对数据的处理同时进行，将这种在联机情况下实现的同时外围操作称为 SPOOLing，或称为假脱机操作。

2. SPOOLing 系统的组成

由上所述得知，SPOOLing 技术是对脱机输入/输出系统的模拟。相应地，SPOOLing 系统必须建立在具有多道程序功能的操作系统上，而且还应有高速外存的支持，这通常是采用磁盘存储技术。SPOOLing 系统主要由以下 3 个部分组成。

① 输入井和输出井。这是在磁盘上开辟的两个大存储空间。输入井是模拟脱机输入时的磁盘设备，用于暂存 I/O 设备输入的数据；输出井是模拟脱机输出时的磁盘设备，用于暂存用户程序的输出数据。

② 输入缓冲区和输出缓冲区。为了缓和 CPU 与磁盘之间速度不匹配的矛盾，在内存中要开辟两个缓冲区：输入缓冲区和输出缓冲区。输入缓冲区用于暂存由输入设备送来的数据，以后再传送到输入井。输出缓冲区用于暂存从输出井送来的数据，以后再传送到输出设备。

③ 输入进程 SP_I 和输出进程 SP_O。这里利用两个进程来模拟脱机 I/O 时的外围控制机。其中，进程 SP_I 模拟脱机输入时的外围控制机，将用户要求的数据从输入机通过输入缓冲区再送到输入井，当 CPU 需要输入数据时，直接从输入井读入内存；进程 SP_O 模拟脱机输出时的外围控制机，把用户要求输出的数据，先从内存送到输出井，待输出设备空闲时，再将输出井中的数据经过输出缓冲区送到输出设备上。图 4-15 给出了 SPOOLing 系统的组成。

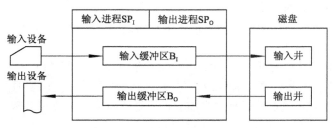

图 4-15　SPOOLing 系统的组成

3. 共享打印机

打印机是经常用到的输出设备，属于独占设备。利用 SPOOLing 技术，可将之改造成为一台可供多个用户共享的设备，从而提高设备的利用率，也方便了用户。共享打印机技术已被广泛地用于多用户系统和局域网络中。当用户进程请求打印输出时，SPOOLing 系统同意为它打印输出，但并不真正立即把打印机分配给该用户进程，而只为它做两件事：一是由输出进程在输出井中为之申请一个空闲磁盘块区，并将要打印的数据送入其中；二是输出进程再为用户进程申请一张空白的用户请求打印表，并将用户的打印要求填入其中，再将该表挂到请求打印队列中。如果还有进程要求打印输出，系统仍可接受请求。

如果打印机空闲，输出进程将从请求打印队列的队首取出一张请求打印表，根据表中的要求将要打印的数据，从输出井传送到内存缓冲区，再由打印机进行打印。打印完成后，输出进程再查看请求打印队列中是否还有等待打印的请求表。若有，再取出队列的队首，并根据其中的要求进行打印，如此下去，直至打印请求队列为空，输出进程才将自己阻塞起来。

SPOOLing 除了用于打印机外，还可以用于在网络上进行文件传输。例如常用的电子邮件系统。Internet 通过许多网络将大量的计算机连在一起，当向某人发送电子邮件时，用户使用某一个程序（如 send），该程序接收到要发送的信件并将其送入一个固定的 SPOOLing 目录下，待以后由守护程序将其取出，然后发送。整个邮件系统是在操作系统之外运行的。

4.4.2　缓冲技术的引入

随着计算机技术的发展，外设也在迅速发展，速度也在不断提高，但它与 CPU 的速度仍相差甚远。CPU 的速度以 ms 甚至 μm 计算，而外围设备一般的处理速度以 ms 甚至 s 计算。这样就出现了 CPU 处理数据的速度与外围设备速度不匹配现象。例如，一般程序都是时而计算，时而进行输入/输出的，当正在计算时，没有数据输出，打印机空闲；当计算结束时产生大量的输出结果，而打印机却因为速度慢，根本来不及在极短的时间内处理这些数据，而使得 CPU 停下来等待。由此可见，系统中各个部件的并行程度仍不能得到充分发挥。

引入缓冲可以改善 CPU 和 I/O 设备之间速度不匹配的情况。在上例中如果设置了缓冲区，则程序输出的数据先送到缓冲区，然后由打印机慢慢输出，那么 CPU 就不必等待，而可以继续执行程序，使 CPU 和打印机得以并行工作。事实上凡是数据输入速率和输出速率不相同的地方都可以设置缓冲区，以改善速度不匹配的情况。

虽然通道技术和中断技术为计算机系统的并行活动提供了强有力的支持，但往往由于通道数量不足而产生瓶颈现象，使得 CPU、通道和 I/O 设备之间的并行能力并未得到充分发挥。因此，缓冲技术的引入还可以减少占用通道的时间，从而缓和瓶颈现象，明显提高 CPU、通道和 I/O 设备的并行程度，提高系统的处理能力和设备的利用率。例如，卡片输入机预先把卡片内容送到内存大约占用通道 60 ms，若设置一个 80 字节的缓冲区，那么卡片机可预先把这张卡片内容送入这个缓冲区里，当启动通道请求读入卡片信息时，便可把缓冲区里的内容高速地送到内存，仅需要约 100 μs 的通道时间。

另外，缓冲技术的引入还可以减少对 CPU 的中断次数，放宽 CPU 对中断的响应时间的限制。例如，从远程终端发来的数据若仅用一位缓冲寄存器来接收，则必须在每收到一位数据后便中断 CPU 一次，而且在下次数据到来之前，必须将缓冲寄存器中的内容取走，否则会丢失数据。但如果调用一个 16 位的缓冲寄存器来接收信息，仅当 16 位都装满时才中断 CPU 一次，从而把中断的频率降低为原来的 1/16。

总之,引入缓冲技术的优点有:① 缓和 CPU 与 I/O 设备之间速度不匹配的矛盾;② 提高 CPU、通道与 I/O 设备间的并行性;③ 减少对 CPU 的中断次数,放宽 CPU 对中断响应时间的要求。

缓冲技术的实现主要是设置合适的缓冲区。缓冲区可以用硬件寄存器来实现缓冲,如打印机等都有这样的缓冲区。它的特点是速度虽然快,但成本很高,容量也不会很大,而且具有专用性,故不多采用。另一种较经济的办法就是设置软缓冲,即在内存中开辟一片区域充当缓冲区,缓冲区的大小一般与盘块的大小一样。缓冲区的个数可根据数据输入/输出的速率和加工处理的速率之间的差异情况来确定。主要有 3 种——单缓冲、双缓冲和缓冲池。

4.4.3　单缓冲

单缓冲指当一个进程发出一个 I/O 请求时,操作系统便在主存中为之分配一个缓冲区,用来临时存放输入/输出数据。它是操作系统提供的一种最简单的缓冲形式。单缓冲的输出情况是:当需要输出的信息很多时,可用一个缓冲区存放部分信息,当输出设备取空此缓冲区后,便产生中断,CPU 处理中断,然后很快又装满缓冲区,启动输出设备继续输出,而 CPU 转去执行其他程序,从而 CPU 与输出设备实现了并行工作。输入设备与 CPU 并行工作的道理也是如此。

由于单缓冲只设置一个缓冲区,那么在某一时刻该缓冲区只能存放输入数据或输出数据,而不能既有输入数据又有输出数据,否则会引起缓冲区中数据的混乱。在单缓冲方式下,输入设备与输出设备的工作情况是:当数据输入缓冲区时,输入设备忙着输入,而输出设备空闲,而当数据从缓冲区中输出时,输出设备忙着输出,而输入设备空闲。对缓冲区来说,信息的输入和输出是串行工作的。单缓冲示意图如图 4-16 所示。

图 4-16　单缓冲示意图

由上述可知,单缓冲只能缓解输入设备、输出设备的速度差异造成的矛盾,不能解决外围设备之间的并行问题。为解决并行问题,必须引入双缓冲。

4.4.4　双缓冲

双缓冲指在操作系统中为某一设备设置两个缓冲区,当一个缓冲区中的数据尚未被处理时可使用另一个缓冲区存放从设备读入的数据,以此来进一步提高 CPU 和外围设备的并行程度。图 4-17 所示为双缓冲示意图,A、B 为两个缓冲区。

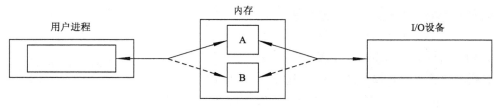

图 4-17　双缓冲示意图

当用户进程要求输入数据时,首先输入设备将数据送往缓冲区 A 中,然后用户进程从缓冲区 A 中取出数据进行计算,此时如果从输入设备又读入一些数据,操作系统将会把数据暂存到缓冲区 B 中，待用户进程处理完 A 中的数据后，从 B 中取数进行计算。与此同时，输入设备又可将数据送往 A，如此交替使用缓冲区 A 和 B，从而更加缓和了 CPU 与外围设备之间的速度差异造成的矛盾，同时它们间的并行程度也进一步提高。当数据输出时与输入情况类似。

另外，双缓冲还实现了外围设备间的并行工作。以读卡机和打印机为例，具体实现过程为首先读卡机将第一张卡片的信息读入缓冲区 A 中，装满后启动打印机打印 A 的内容，同时可以启动读卡机向缓冲区 B 中读入下一张卡片的信息。如果信息的输入和输入速度相同时，那么正好在缓冲区 A 中的内容打印完时，缓冲区 B 也将被装满，然后交换动作，打印缓冲区 B 中的信息，读卡片信息到缓冲区 A 中。如此反复进行，使得读卡机和打印机能够完全并行工作，I/O 设备得到充分利用。

双缓冲与单缓冲相比，虽然比单缓冲方式进一步提高了 CPU 和外设的并行程度，并且能使外围设备并行工作，但是在实际中仍然少用，因为计算机外围设备越来越多，输入/输出工作频繁，使得双缓冲难以匹配 CPU 与设备的速度差异。所以现代计算机多采用多缓冲机制——缓冲池。

4.4.5 缓冲池

缓冲池（Buffer Pool）由内存中的一组缓冲区构成，操作系统与用户进程将轮流使用各个缓冲区，以改善系统性能。但是这里要注意，系统性能并不是随着缓冲区数量的不断增加而无休止地提高，当缓冲区到达一定数量时，对系统性能的提高便微乎其微，甚至会使系统性能下降。缓冲池中的多个缓冲区可供多个进程使用，既可用于输出又可用于输入，是现代操作系统经常采用的一种公用缓冲技术。

1. 缓冲池的组成

缓冲池中的缓冲区一般包含 3 种类型：空闲缓冲区、装满输入数据的缓冲区、装满输出数据的缓冲区。为了管理方便，系统将同一类型的缓冲区连成一个队列，便形成 3 个队列：

① 空闲缓冲区队列 emq：由空闲缓冲区所连成的队列。其队首指针 F（emq）和队尾指针 L（emq）分别指向该队列的首、尾缓冲区。

② 输入队列 inq：由装满输入数据的缓冲区所连成的队列。其队首指针 F（inq）和队尾指针 L（inq）分别指向该队列的首、尾缓冲区。

③ 输出队列 outq：由装满输出数据的缓冲区所连成的队列。其队首指针 F（outq）和队尾指针 L（outq）分别指向该队列的首、尾缓冲区。

除了上述 3 个队列外，还应具有 4 种工作缓冲区：

① 用于收容输入数据的工作缓冲区。

② 用于提取输入数据的工作缓冲区。

③ 用于收容输出数据的工作缓冲区。

④ 用于提取输出数据的工作缓冲区。

2. 缓冲池管理的基本操作 Getbuf 过程和 Putbuf 过程

Getbuf（type）：用于从参数 type 所指定的队列的队首摘下一个缓冲区。

Putbuf（type，number）：用于将由参数 number 所指示的缓冲区挂在 type 队列上。

3. 缓冲池的工作方式

缓冲池工作在收容输入、提取输入、收容输出、提取输出 4 种方式下，如图 4-18 所示。

图 4-18　缓冲池的工作方式

（1）收容输入工作方式

在输入进程需要输入数据时，调用 Getbuf（emq）过程，从空缓冲区队列的队首摘下一个空的缓冲区，把它作为收容输入工作缓冲区 hin。然后，把数据输入其中，装满后再调用 Putbuf（inq，hin）过程，将该缓冲区挂在输入队列的队尾。

（2）提取输入工作方式

当计算进程需要输入数据时，调用 Getbuf（inq）过程，从输入队列的队首取得一个缓冲区作为提取输入工作缓冲区 sin，计算进程从中提取数据进行处理，用完该数据后，再调用 Putbuf（emq，sin）过程，将该缓冲区挂到空缓冲区队列的队尾。

（3）收容输出工作方式

当计算进程需要输出时，调用 Getbuf（emq）过程，从空缓冲队列的队首取得一个空缓冲区，作为收容输出工作缓冲区 hout。当其中装满输出数据后，又调用 Putbuf（outq，hout）过程，将该缓冲区挂在输出队列 outq 的队尾。

（4）提取输出工作方式

当要输出时，由输出进程调用 Getbuf（outq）过程，从输出队列的队首取一个装满输出数据的缓冲区，作为提取输出工作缓冲区 sout。在数据提取完后，再调用 Putbuf（emq，sout）过程，将它挂在空缓冲队区列的队尾。

4.5　I/O 磁盘调度

外围设备的操作速度是很慢的，即使较快的磁盘设备与主机的速度相比也要低 4 个数量级以上。为了解决输入/输出瓶颈，许多研究课题都在致力于如何提高设备的 I/O 速度。常见的措施有：

① 研制更高性能的外围设备，加快读/写速度。

② 设置高速大容量的设备缓冲区。

③ 采用好的 I/O 调度算法。

4.5.1　磁盘传输性能

磁盘设备可包括一个或多个盘片，每个盘片分两面（即一正一反），这些盘片表面涂有磁性材料，形成一组可存储信息的盘面。每个盘面可分成若干条磁道，即以盘片轴为中心的多个同心圆。为了使处理简单，在每条磁道上可存储相同数目的二进制位。磁盘密度即每英寸磁盘所存储的位数，显然是内层磁道的密度较外层磁道的密度高。每条磁道又分成若干个扇区，典型为 10～100 个扇区。每个扇区的大小相当于一个盘块。各扇区之间保留一定的间隙。每个盘面有一个读写磁头，负责盘面内的数据读出和写入。在正常工作时，磁盘以一种稳定的速度旋转着。磁头在磁头臂的拉动下，作径向移动，可对盘面上不同磁道进行访问。每个盘面上的磁道由外向里编号，即最外层的为 0 磁道。

为了在磁盘上存储数据，第一次使用前必须先将磁盘格式化。图 4-19 所示为一个温盘（温切斯特硬盘）中一条磁道格式化的情况。其中每条磁道含有 30 个固定大小的扇区，每个扇区容量为 600 个字节，其中 512 个字节用来存放数据，其余的字节用于存放控制信息。每个扇区包括两个字段。

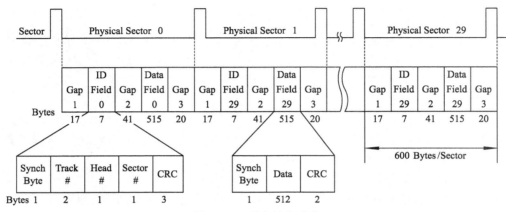

图 4-19　磁盘的格式化

① 标识符字段。其中有一个字节的 Synch 字段，具有特定的位图像，作为该字段的定界符，利用磁道号、磁头号及扇区号来标识一个扇区；CRC 字段用于段校验。

② 数据字段。存储 512 个字节的数据。

图 4-20 是活动磁头的磁盘示意图。在活动磁头系统中，磁盘访问需要将磁头移动到要访问的磁道上。定位磁道所需的时间称为寻道时间。一旦选好磁道，磁盘控制器就开始等待，直到所要的扇区转到磁头下面。通常，将扇区转到磁头处的时间称为旋转延迟。扇区到达磁头处时磁盘控制器就开始工作，对扇区进行读/写。扇区的读/写时间又称数据传输时间。

访盘时间的组成如图 4-21 所示，其中，A 为磁头当前所在位置，阴影部分为要访问的数据所存放的扇区。

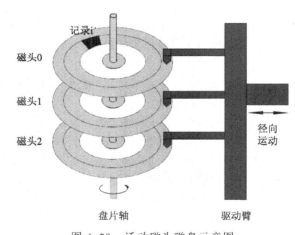

图 4-20　活动磁头磁盘示意图

1. 寻道时间

寻道时间即磁头寻找磁道的时间，即磁头臂作径向移动，最终定位到目标磁道的时间。寻道时间由两部分组成：最初启动时间，以及磁头臂需要横跨磁道的时间。受设备物理性能的限制，启动时间通常为数 ms，而当磁头臂达到一定速度后，平均每跨越一个磁道大约需要数十 μm，乃至 0.1ms 左右。因此，寻道时间 T_s 可按下述计算公式进行估算：

$T_s = s + mn$。

其中：s 是磁盘启动时间；m 是磁头平均跨越一道的时间；n 是跨越的道数。

应当注意，T_s 与 n 并非严格的线性关系，有许多性能因素无法描述，所以这里给出的计算公式只能进行粗略地估算。

图 4-21 中，磁头由位置 A 移动到位置 B 即为寻道时间。

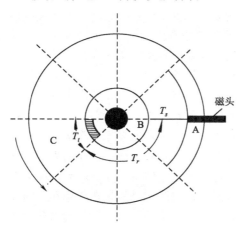

图 4-21　访盘时间的组成

2. 旋转延迟时间

旋转延迟时间是指磁头到达目标磁道以后，需要等待盘片旋转，直到目标扇区到达磁头位置的时间。它主要取决于硬件的性能和制作工艺。目前软盘的转速通常为 300~600 r/min，硬盘转速通常为 7 200～104 r/min。比如，对一台旋转速度为 104 r/min 的硬盘来说，旋转一周的时间大约为 6 ms，平均延迟时间只有 3 ms。

图 4-21 中，盘片旋转，磁头的所在位置由位置 B 变为位置 C 即为旋转延迟时间。

3. 传输时间

传输时间取决于要传输的字节数量、磁表面的存储密度以及盘片的旋转速度。传输时间 T_t 的计算公式为：

$$T_t = \frac{b}{rN}$$

其中，b 为要传输的字节数；N 为一个磁道中能容纳的字节数；r 为盘片旋转速度，单位是转/s。

磁盘访问时间 T 是上述 3 个部分的总和，即

$$T = T_s + \frac{1}{2r} + \frac{b}{rN}$$

由上式可以看出，在访问时间中，寻道时间和旋转延迟时间基本上与所读/写数据的多少无关，而且它通常占据了访问时间中的大部分。例如，假定寻道时间和延迟时间平均为 20 ms，而磁道的传输速率为 10 MB/s，如果要传输 10 KB 数据，此时总的访问时间为 21 ms，可见传输时间所占比例是非常小的。目前磁盘的传输速率已达 100 MB/s 以上，数据传输时间所占的比例更低。可见，适当地集中数据传输，即减少寻道时间和旋转延迟时间，将有利于提高传输的效率。

4.5.2 磁盘调度算法

从上面叙述可以看出，旋转延迟时间和数据传输时间与系统的性能密切相关。因此可以从寻道时间入手，通过合理的调度来减少磁头臂的移动距离，减少访问时间。

系统中的每台磁盘设备在 DCT 中都设有一个专门的表项。其任务队列中挂有用户访问磁盘任务，有的读，有的写。而且随着处理器及磁盘的并行处理，各队列会不断发生变化，有些任务的 I/O 完成后离开队列，有些新任务不断加入进来。磁盘调度程序的目标是制订一种访问策略，使磁头臂移动较少的距离就可访问到所要的各柱面上的数据。

常见的磁盘调度算法有 4 种：先来先服务、最短寻道时间优先、扫描算法和循环扫描算法。

1. FCFS（First Come First Server，先来先服务）算法

这是一种公平调度算法，该算法严格按照请求访问的先后顺序进行调度，先请求的先被调度。采用这种算法的系统中，可以将磁盘设备的任务队列按先来后到的原则排列好，让早到达的排在前面，晚到达的排在后面。每次调度时总是选择排在最前面的任务进行访问即可。

图 4-22 所示为 FCFS 算法示意图，其中，磁盘访问请求依次为 1、2、3、4，数据所在磁道位置在图中来标出，h 为当前磁头所在位置，箭头方向为磁头依次移动的方向。可以看出，当磁盘满足请求 1 时，经过了请求 3 但却没有满足它；同样，当磁盘满足请求 2 时，经过了请求 4 但却没有满足它。所以，该算法实现起来比较简单，但执行效率不高。

2. SSTF（Shortest Seek Track First，最短寻道时间优先）算法

该算法以寻道距离最短为调度原则，不论是新到的请求，还是等候多时的，谁的扇区离磁头当前的位置最近就先调度谁。SSTF 的实现过程中需要随时记下磁头的当前位置，并比较所有访问请求，挑出一个距离最近的进行访问。

图 4-23 所示为 SSTF 算法示意图，其中，h 为当前磁头所在位置，现在一共有 4 个磁盘访问请求图中小方框等待被满足，此时，要看哪个访问请求离 h 最近，便先满足哪个请求。可见，此时，磁头移过的总磁道数大大少于先来先服务算法。

SSTF 算法是一个效率较高的算法，能够使系统访问磁盘时的磁头平均移动距离减少。但是它的致命缺点是：如果系统频繁收到一些短距离的访问请求，会使一些距离远的访问被长期推迟，处于"饥饿"状态。

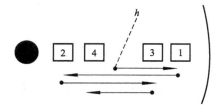

图 4-22　FCFS 算法示意图

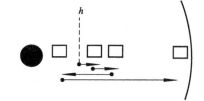

图 4-23　SSTF 算法示意图

3. SCAN（扫描）算法

扫描算法又称电梯调度算法，其思想与电梯运行机制颇为相似。它将磁头臂的移动方向作为调度的重要因素来考虑，每次调度总是选择一个与磁头当前运行方向一致的、且距离最近的磁道进行访问。通常，磁头在一个方向上，边移动边访问，直到完成一个最远的访问后再做反方向运行。在磁头的反方向运行中，依旧遵循"先近后远"原则进行访问，直至将全部存储块访问完毕为止。

该算法实现起来有较大难度：系统除了要记下磁头的当前位置，还要记下磁头的当前运行方向。其优点是：不会出现"饥饿"现象，算法的执行次序也比较理想。

图 4-24 所示为 SCAN 算法示意图，其中，h 为当前磁头所在位置，现在一共有 5 个磁盘访问请求等待被满足，当前磁头的移动方向是向磁道号减小的方向移动，在移动的过程中，经过哪个请求，便立刻满足哪个请求，当外层再无请求时，磁头再向里层移动，分别满足相应磁盘请求。

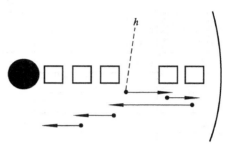

图 4-24 SCAN 算法示意图

4. CSCAN（CIRCLE SCAN，循环扫描）算法

这是扫描算法的一个修改算法。该算法每次调度时也要选择一个与磁头当前运行方向一致、距离最近的扇区进行访问。当磁头在一个方向上，边运行边访问，直到完成一个最远的访问后，作反方向运行时不再访问任何扇区，快速到达另一个端点。该运行机制就好比一个电梯，只负责一次次地将楼下的人员向上运，而不往下运。由于该算法不需要记下磁头的运行方向，实现起来稍容易些。

应当注意，SSTF、SCAN 和 CSCAN 这 3 种算法的运行过程中都可能出现磁头行走缓慢的所谓"粘着"现象。

"粘着"现象是指因不断收到一些距离磁头较近且处在前进方向上的访问请求，使得在一个局部区间内访问过于密集，磁头行走缓慢像被粘住一样。

这种现象将可能导致新来的请求因距离磁头近而很快得到服务，而另一部分早请求的任务却较长时间得不到响应。

5. N-STEP-SCAN 算法

这个算法限定磁盘请求队列的长长为 N。当一个队列保存了 N 个任务后，以后到达的访问请求将进入下一个队列。系统对先形成的队列进行调度，每个队列内的调度都按照 SCAN 算法进行。系统在每个队列上调度的任务数都小于等于 N 个，也就是说磁头最多行走 N 步。调度完一个队列后就自行调度下一个队列，这样，可避免出现"粘着"现象。

6. FSCAN 算法

这是 N-STEP-SCAN 算法的简化版。系统将任务请求分成两个队列，一个是当前正在调度的队列，另一个是调度收到的请求队列。调度算法按照 SCAN 算法对当前任务队列进行访问处理，并将新收到的请求任务挂入另一个队列上，等待当前队列调度完成后再进行调度处理。

表 4-2 对于一个给定的访问请求序列，比较了前 4 种算法的性能。

表 4-2 4 种磁盘扫描算法的比较

请求序列	FCFS（磁头当前处于 50#）		SSTF（磁头当前处于 50#）		SCAN（磁头当前处于 50#，沿磁道号增大方向运行）		CSCAN（磁头当前处于 50#，沿磁道号增大方向运行）	
	访问顺序	跨越道数	访问顺序	跨越道数	访问顺序	跨越道数	访问顺序	跨越道数
18	18	32	51	1	51	1	51	1

续表

请求序列	FCFS（磁头当前处于50#）		SSTF（磁头当前处于50#）		SCAN（磁头当前处于50#,沿磁道号增大方向运行）		CSCAN（磁头当前处于50#,沿磁道号增大方向运行）	
	访问顺序	跨越道数	访问顺序	跨越道数	访问顺序	跨越道数	访问顺序	跨越道数
39	39	21	41	10	66	15	66	15
41	41	2	39	2	125	59	125	59
137	137	96	35	4	137	12	137	12
25	25	112	25	10	170	33	170	33
9	9	16	18	7	184	14	184	14
170	170	161	9	9	41	143	9	175
66	66	104	66	57	39	2	18	9
184	184	118	125	59	35	4	25	7
35	35	149	137	12	25	10	35	10
125	125	90	170	33	18	7	39	4
51	51	74	184	14	9	9	41	2
平均寻道长度	975/12=81.25		218/12=18.2		309/12=25.75		341/12=28.4	

通过表 4-2 中对 4 种扫描算法的比较，可以发现：FCFS 算法的平均寻道时间最长，因而效率也是最低的；SSTF 扫描算法的平均寻道时间最短，但是最容易使一些进程处于"饥饿"状态；而后面两种扫描算法 SCAN 和 CSCAN 的平均寻道时间相差不大，要优于 FCFS，但稍差于 SSTF，但从系统整体性能的角度考虑，既不希望产生"饥饿"现象，也不希望出现粘着现象，而对于 4 种算法而言，后面 3 种均有可能产生"粘着"现象。

4.6 RAID 技术

过去，计算机系统往往只限于向单个磁盘写入信息。这种磁盘通常价格昂贵而又极易发生故障。硬盘一直是计算机系统中最脆弱的环节，因为这些设备是在其他部件完全电子化的系统中唯一的机械部件。磁盘驱动器含有许多高速运行的活动机械零件。问题不是硬盘驱动器是否会发生故障，而是何时发生故障。

RAID 旨在通过提供一个廉价和冗余的磁盘系统来彻底改变计算机管理和存取大容量存储器中数据的方式。它被称为廉价磁盘冗余阵列（RAID），常用于服务器。RAID 是一种将多块磁盘组成一个阵列整体的技术，它把多个便宜的小磁盘组合到一起，形成一个磁盘组式的逻辑硬盘以便当成单个磁盘使用，其性能达到或超过容量巨大、价格昂贵的磁盘。而实际上，RAID 是将数据写入多个廉价磁盘，而不是写入单个大容量昂贵磁盘（SIED）。RAID 磁盘阵列根据其使用的技术不同，可用于提高数据读/写效率、提高数据冗余（备份），当阵列中一个磁盘发生故障时，可以通过校验数据从其他磁盘中进行恢复，大大增加了应用系统数据的读/写性能及可靠性。RAID 一般是在 SCSI 磁盘上实现的，因为 IDE 磁盘的性能较慢，而且 IDE 通道最多只能接 4 个磁盘。最初 RAID 代表廉价磁盘冗余阵列，但现在已改为独立磁盘冗余阵列。

RAID 技术的实现有两种方法：一种是通过 RAID 卡来实现的硬件 RAID，在企业级应用领域，大部分都是硬件 RAID；一种是通过软件来实现的软 RAID，其性价比高，大多被中小型企业所采用。

4.6.1　RAID 基本原理

RAID 通过条带化存储和奇偶校验两个措施来实现其冗余和容错的目标。条带化存储意味着可以以一次写入一个数据块的方式将文件写入多个磁盘。条带化存储技术将数据分开写入多个驱动器，从而提高数据传输速率并缩短磁盘处理总时间。这种系统非常适用于交易处理，但可靠性却很差，因为系统的可靠性等于最差的单个驱动器的可靠性。奇偶校验通过在传输后对所有数据进行冗余校验可以确保数据的有效性。利用奇偶校验，当 RAID 系统的一个磁盘发生故障时，其他磁盘能够重建该故障磁盘。在这两种情况中，这些功能对于操作系统都是透明的。磁盘阵列控制器（DAC）负责条带化存储和奇偶校验控制。

1. 组件

RAID 的主要组件是磁盘阵列控制器（DAC）和由几个磁盘组成的队列。数据被条带化存储在几个磁盘上，用奇偶校验来恢复故障磁盘。RAID 有多个不同的等级。某些 RAID 等级用来提高速度，某些用来提供保护，而 RAID-5 则结合了两方面的优势。

2. 条带化存储数据

以前，计算机只将文件写入一个磁盘。条带化存储使用户能够拆分文件并将不同的片段同时写入多个磁盘，即数据通过一种"分拆（Striping）"技术被均匀地写在每一个驱动器上，分拆技术把数据分别放在两个或多个驱动器上。如果文件有 5 个数据块，需要将它们条带化存储到 5 个磁盘中，此时每个数据块将同时写入各自的磁盘。如果有 5 个任务，每个小于一个数据块，就可以同时处理 5 个不同的任务。

大多数 RAID 等级在数据块级进行条带化存储，但 RAID 也可以在位、字节级或扇区级进行条带化存储。数据块的大小由系统管理员决定，并被称为基带条深度。

为了最大限度地提高磁盘阵列子系统的交易能力，数据必须同时写入多个驱动器或同时从多个驱动器读取。为实现这一点，用户数据块被条带化存储在整个驱动器阵列上。一个基带条包括一列扇区（每扇区含 512 个字节），这些扇区位于阵列中每个磁盘上的相同位置。基带条深度（即每一数据块中的扇区数）由子系统软件定义。

基带条深度对性能有直接影响，因为深度太浅就需要系统执行比实际需要更多的 I/O 命令。如果规定深度太大，处理器的多任务能力以及多驱动器所带来的诸多益处可能会被抵销。在一个理想的环境中，来自主机的每个请求都只涉及一个驱动器，这时可以实现多个驱动器的多个并发任务。

将数据条带化存储到阵列驱动器解决了一个系统驱动器超负荷运行而另一个空闲的问题，避免了使用专用驱动器，并确保数据处理负载在可用的驱动器间平均分配，同时通过同时写入多个数据块而提高了性能。

3. 奇偶校验

人们经常混淆奇偶校验和镜像（或映像）。镜像涉及制作磁盘的复制，是将数据同时写入两个驱动器的技术。因为两个驱动器中的任何一个都可以完成同一任务，所以这些系统具有优异的可靠性，并可获得出色的交易处理结果。但代价是必须购买两个驱动器而只得到一个驱动器的容量。镜像的开销为 100%，或是双倍磁盘空间。如果一个磁盘发生故障，镜像磁盘将接替它进行运行。

RAID 提供了与磁盘镜象和磁盘双工类似的冗余。冗余的级别取决于所使用的 RAID 等级。如果一个用户具有由 5 个磁盘组成的阵列，其中 4 个用于存储数据而 1 个用于奇偶校验。它的开销仅为 20%，当需要考虑成本时，这是一个很大的优势。计算机只用 0 和 1 来表示数据。异或（XOR）是进行奇偶校验的一种方法。从每个磁盘中取出一位（0 和 1）并相加。如果和为偶数，则奇偶位被置为 0；如果和为奇数，则奇偶位被置为 1。根据 RAID 等级，奇偶校验既可保存到一个磁盘上，也可分配到所有磁盘上。当用户使用 5 个磁盘时，每种方式的奇偶校验占磁盘空间的 1/5 或 20%。当使用 3 个磁盘时，占 1/3 或 33%。

购买一个奇偶驱动器比为每一个主驱动器都配置一个备份镜像驱动器要便宜得多。然而，奇偶驱动器仅在每次只有一个驱动器出现故障时起作用。若两个或多个主驱动器故障，奇偶驱动器便无法提供足够的信息重构数据。但是两个驱动器同时出故障几乎不可能。

许多 RAID 系统允许磁盘的热更换。当磁盘更换后，用奇偶信息来重构磁盘的数据。

4.6.2 RAID 配置等级

目前公认的 RAID 配置等级有 7 个，并将它们规定为 RAID0 到 RAID6。每个 RAID 等级分别针对速度、保护或两者的结合而设计。常见的 RAID 等级包括：

RAID 0：数据条带化存储阵列。

RAID 1：镜像磁盘阵列。

RAID 2：并行阵列。

RAID 3：具有奇偶校验的并行阵列。

RAID 4：具有专用奇偶校验驱动器的磁盘阵列。

RAID 5：磁盘阵列，所有驱动器均包括奇偶校验。

RAID 6：独立的数据硬盘与两个独立分布式校验方案。

最常用的 RAID 等级为 RAID 0、RAID 3 和 RAID 5。下面对常见的 RAID 类型进行详细说明。

1．RAID 0 数据条带化存储阵列

RAID 0 将数据条带化存储到所有驱动器上，即将多个磁盘并列起来，成为一个大磁盘。在存放数据时，数据被分拆至多个驱动器，但无冗余驱动器，没有采用奇偶校验，因此不具有冗余，不提供数据保护功能。如果其中一个磁盘发生故障，数据必须从备份重新存储到全部磁盘上。RAID 0 旨在提高速度，在所有 RAID 中速度最快，但是提供的保护最少。RAID 0 模型如图 4-25 所示。

2．RAID 1 镜像磁盘阵列

RAID 1 技术将数据分拆到一个驱动器阵列上，要求每个原始数据磁盘都有一个镜像磁盘。原始磁盘和镜像的内容完全一样。在数据写到原始磁盘上的同时也会写到镜像磁盘上。这一镜像过程对于用户是不可见的。因此 RAID 1 又称为透明镜像。用户可以设置 RAID 1 以将数据写入一个磁盘，并将该磁盘镜像化；或者也可以将它条带化存储到多个磁盘上，每个条带化存储的磁盘都有一个镜像拷贝。例如，在 4 个驱动器的阵列中，2 个用作主驱动器，2 个用作镜像驱动器。RAID 1 能够提供最好的数据保护，但是速度不如 RAID 0 和 RAID 5。RAID 1 模型如图 4-26 所示。

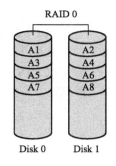

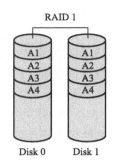

图 4-25　RAID 0 模型示意图　　　　图 4-26　RAID 1 模型示意图

3. RAID 2 并行阵列

这是 RAID 0 的改良版，以汉明码（Hamming Code）的方式把数据按位分拆至阵列中各驱动器上。因为在数据中加入了错误修正码（Error Correction Code，ECC），所以数据整体的容量会比原始数据大一些。这一级一般不采用。

4. RAID 3 具有奇偶校验的并行阵列

RAID 3 是将数据按位或按字节（可选择）分拆至阵列中的各个硬盘（除了一个作为奇偶磁盘的硬盘之外）中，使用一块磁盘存放奇偶校验信息。例如，在 4 个驱动器的阵列中，数据分拆在 3 个驱动器上，奇偶信息写在第 4 个驱动器上。RAID 3 模型如图 4-27 所示。当多个硬盘中的一个出现故障时，更换掉故障硬盘后，系统可以利用奇偶盘及其他数据盘重新产生数据。如果奇偶盘失效，则不影响数据使用。由于在一个硬盘阵列中，一个以上硬盘同时出现故障的几率很小，所以一般情况下，RAID 3 的安全性是可以保障的。RAID 3 提供了良好的读性能，对于大量的连续数据可提供很好的传输率，但与 RAID 0 相比，它的写操作相对较慢。因为每次写操作时都要写奇偶驱动器。这种规格比较适于读取大量数据时使用。

5. RAID 4 具有专用奇偶校验驱动器的磁盘阵列

RAID 4 与 RAID 3 一样，同样将数据条块化并分布于不同的磁盘上，不同的是它在分割时是以块为单位进行的。所以 RAID 4 读的次数减少了，因为每个驱动器能读一整个磁盘扇区。RAID4 使用一块磁盘作为奇偶校验盘，每次写操作都需要访问奇偶盘，成为写操作的瓶颈。在商业应用中很少使用。RAID 4 模型如图 4-28 所示。

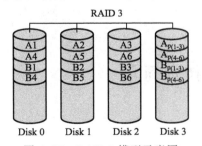

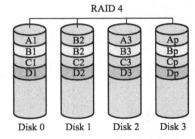

图 4-27　RAID 3 模型示意图　　　　图 4-28　RAID 4 模型示意图

6. RAID 5 磁盘阵列，所有驱动器均包括奇偶校验

RAID 5 是将数据以扇区为单位交叉地在所有磁盘上存取数据及奇偶校验信息，即在写数据的同时纠错码也写入所有的驱动器。这一级写操作较快，因为奇偶信息写到各驱动器上而不是

像 RAID 3 写到一个驱动器上。磁盘读性能也提高了，因为每个驱动器可以以磁盘块读取。一个磁盘数据发生损坏后，利用剩下的数据和相应的奇偶校验信息去恢复被损坏的数据。RAID 3 与 RAID 5 相比，重要的区别在于 RAID 3 每进行一次数据传输，需涉及所有的阵列盘。而对于 RAID 5 来说，大部分数据传输只对一块磁盘操作，可进行并行操作。在 RAID 5 中有"写损失"，即每一次写操作，将产生 4 个实际的读/写操作，其中两次读旧的数据及奇偶信息，两次写新的数据及奇偶信息。RAID 5 模型如图 4-29 所示。

7. RAID 6 独立的数据硬盘与两个独立分布式校验方案

RAID 6 是在 RAID 5 基础上，为了进一步加强数据保护而设计的一种 RAID 方式，实际上是一种扩展 RAID 5 等级。与 RAID 5 相比，RAID 6 增加了第二个独立的奇偶校验信息块，即每个硬盘上不但有同级数据 XOR 校验区外，还有一个针对每个数据块的 XOR 校验区。这样一来，等于每个数据块有了两个校验保护屏障（一个分层校验，一个是总体校验），因此，RAID 6 的数据冗余性能相当好。但是，由于增加了一个校验，所以写入的效率较 RAID 5 还差，而且控制系统的设计也更为复杂，块的校验区也减少了有效存储空间。两个独立的奇偶系统使用不同的算法，数据的可靠性非常高。即使两块磁盘同时失效，也不会影响数据的使用，更换新磁盘时再由另两个正常磁盘将备份的资料建立在新的磁盘中，所以至少必须具备 4 个或 4 个以上磁盘才能生效。RAID 6 需要分配给奇偶校验信息更大的磁盘空间，所以相对于 RAID 5 有更大的"写损失"。RAID 6 的写性能非常差，较差的性能和复杂的实施使得 RAID 6 很少使用。RAID 6 模型如图 4-30 所示。

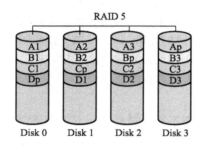
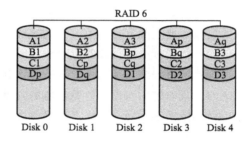

图 4-29　RAID 5 模型示意图　　　　图 4-30　RAID 6 模型示意图

由于 RAID 6 相对于 RAID 5 在校验方面的微弱优势和在性能与性价比方面的较大劣势，RAID 6 等级基本没有实际应用过，只是对更高级的数据的冗余进行的一种技术与思路上的尝试。

4.7　其他 I/O 技术简介

4.7.1　USB 技术

计算机上的每个设备都有一个接口，用来与其他部件连接。但是由于主板上所能提供的外部接口比较少，一般只有一个并口和两个串口，所能连接的设备十分有限，而且拔插设备的时候需要关机（带电拔插会造成烧毁设备的严重后果），传输速度也很慢，在要求高传输率的场合根本无法满足要求。

而 USB（Universal Serial Bus）接口则很好地解决了以上所有问题。USB 又称通用串行总线，是一种连接 I/O 串行设备的技术标准。它冲破了计算机发展的两个局限性：由于 I/O 设备的接口标准的不一致和有限的接口数量已无法满足各种应用迫切需要以及传统的 I/O 设备的接口无法满足实时数据传输与多媒体应用的需求。USB 可主动为外围设备提供电源，具有即插即用的功能，允许外围设备的热插拔。

USB 支持同步数据传输方式和异步数据传输方式，其数据传输率有低速 1.5Mbps（兆位）和全速 12 Mbps 两种，比标准串口快 100 倍，比标准并口快 10 倍。USB 2.0 的速率为 480 Mbps，而 USB 3.0 则可达到 4.8 Gbps。

1．USB 的结构

① 控制器：主要负责执行由控制器驱动程序发出的命令。

② 控制器驱动程序：在控制器与 USB 设备之间建立通信信道。

③ USB 芯片驱动程序：提供了对 USB 的支持。

2．USB 设备分类

① USB 集线器：本身可再接其他 USB 外围设备。

② USB 设备：连接在计算机上用来完成特定功能并符合 USB 规范的 I/O 设备单元，如鼠标、键盘等。

USB 接口如图 4-31 所示。

3．USB 的传输方式

① 等时传输方式。该方式以固定的传输速率，连续不断传输数据，发生错误时，USB 不处理，而是继续传送新的数据。该方式用于需要连续传输，且对数据的正确性要求不高而对时间极为敏感的外围设备，如麦克风、音箱以及电话等。

图 4-31　USB 接口

② 中断传输方式。该方式传送的数据量很小，但这些数据需要及时处理，以达到实时效果，此方式主要用在键盘、鼠标以及游戏手柄等外围设备上。

③ 控制传输方式。该方式处理主机的 USB 设备的数据传输，包括设备控制指令、设备状态查询及确认命令。当 USB 设备收到这些数据和命令后将按照先进先出的原则按队列方式处理到达的数据。

④ 批传输方式。该方式用来传输要求正确无误的数据。通常打印机、扫描仪和数码相机以这种方式与主机连接。

除等时传输方式外，其他 3 种方式在数据传输发生错误时，都会试图重新发送数据以保证其准确性。

4．无线 USB 技术（WUSB）

目前，WUSB 技术足以提供现有有线 USB 通讯的足够带宽。第一代的 WUSB 相当于现有 USB 2.0 的传输标准（480 Mbps），在今后 WUSB 发展中，会逐步提高传输的带宽，最终超越 1Gbps。

随着数字多媒体技术的成熟，消费电子设备（CE）和移动通讯环境的完善，这都为 WUSB 提供了良好的发展环境，WUSB 很有可能成为能够连接 3 个领域的一种标准互连方式。

4.7.2　即插即用技术

造成目前计算机难以使用和维护的根本原因是 PC 的体系结构，体系结构多年不变，但是软件规模越来越大，硬件品种日益复杂，总线结构成为影响系统吞吐量的瓶颈，用户面对日益复杂的 IRQ、DIP 开关、跨接线和驱动程序束手无策，显然这样不能很好地适用实际的要求和技术的发展。即插即用技术（Plug and Play, Pnp）是对原有的 PC 体系结构的一种有力的补救措施，没有增加任何系统资源，使现有资源构成合理的配置。

即插即用有 3 个目标：使 PC 更容易安装和使用；减轻安装新的硬件和软件的任务；赋予 PC 以全新的特征，例如自动改变设置的能力、硬件和软件具有动态响应设置事件的能力，例如插上 PCMCIA 调制解调器把移动计算机接入网络上、拔下调制解调器把笔记本计算机连接到移动平台上。要实现即插即用，需要改变 PC 系统的 4 个主要部分：基于 ROM 的 BIOS、操作系统、硬件设备和应用软件。

即插即用的特点：

① 在系统运行过程中动态自动进行检测和配置。

② 去除人工跳接线设置电路。

③ 在主机板和附加卡上保存系统资源的配置参数和分配状态，有助于系统对整个 I/O 资源的分配和控制。

④ 支持和兼容各种 OS 平台，有很强的扩展性和可移植性。

4.7.3　缓存

在计算机系统中，实现缓冲的方法有两种：

（1）硬件缓冲

硬件缓冲采用专用硬件缓冲器，一般由设备自带的专用寄存器构成。本节所介绍的 CPU 缓存、硬盘缓存、光存储缓存都属于硬件缓冲。

（2）软件缓冲

在内存中专门开辟若干单元作为缓冲区为各种设备服务。这种不增加硬件开支，又能提高系统性能的方法已被大多数系统采用。上节所介绍的缓冲技术以及本节所介绍的磁盘高速缓存、虚拟盘就属于软件缓冲。

1．CPU 缓存

缓存是 CPU 必不可少的一个组成部分，随着 CPU 主频不断提升，缓存作用越来越大。目前，内存速度根本无法满足高频 CPU 的需求，那么缓存便承担起协调低速内存与高速处理器之间的工作速度匹配问题。随着架构设计和制造工艺的不断提升，CPU 处理能力已大大超过了存储系统的供应能力。于是 CPU 不得不在存储系统提供足够的数据前处于等待状态。CPU 频率越高，差距就越大。

CPU 内部的存储器包括寄存器、一级缓存、二级缓存，存取速度依次降低，存储容量依次增大。计算机系统存储器层次如图 4-32 所示。

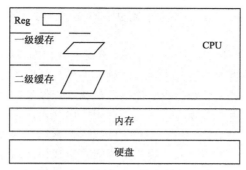

图 4-32 计算机系统存储器层次

（1）一级缓存

一级缓存是用来存放 CPU 最常用的程序代码和数据，供 CPU 进行及时快速的读/写。大多数一级缓存都整合在 CPU 核心里，采用速度与成本都非常高的 SRAM（同步存储器）。单纯从提升性能的角度出发，增加一级缓存是最直接的办法，但出于成本考虑，这种方案不适合主流平台。因为在芯片里集成更高容量的一级缓存需要非常高的制造工艺和电气性能，而且性能的提升与成本的飙升并不成比例。因此最好的方法是为一级缓存附加缓存，也就是二级缓存。

（2）二级缓存

位于一级缓存与系统内存之间，速度慢于一级缓存而大大地快于主内存，但容量是一级缓存的几十倍。例如，CPU 要把存储系统中的一个字节读入到自己的寄存器中，读取指令首先到达一级缓存，查找有没有需要的那个字节，如果有，称之为缓存命中，否则就出现缓存缺失的情况，那么指令就会转到二级缓存中去查找，以此类推到内存、硬盘上。如果 CPU 需要的那个字节在内存中找到了，那么它和它周围的数据将一起复制到二级缓存中去，这一系列的字节称之为缓存区块。

当缓存中没有 CPU 所需的数据时，CPU 才去访问内存。从理论上讲，在一颗拥有二级缓存的 CPU 中，读取一级缓存的命中率为 80%。也就是说，在 CPU 一级缓存中找到的有用数据占数据总量的 80%，剩下的 20% 从二级缓存中读取。由于不能准确预测将要执行的数据，读取二级缓存的命中率也在 80% 左右（从二级缓存读到有用的数据占总数据的 16%）。那么还有的数据就不得不从内存调用，但这已经是一个相当小的比例了。目前较高端的 CPU 中，还会带有三级缓存，它是为读取二级缓存后未命中的数据设计的一种缓存，在拥有三级缓存的 CPU 中，只有约 5% 的数据需要从内存中调用，这进一步提高了 CPU 的效率。

（3）缓存内容替换算法

为了保证 CPU 访问时有较高的命中率，缓存中的内容应该按一定的算法替换。一种较常用的算法是"最近最少使用算法"（LRU 算法），它是将最近一段时间内最少被访问过的行淘汰出局。因此需要为每行设置一个计数器，LRU 算法是把命中行的计数器清零，其他各行计数器加 1。当需要替换时淘汰行计数器计数值最大的数据行出局。这是一种高效、科学的算法，其计数器清零过程可以把一些频繁调用后再不需要的数据淘汰出缓存，提高缓存的利用率。

（4）缓存的容量

CPU 产品中，一级缓存的容量基本在 4 KB～64 KB,二级缓存的容量则分为 128 KB、256 KB、512 KB、1 MB、2 MB 等。一级缓存容量各产品之间相差不大，而二级缓存容量则是提高 CPU 性能的关键。二级缓存容量的提升是由 CPU 制造工艺所决定的，容量增大必然导致 CPU 内部晶体管数的增加，要在有限的 CPU 面积上集成更大的缓存，对制造工艺的要求也就越高。

（5）缓存控制指令

为了进一步发挥缓存的作用，改进内存性能并使之与 CPU 发展同步，来维护系统平衡，操作系统中又增加了缓存控制指令。这类指令分两种：一种是预取指令，能够增加从内存到缓存的数据流；另一种是内存流优化处理指令，能够增加从处理器到内存的数据流。数据预存取指令允许应用识别出所需的信息，并预先将其从内存中取出存入缓存。这样一来，处理器可以更快地获取信息，从而改进应用性能。为了进一步削减内存延迟，内存访问还可以与计算机周期保持流水操作。内存流优化处理指令允许应用越来缓存直接访问内存。通常情况下，处理器写出的数据都将暂时存储在缓存中以备处理器稍后使用。如果处理器不再使用它，数据最终将被移至内存。然而，对于多媒体应用来说，通常不再需要使用这些数据。因此，这时将数据尽快地移到内存中则显得至关重要。

2. 硬盘缓存

硬盘缓存是硬盘控制器上的一块存储芯片，具有极快的存取速度，它是硬盘内部存储和外界接口之间的缓冲器。由于硬盘的内部数据传输速度和外界媒介传输速度不同，缓存在其中起到一个缓冲的作用。缓存的大小与速度是直接关系到硬盘传输速度的重要因素。当硬盘存取零碎数据时，需要不断地在硬盘与内存之间交换数据，如果有大缓存，则可以将那些零碎数据暂存在缓存中，减小系统的负荷，也提高了数据的传输速度。

硬盘缓存主要有 3 个作用：①预读取。当硬盘受到 CPU 指令控制开始读取数据时，硬盘上的控制芯片会控制磁头把正在读取的簇的下一个或者几个簇中的数据读到缓存中（由于硬盘上数据存储时是比较连续的，所以读取命中率较高），当需要读取下一个或者几个簇中的数据时，硬盘则不需要再次读取数据，而是直接把缓存中的数据传输到内存中就可以了，这个过程称为命中。由于缓存的速度远远高于磁头读写的速度，所以能够达到明显改善性能的目的；②对写入动作进行缓存。当硬盘接到写入数据的指令之后，并不会马上将数据写入到盘片上，而是先暂时存储在缓存里，然后发送一个"数据已写入"的信号给系统，这时系统就会认为数据已经写入，并继续执行下面的工作，而硬盘则在空闲（不进行读取或写入的时候）时再将缓存中的数据写入到盘片上。虽然对于写入数据的性能有一定提升，但也不可避免地带来了安全隐患——如果数据还在缓存里的时候突然掉电，那么这些数据就会丢失。对于这个问题，硬盘厂商们自然也有解决办法：掉电时，磁头会借助惯性将缓存中的数据写入零磁道以外的暂存区域，等到下次启动时再将这些数据写入目的地；③临时存储最近访问过的数据。有时候，某些数据是会经常需要访问的，硬盘缓存会将读取比较频繁的一些数据存储在缓存中，再次读取时就可以直接从缓存中获得。

缓存容量的大小不同品牌、不同型号的产品各不相同，早期的硬盘缓存基本都很小，只有几百 KB，已无法满足用户的需求。现今主流硬盘所采用的缓存为 8 MB 和 16 MB，而在服务器或特殊应用领域中还有缓存容量更大的产品，甚至达到了 32 MB、64 MB 等。

大容量的缓存虽然可以在硬盘进行读/写工作状态下，让更多的数据存储在缓存中，以提高硬盘的访问速度，但并不意味着缓存越大就越出众。缓存的应用存在一个算法的问题，即便缓存容量很大，如果没有一个高效率的算法，那将导致应用中缓存数据的命中率偏低，无法有效发挥出大容量缓存的优势。算法和缓存容量相辅相成，大容量的缓存需要更有效率的算法，否则性能会大打折扣，从技术角度上说，高容量缓存的算法是直接影响到硬盘性能发挥的重要因素。更大容量缓存是未来硬盘发展的必然趋势。

3．光存储缓存

按照之前所了解的缓存的作用及工作原理可知，当读了光盘里的数据后，要再次读这个数据时，光驱就不会再在光盘里找，而只需在光驱的缓存里读，从而加快读取数据的速度。所以，从理论上来讲，缓存是越大越好。然而，无论用光驱安装软件还是播放影音文件，都是一次性读取，极少重复。那么在这种情况下，大容量的缓存对光驱来说意义又不大了，所以光驱缓存基本上为 256 KB 或 512 KB。

而对于刻录机，缓存的原理就有些不同了。刻录机的工作原理是将需要刻写的数据从源介质读入刻录机内建的缓存中，然后由缓存向目标介质上写入，在写入的同时将已完成的数据从缓存中清除。如果因为某种原因在刻录的过程中数据不能及时地从源介质读入缓存，那么缓存中的数据就会越来越少，当缓存中数据为零时，刻录就无法继续进行，这就是所谓的"缓存欠载"错误，这是刻录人员最经常也最害怕出现的错误。加大缓存容量是最基础的解决方案。假如以 24 倍速进行刻录，那么每 s 应该向盘片写入 3.6 MB 的数据，如果采用 2 MB 的缓存并保证不发生刻死现象，那么能够允许的最大数据中断时间约为 0.6s，而采用 8 MB 缓存的话，能够允许的最大数据中断时间约为 2.4s。也就是说，如果断流时间在 2.4s 之内，该款刻录机刻录的盘片上就不会出现断点，不必使用补救性的防刻死技术进行补救程序。目前刻录机的缓存容量一般为 2 MB～8 MB。

但意外总是存在的，为了彻底解决缓存欠载的问题，厂家纷纷推出各种防刻死技术。原理上是通过刻录软件的支持，在刻录开始的时候监测缓存中的数据量，当剩余数据量低于某一安全值的时候，刻录机就会在某一位置进入休眠状态，暂时停止刻录动作，直到缓存中积累起足够量的数据之后在上次休眠的位置继续进行写入，类似于下载软件中的断点续传功能。

4．磁盘高速缓存

这里所说的磁盘高速缓存，是指利用内存中的存储空间，来暂存从磁盘中读出的一系列盘块中的信息。因此磁盘高速缓存逻辑上属于磁盘，而物理上是驻留在内存中的盘块。

（1）高速缓存在内存中的两种形式

① 在内存中开辟一个单独的存储空间来作为磁盘高速缓存，其大小是固定的，不会受应用程序多少的影响。

② 把所有未利用的内存空间变为一个缓冲池，供请求分页系统和磁盘 I/O 时共享。此时高速缓存的大小是不固定的。当磁盘 I/O 的频繁程度较高时，该缓冲池可能包含更多的内存空间，而在应用程序运行得较多时，该缓冲池可能只剩下较少的内存空间。

（2）数据交付方式

数据交付是指将磁盘高速缓存中的数据传送给请求者进程。当有一个进程请求访问某个盘块中的数据时，由核心先去查看磁盘高速缓存，看其中是否存在进程所需访问的盘块数据的拷贝。若有其拷贝，便直接从高速缓存中提取数据交付给请求者进程，这样，就避免了访盘操作，从而使本次访问提高 4～6 个数据级；否则，应先从磁盘中将所要访问的数据读入并交付给请求者进程，同时也将数据送高速缓存。当以后又需要访问该盘块的数据时，便可直接从高速缓存中提取。系统可以采用两种方式将数据交付给请求进程：

① 数据交付：直接将高速缓存中的数据传送到请求进程的内存工作区中。

② 指针交付：将指向高速缓存中某区域的指针（即数据地址）交付给给请求进程。此时

由于传送的数据量少，从而节省了数据从磁盘高速缓存存储空间到进程的内存工作区的时间。

（3）周期性地写回磁盘

根据 LRU 算法，那些经常要被访问的盘块数据，可能会一直保留在高速缓存中，长期不会被写回磁盘。此时一旦系统发生故障，就会丢失一些数据。为了解决这一问题，在 UNIX 系统中专门增设了一个修改程序，使之在后台运行，该程序负责周期性地强制将所有高速缓存中已修改的盘块数据写回磁盘。而在 MS-DOS 中所采用的方法是：只要高速缓存中的某盘块数据被修改，便立即将它写回磁盘。这种写回方式几乎不会造成数据丢失，但需频繁地启动磁盘。

5. 虚拟盘

虚拟盘是指利用内存空间去防真磁盘，又称 RAM 盘。该盘的设备驱动程序可以接受所有标准的磁盘操作，但这些操作的执行不是在磁盘上而是在内存中，这些对用户都是透明的，用户只是觉得存取略微快些而已。

虚拟盘的主要问题是具有易失性。一旦系统或电源发生故障，或系统再启动时，原来保存在虚拟盘中的数据将会丢失。因此，虚拟盘通常用于存放临时文件，如编译程序所产生的目标程序等。

虚拟盘与磁盘高速缓存的主要区别在于：虚拟盘中的内容完全由用户控制，而磁盘高速缓存中的内容由操作系统控制。

本 章 小 结

现代操作系统外围设备的多样性和复杂性，以及不同设备需要不同的设备处理程序，使得对设备的管理成了操作系统中最繁杂的部分。设备管理是操作系统中负责直接处理硬件设备的部分，它对硬件设备进行抽象，使用户程序通过操作系统完成对 I/O 设备的操作。当然，设备管理在完成控制各类设备和 CPU 进行 I/O 操作的同时，还要尽可能地提高设备之间、设备与 CPU 之间的并行操作及设备利用率，从而使整个系统获得最佳效率。另外，它还应该为用户提供一个透明的、易于扩展的接口，使用户不必了解具体设备的物理特性便可以对设备进行更新与添加等操作。

本章首先讲解了设备的分类、设备管理的主要任务和功能，然后依次重点介绍与讨论了计算机的输入/输出硬件组织，包括设备控制器与通道；输入/输出的软件组织，包括中断处理程序、设备驱动程序、与设备无关的 I/O 软件以及用户层输入/输出软件；缓冲技术，包括单缓冲、双缓冲和缓冲池；虚拟技术 SPOOLing；设备的分配与回收；其他 I/O 技术及 I/O 磁盘调度。

中断处理程序和设备驱动程序是设备管理中的重要组成部分。本章重点介绍了它们的处理过程。缓冲技术的引入是为了缓和 CPU、通道和 I/O 设备间速度不匹配的矛盾，提高它们之间的并行程度等，从单缓冲、双缓冲到缓冲池技术的引入都是为了这些目的，这一部分内容也是本章的重点。

系统具备了设备分配所需的数据结构之后，应该在一定的设备分配原则下，采取合适的分配算法来进行分配设备，以保证设备有较高的利用率和避免死锁。本章给出了设备分配程序的总控流程，并且介绍了独占设备的分配程序，另外，还简要叙述了设备的回收过程。对于磁盘的调度从磁盘访问时间上看，主要取决于寻道时间和旋转延迟时间，因此选择正确的磁盘调度算法对提高磁盘访问的效率有着重要的作用。

本章最后对 RAID 技术进行了相关介绍。

实　　训

实训 1　Windows Server 2003 的设备管理

1．实训目的

① 了解 Windows 中的设备管理特点，掌握系统设备的查看及管理操作。

② 能使用设备管理功能，进行设备驱动程序的安装以及设备属性的设置。

2．实训预备

（1）设备管理的主要特点

Windows Server 2003 中的设备管理具有如下特点：

Windows 强大的设备管理功能主要体现在良好的兼容性、易管理性等方面。

① 支持即插即用（PnP）功能。Windows 系统中的硬件即插即用功能使新硬件的安装和配置变得非常容易，系统将自动为新硬件分配不发生冲突的 I/O、IRQ、DMA 等资源，并为其安装合适的设备驱动程序。

② 具有动态设备驱动程序机制，支持动态加载设备驱动程序。系统只在需要时才加载设备驱动程序，而一旦设备和主机断开时，就会自动将该设备驱动程序从内存中清除，这样可支持热插拔技术。

③ 采用缓冲技术来缓和主机与外围设备之间速度不匹配的问题。例如，使用磁盘高速缓存提高了磁盘存取速率，改善了系统整体性能。

④ 虚拟设备驱动程序能显著增强硬件的性能。Windows 还利用 SPOOLing 技术，使打印机能实现后台打印。

⑤ 用户可通过控制面板调整系统设置。例如，系统提供了添加新硬件向导，使用户能在向导的帮助下方便地完成新硬件的安装。又如，用户可以更改键盘、鼠标、显示器等硬件的设置。实际上，这些设置信息都保存在系统注册表中。

（2）系统设备的查看及管理操作

在 Windows 系统中，用户可通过"设备管理器"来查看设备的属性，以了解它们的基本情况，也可以禁用或启用某个系统设备。

在 Windows Server 2003 中，双击"控制面板"中的"系统"图标，将弹出"系统属性"对话框，如图 4-33 所示。

单击"硬件"选项卡，可进行硬件的安装与卸载、系统的设备管理及设备驱动文件的更新。

在"硬件"选项卡中，单击"设备管理器"按钮，将打开"设备管理器"窗口，如图 4-34 所示，窗口中列出了计算机上的所有硬件信息。用户可以查看它们的状态及其工作状况。

图 4-33　"系统属性"窗口

"设备管理器"窗口中显示了计算机中所安装硬件的图形视图，可使用此工具查看和管理硬件设备及其驱动程序，但是必须以管理员或 Administrators 组成员的身份登录计算机，才能在设备管理器中添加或删除设备及配置设备属性。

图 4-34　"设备管理器"窗口

安装即插即用设备时，Windows Server 2003 自动配置该设备，使其能与计算机中的其他现有设备一起正常运行。在配置过程中，Windows Server 2003 向设备分配一组唯一的系统资源设置。设置可使用的 4 类资源包括：中断请求（IRQ）行号、直接内存访问（DMA）通道、输入/输出端口地址和内存地址范围。分配给设备的每一资源都被赋予唯一的值。两个设备偶尔会需要同一资源，在此情况下便会出现设备冲突。如果出现设备冲突，可以手动配置设备，为每一设备分配唯一的资源。对于具体的设备驱动程序和计算机，有时两个设备也可能共享一个资源（如 PCI 设备上的中断）。

安装非即插即用设备时，Windows 不会为该设备自动配置资源设置。用户可能需要手动配置这些设置，具体取决于设备类型。配置设置之前，请先与硬件制造商联系，或参阅设备的随附文档，以了解更多相关信息。

通常，Windows 可以自动识别设备及其资源请求，然后为硬件自动分配资源设置。多数情况下，无需修改硬件的资源设置。除非绝对必要，否则不要更改即插即用设备的资源设置。手动配置资源后，资源设置即在系统中处于固定状态。因此，Windows 无法在需要时修改资源分配，也不能将该资源分配给另一设备。

3．实训操作

操作一　在设备管理器中查看资源设置

除了可以用"控制面板"中的"系统"，也可以使用"计算机管理"工具来查看系统资源。可以用下面两种方法来打开"计算机管理"窗口：

● 选择"开始"→"程序"→"管理工具"→"计算机管理"命令。

● 右击桌面上的"我的电脑"图标，在弹出的快捷菜单中选择"管理"命令。

打开"计算机管理"窗口后，在该窗口左边控制台树的"系统工具"窗格中，选择"设备管理器"选项，则在右边的详细列表窗格中就会显示系统中所有设备的分类，如图 4-35 所示。

单击某类设备前面的"+"号，即可展开并列出所有该类设备。通过窗口中的"查看"菜单，可以查看隐藏的设备，还可以按多种排序方法来显示系统设备。

若要按类型查看资源列表，请在"查看"菜单上单击"依类型排序资源"。

若要按连接类型查看资源列表，请在"查看"菜单上单击"依连接排序资源"。

选择某个具体设备（图 4-35 中选择的是一个扫描仪）后，右击该设备，在弹出的快捷菜单中有 5 个菜单项，其作用分别如下：

① 更新驱动程序。使用该命令，可以更改该设备对应的驱动程序。

② 禁用/启用设备。选择"禁用"命令即可禁止使用该设备，设备被禁用后，该设备图标上会出现一个红色"×"号的禁用标记，再次右击该设备，在弹出的快捷菜单中就会包含"启

用"命令，通过该命令即可重新启用该设备。

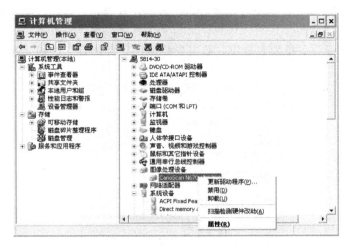

图 4-35 "计算机管理"中的"设备管理器"

③ 卸载。使用"卸载"命令即可卸载该设备的驱动程序。

④ 扫描检测硬件改动。使用该命令，系统就会自动扫描即插即用设备，如果找到新的设备即可自动安装或更新该设备的驱动程序。

⑤ 属性。使用"属性"命令即可打开该设备的属性对话框，图 4-36 所示的是 CanoScan N670U/676U 设备的属性对话框。通过该对话框中的"常规"、"驱动程序"等选项卡，也可以完成停用/启用设备、诊断设备是否能正常使用、更改资源设置、更新驱动程序等各种操作。

操作二 为设备配置资源设置

为设备配置资源设置时应当小心。如果资源配置不当，可能会禁用硬件，还可能导致计算机停止运行。所以，只有确定要使用的资源是唯一的且不与其他设备的设置冲突，或者硬件制造商提供了设备的特定资源设置的情况下才可更改资源设置。要在设备管理器中配置设备，请执行下列步骤：

① 在"设备管理器"中选中要配置的设备类型，如端口。

② 右击要配置的设备，在弹出的快捷菜单中选择"属性"选项，弹出如图 4-37 所示的对话框。

图 4-36 设备属性对话框

图 4-37 端口属性对话框

③ 选中"资源"选项卡，单击"使用自动设置"复选框来清除该设置。若设备中没有要配置的其他设置，或设备由即插即用资源控制，或是不需要用户修改，则"使用自动设置"复选框不可用，它显示为灰色。

④ 在"设置基于"下拉列表框中，单击要修改的硬件配置，例如"基本配置 0000"，如图 4-38 所示。

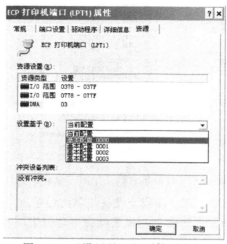

图 4-38 "设置基于"下拉列表框

⑤ 在"资源设置"框的"资源类型"下，单击要修改的资源类型，例如"中断请求"。

⑥ 单击"更改设置"。按钮，弹出"编辑资源"对话框。

⑦ 在"编辑资源"对话框中，输入所需的资源值，然后单击"确定"按钮。

⑧ 重复步骤②至步骤⑦，为设备配置所需的其他资源设置。

⑨ 退出"设备管理器"。

操作三 使用设备管理器检查设备冲突

同一资源被分配给两个或更多个设备时，便会出现设备冲突。可使用设备管理器检查设备冲突。具体的执行步骤如下：

① 右击"我的电脑"图标，在弹出的快捷菜单中选择"管理"选项，打开"计算机管理"窗口。

② 在控制台树的系统工具下，单击"设备管理器"，计算机中安装的所有设备均在右窗格中列出。

③ 双击要检查的设备类型，例如声音、视频和游戏控制器。

④ 右击要检查冲突的设备，在弹出的快捷菜单中选择"属性"选项，弹出属性对话框。

⑤ 单击"资源"选项卡。与该设备有关的所有冲突均在"冲突设备列表"框中列出。

操作四 Windows Server 2003 的硬件故障诊断

Windows Server 2003 硬件故障诊断可帮助用户诊断并排除硬件冲突及其他硬件相关问题。启动硬件故障诊断的步骤如下：

① 以管理员或 Administrators 组成员的身份登录计算机。

② 右击"我的电脑"图标，在弹出的快捷菜单中选择"管理"选项，打开"计算机管理"窗口。

③ 在控制台树的系统工具下，单击"设备管理器"。计算机中安装的所有设备均在右窗格

中列出。

④ 双击要为其诊断故障的设备类型，例如调制解调器。

⑤ 右击要为其诊断故障的设备，在弹出的快捷菜单中选择"属性"选项，弹出属性对话框。

⑥ 单击"常规"选项卡。

⑦ 单击"疑难解答"按钮。

操作五　添加和删除系统设备

设备的添加和删除是一个动态事件的例子。对于符合即插即用标准的设备，在添加或删除时，Windows 将会自动识别并完成配置工作。当向系统中连接一个新的外围设备时，系统自动检测后，弹出如图 4-39 所示的"找到新的硬件向导"对话框。

单击"下一步"按钮，如图 4-40 所示。系统已识别出该设备，此时需要进行设备驱动程序的安装，根据实际情况选择"自动安装软件"或"从列表或指定位置安装"。

 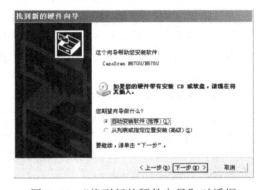

图 4-39　"找到新的硬件向导"对话框　　　　图 4-40　"找到新的硬件向导"对话框

单击"下一步"按钮，系统找到设备驱动程序后，将其装系统，以识别该设备。安装过程如图 4-41 所示。

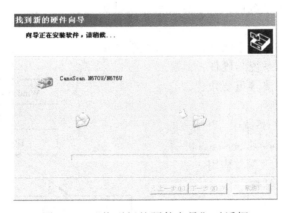

图 4-41　"找到新的硬件向导"对话框

最后，设备驱动成功，可以使用该设备了。

4．实训思考

① 打开"设备管理器"窗口，查看显卡、网卡、声卡等硬件设备的属性，观察这些设备的 I/O、IRQ、DMA 等资源占用情况。

② 设置鼠标的双击速度，将显示器的分辨率调整为 1024×768。

③ 选择"开始"→"设置"→"打印机"命令打开"打印机"窗口，安装 HP Laser Jet 6L 型打印机驱动程序，并设置打印机虚拟设备，启用打印机后台打印功能。

④ 如何禁用光驱？

⑤ 如何卸载网卡？

实训 2　Windows Server 2003 的注册表管理

1．实训目的

理解 Windows 注册表的作用和结构，掌握注册表编辑器的简单应用。

2．实训预备

通过本章的学习，知道设备驱动程序是操作系统中较为低层的软件，它按照上层软件提交的 I/O 访问抽象要求以及所分配到的物理设备，转换为具体要求并操纵该设备。在 Windows 系统中，把包括各种 I/O 设备在内的所有硬件、软件及用户配置信息都存储在一个被称为注册表的数据库中进行统一管理。因此，Windows 系统的设备管理与注册表密切相关。

（1）Windows 注册表概述

在早期的 Windows 3.x 版本中，系统及应用程序的各种初始化信息是用两个扩展名为.ini 的配置文件来保存的，每次系统启动时都依据它们来对整个系统的软、硬件环境进行配置。其中，System.ini 存放系统配置信息，Win.ini 存放应用程序配置信息。

从 Windows 95 开始，用于保存系统初始化配置信息的两个文件内容都被移到了系统注册表中。于是，注册表成了 Windows 系统存放关键信息的核心数据库，而原来的两个配置文件为了兼容老的 16 位 Windows 应用程序依然保留着。注册表作为 Windows 系列操作系统中的数据配置核心，主要包含以下信息：

- 软、硬件的有关配置和状态信息。
- 联网计算机的整个系统设置和各种许可，文件扩展名与应用程序的关联，硬件的描述、状态和属性。
- 性能记录和其他底层的系统状态信息及其他数据。

因此，注册表在操作系统与硬件及其驱动程序、应用程序之间扮演着重要角色，它们之间的关系如图 4-42 所示。

在不同版本的 Windows 系统中，注册表的结构略有区别，下面以 Windows Server 2003 系统为例，介绍注册表的结构及简单应用。

（2）注册表编辑器及结构

选择"开始"→"运行"命令，运行 regedit.exe 或者 regedt32.exe（32 位注册表编辑器）即可打开 Windows 系统自带的"注册

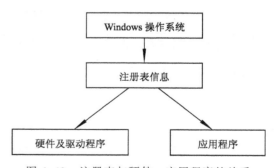

图 4-42　注册表与硬件、应用程序的关系

表编辑器"窗口，如图 4-43 所示。从"注册表编辑器"窗口中可以看出，注册表中所存放的各种信息是按树形层次结构进行组织的。Windows Server 2003 注册表在第一层上有 5 个文件夹，称为根键，分别为 KEY_LOCAL_MACHINE、HKEY_CLASSES_ROOT、HKEY_CURRENT_CONFIG、

HKEY_USERS、HKEY_CURRENT_USER，类似于磁盘根目录。在根键下面与树形目录结构一样也有子键及其子键分支结构。子键前面有"+"号表示该子键下面还有子键，单击"+"号即可展开这些分支；子键前面有"−"号则表示已展开该子键的分支结构了。当选择最底层子键中的注册表项时，其右窗格中就会列出该注册表项所包含的所有键值，包括键值名称、类型和数据。

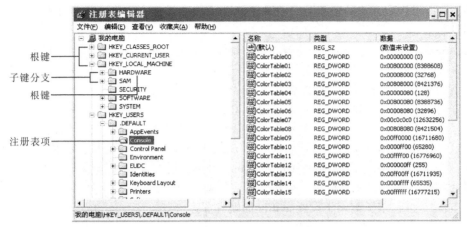

图 4-43 "注册表编辑器"窗口

首先介绍几个基本名词：

根键（在 NT 下又称为项）：可以认为这是整个注册表结构中的一层，有点儿类似于资源管理器中的目录树结构，所以它的图标与文件夹的图标有些相似。

字符串值：顾名思义，一串 ASCII 码字符。

DWORD 值：从字面上理解应该是 Double Word ，双字节值。由 1～8 个十六进制数据组成，可用以十六进制或十进制的方式来编辑。

Windows Server 2003 注册表中 5 个根键及其作用介绍如下。

① HKEY_LOCAL_MACHINE 根键。

HKEY_LOCAL_MACHINE 根键用来保存计算机中的应用程序、硬件及驱动程序信息。由于这些设置是针对那些使用 Windows 系统的用户而设置的，是一个公共配置信息，所以它与具体用户无关。它包含了 5 个独立的子键。

- HARDWARE 子键：是用来保存系统使用的浮点处理器、串口等有关硬件信息。在它下面存放一些有关超文本终端、数字协处理器和串口等信息。
- SAM 子键：是关于安全账号管理器的子键，该子键已经被系统保护起来，用户不可能看到里面的内容。SECURITY 子键：是保存本地安全性和用户权限有关信息。
- SOFTWARE 子键：该子键中保留的是所有已安装的 32 位应用程序（系统软件和用户软件信息）的信息。各个程序的控制信息分别安装在相应的子键中。由于不同的机器安装的应用程序互不相同，因此这个子键下面的子键信息会有很大的差异。
- SYSTEM 子键：该子键存放的是启动时所使用的信息和修复系统时所需的信息，其中包括各个驱动程序的描述信息、服务和 Windows 配置有关信息等。System 子键下面有一个 CurrentControlSet 子键，系统在这个子键下保存了当前的驱动程序控制集的信息。

② HKEY_CLASSES_ROOT 根键。

HKEY_CLASSES_ROOT 根键中记录的是 Windows 操作系统中所有数据文件以及启动应用程

序所需的全部信息，包括：所有扩展名以及应用程序和文档之间的关联信息、所有驱动程序的名字、不同文件的文件名后缀和与之对应的应用程序（如 aufile 指向的是一个 AU Sound Clip 格式的文件，这些文件格式名称在"文件夹选项"对话框中反映出来）、类标识 CLSID、DDE 和 OLE 信息、应用程序和文档使用的图标。当用户双击一个文档时，系统可以通过这些信息启动相应的应用程序。该根键中存放的信息与 HKEY_LOCAL_MACHINE\Software\Classes 分支中存放的信息是一致的。

HKEY_CLASSES_ROOT 根键由多个子键组成，具体可分为两种：一种是已经注册的各类文件的扩展名，一种是各种文件类型的有关信息。由于该根键包含的子键数目最多，下面就以 Avifile 子键为例简要介绍它下面的子键的含义。

- CLSID 子键：Avifile 子键下的第一个子键是 CLSID，即"分类标识"，在选中它时可以看到其默认的键值。Windows 系统可用这个类标识号来识别相同类型的文件。在 HKEY_CLASSES_ROOT 主键下也有一个子键 CLSID，其中包含了所有注册文件的类标识。
- Compressors 子键：该分支下面的两个子键 auds 和 vids 分别给出了音频和视频数据压缩程序的类标识，通过这些类标识可以找到相应的处理程序，
- DefaultIcon 子键：该子键用于设置 avifile 的缺省图标。
- RIFFHandlers 子键：该子键用于设置 RIFF 文件的句柄。在该子键下包含了 AVI 和 WAVE 两个文件的类标识。
- protocol 子键：该分支下的子键中包含了执行程序和编辑程序的路径和文件名，
- Shell 子键：该子键位于 HKEY_CLASSES_ROOT\avifile\Shell 分支上，用于设置视频文件的外壳。
- shellex 子键：该子键位于 HKEY_CLASSES_ROOT\avifile\shellex 分支上。该分支的子键中包含了视频文件的外壳扩展。

③ HKEY_CURRENT_CONFIG 根键。

这里存放的是针对当前系统的硬件配置，从 HKEY_LOCAL_MACHINE 的内容映射过来的信息。如果用户在 Windows 中设置了两套或者两套以上的硬件配置文件（Hardware Configuration file），则在系统启动时将会让用户选择使用哪套配置文件。而 HKEY_CURRENT_CONFIG 根键中存放的正是当前配置文件的所有信息。

④ HKEY_USERS 根键。

HKEY_USERS 根键中保存的是默认用户（.Default）、当前登录用户与软件（Software）的信息。它的下面有 3 个子键：.DEFAULT 子键、S–1–5–21–1229272821–436374067–1060284298–1000 和 S–1–5–21–1229272821–436374069–1060284298–1000_Classes 子键，其中最重要的是 .DEFAULT 子键。

.DEFAULT 子键的配置是针对未来将会被创建的新用户的。新用户根据默认用户的配置信息来生成自己的配置文件，该配置文件包括环境、屏幕、声音等多种信息。

⑤ HKEY_CURRENT_USER 根键。

用来管理与当前登录系统的用户有关信息，包括用户的桌面及外观和行为、与所有网络设备的连接、桌面程序项以及应用程序参数选择项、屏幕颜色等其他个人偏好、安全权限等。HKEY_CURRENT_USER 根键中保存的信息与 HKEY_USERS\.Default 分支中所保存的信息是相同的。任何对 HKEY_CURRENT_USER 根键中的信息的修改都会导致对 HKEY_USERS\.Default 中子键信息的修改，反之也是如此。

注册表中的数据分别存放在 7 个文件中，它们都在 \ WINNT \ SYSTEM32 \ Config 文件夹

中，每个文件都对应一个子键分支，所以也称为配置单元。

DEFAULT：对应于 HKEY USERS \ .DEFAULT，存储缺省用户设置。

SAM：对应于 HKEY LOCAL MACHINE \ SAM，存储安全账号管理器。

SECURITY：对应于 HKEY LOCAL MACHINE \ SECURITY，存储安全设置。

SOFTWARE：对应于 HKEY LOCAL MACHINE \ SOFTWARE，存储应用软件。

SYSTEM：对应于 HKEY LOCAL MACHTNE \ SYSTEM，存储当前系统设置。

USERDIFF：存储当前用户与缺省用户的差别设置。

USERDIFR：存储当前用户与缺省用户的特殊设置。

另外，各个用户的注册表信息保存在 \ WINNT \ Profiles \ 用户名 \ NTUSER.DAT 文件中，登录到 Windows 系统中的每个用户都有自己的一个配置文件和 NTUSER.DAT 文件，它对应于注册表的 HKEY CURRENT USER 根键及 HKEY_USERS \ S-x(x 为一串数字)子键分支。

需注意一点的是，虽然看到的是五大主键，但实际上有几项是重复的，如 HKEY_CLASSES_ROOT 和 HKEY_LOCAL_MACHINE\Software\CLASSES 下的内容完全相同，这里注册表提供了双重入口，虽然看起来地址不太一样，但实际都指向同一位置，这也是为了修改方便。所以真正常用到修改的地方只是 HKEY_CLASSES_ROOT、HKEY_CURRENT_USER 和 HKEY_LOACAL_MACHINE 这 3 处。

3．实训操作

操作一　注册表编辑器的基本操作

在注册表编辑器中可进行如下基本操作：

（1）还原注册表

在计算机启动时，看到屏幕上有"选择启动操作系统"消息后迅速按【F8】功能键，然后在启动菜单中选择"最后一次正确的配置"并按【Enter】键，这样启动计算机后就还原了注册表 HKEY_LOCAL_MACHINE \ System \ CurrentControlSet 中的信息，这也是将计算机从诸如新添加驱动程序与硬件不符等问题中恢复的一种方法。

（2）查找和更改子键及键值项数据

利用"编辑"菜单中的"查找"命令，可以在注册表中查找指定字符串的项（或子键）、值（键值项名称）和数据。利用"新建"菜单项可以在选中的子键中添加新的注册表项，也可以在选中的注册表项中添加键值。利用"删除"命令可以删除一个选中的子键、注册表项或键值。注意，键值的数据类型有字串值（REG_SZ）、二进制值（REG_BINARY）和双字节值（REG_DWORD）。

（3）导出、导入或打印注册表

使用"注册表"菜单中的"导出注册表文件"命令可以将注册表的全部或部分保存为扩展名为.reg 的注册表文件；使用"导入注册表文件"命令可以用注册表文件来恢复注册表的全部或部分内容；使用"打印"命令可以将注册表的全部或部分内容打印出来。

操作二　注册表应用举例

通过对注册表内容的修改，几乎可以更改系统中所有硬件、应用程序、用户等系统配置。这里，仅列举几个简单的应用实例。

（1）更改桌面图标大小

在"运行"对话框中输入 regedit 命令，打开"注册表编辑器"窗口后，选择 HKEY_CURRENT_

USER\Control Panel\Desktop\WindowsMetrics 注册表项，在右边的值项窗格中双击 Shell Icon Size，弹出"编辑字符串"对话框，其"数值数据"默认为 32，更改其大小既可改变桌面图标的尺寸大小。

（2）禁止运行某些程序

为维护系统安全，可禁止某些具有危险性程序的运行。选择 HKEY_CURRENT_USER\Software\Microsoft\Windows\CurrentVersion\Policies\Explorer 注册表项，在右击后弹出的快捷菜单中选择"新建"→"DWORD 值"命令，新建一个名为 DisallowRun 的值项，双击该值项后将其"数值数据"修改为 1，"基数"选择"十六进制"。再次右击 Explorer 注册表项，在弹出的快捷菜单中选择"新建"→"项"命令，新建一个名为 DisallowRun 的子项，然后在右击该子项所弹出的快捷菜单中选择"新建"→"字串值"命令，新建一个名称为"1"的 REG_SZ 类型值项，双击该值项后在其"数值数据"文本框中输入要禁止运行的程序名称，例如输入 Notepad. exe 以禁止运行记事本程序。

（3）隐藏指定驱动器

要在"我的电脑"中隐藏指定的驱动器，可选择 HKEY_CURRENT_USER\Software\Microsoft\Windows\CurentVersion\Policies\Explorer 注册表项并右击，在弹出的快捷菜单中选择"新建"→"DWORD 值"命令，新建一个命名为 NoDrives 的值项，双击该值项后在"数值数据"文本框中输入从第 0~25 位共 26 个字符位，分别代表驱动器 A~Z（例如输入数据 1，表示隐藏驱动器 A；若输入数据 4，则隐藏驱动器 C；若输入数据 8，则隐藏驱动器 D 等），并将"基数"设为"十六进制"。设置为隐藏后，可防止他人访问指定驱动器，但要注意，虽然隐藏后的驱动器不在"我的电脑"、"资源管理器"等窗口中显示，但用户仍可以通过在"资源管理器"的地址栏中输入驱动器名或在"命令提示符"状态下访问该驱动器。

（4）为"开始"按钮右键菜单增加"计算器"选项

打开 HKEY_CLASSES_ROOT\DIRECTORY\Shell 主键并选中它，在其下新建一个主键命名为 Calculator。双击右侧窗口的"默认"，输入菜单中要显示的命令名称：计算器（&C），C 为启动该菜单命令的快捷键。右击"Calculator"主键分支，其下建立名为"Command"的主键分支，双击右侧窗口中的"默认"，在弹出对话框中输入程序所以路径：C:\WINNT\System32\calc.exe。

（5）修改游览器默认网页

打开 HKEY_USERS\S-1-5-21-299502267-1532298954-839522115-1000\Software\Microsoft\Internet Explorer\Main。在右侧窗口中寻找键值名称 start page，将它的键值数据修改为默认网页地址。

（6）查看"自启动"程序

绝大多数"自启动"程序都是通过注册表加载的，而它们在"开始/程序/启动"菜单中是看不到的。若要查看或删除"自启动"程序，可按如下操作进行：打开 HKEY_LOCAL_MACHINE\SOFTWARE\Microsoft\Windows\Current Version\Run 分支，在右侧窗口中删除相应键值名称及数据。

（7）找回丢失的安装密码

若不慎丢失 Windows2000 的安装密码，可以通过查看用该软件安装过的机器中的操作系统来获得。打开 HKEY_LOCAL_MACHINE\SOFTWARE\Microsoft\Windows\Current Version 分支，查看右侧窗口中 ProductId 的键值数据。

注意：其实在修改注册表时也不必这么麻烦非要记住那么长长的一串字符，一点一点去找。利用 regedit 查找功能就可以帮用户快速定位了。按下【F3】键，在查找目标一栏里填上要查找的字符串内容，按【Enter】键，Regedit 便会自动帮你找到并定位到这个位置了。但是要注意找到的位置对应的根键是哪个，以防止错误修改。

注册表修改后，有的时候可以马上看到修改后的结果出现，例如为"开始"按钮右键菜单增加"计算器"选项。但是在一般情况下，注册表修改后需要重新启动计算机，其设置才会生效。如果由于设置错误而导致计算机启动过程中出错，则可使用前面介绍的方法还原注册表。但这里仍然要提醒用户，修改注册表必须小心谨慎。

4．实训思考

① 将注册表内容全部导出，存放到 D:\regbak.reg 注册表文件中。

② 打开"注册表编辑器"窗口，查找 Explorer 注册表项。

③ 利用注册表编辑器，将浏览器的默认网页设置为 www.hrbjz.edu.cn。

④ 利用注册表编辑器，禁止运行画图程序。

⑤ 利用注册表编辑器，在"我的电脑"窗口中隐藏驱动器 D。

实训 3 Linux 的设备管理

1．实训目的

通过对 Linux 中光驱、软驱及文档打印的操作，了解 Linux 中物理设备、逻辑设备、假脱机设备及作业队列等概念。

2.实训预备

在 Linux 中用户所见到的文件空间是基于树状结构的，在这个树状结构中包含着一些特殊的文件，如 Linux 中要使用的 CD-ROM 或软驱等外围设备，Linux 将它们看成是特殊的代表设备的文件，这些设备文件专门用于访问系统上相应类型的设备。

用户在 Linux 中如果要访问某个类型的设备，就需将其对应的设备文件展开到系统总的目录层次结构中。也就是说，如果要使用软盘或者光驱，可以把它们安装在系统根目录文件系统的某个目录下面，该目录成为安装点。安装完成以后，该目录下面的内容就是软盘或光盘原来根目录下面的内容。对该目录下文件的所有操作其实也就是对光驱或软驱上文件的操作。这些安装点就是相应的物理设备所对应的逻辑设备。

为了保证文件的安全性，在 Linux 中对光驱及软驱上的文件不需操作时，应在取出盘片前，断开物理设备与逻辑设备的连接，即卸下安装点上的文件。Linux 中使用 mount 和 umount 命令来实现文件的安装和卸载。

（1）卷的装卸

① mount 命令。

命令语法:mount -t [filesystem_name] /dev/device [mount_point]

命令功能：安装文件系统。

说明：其中 filesystem_name 是安装设备对应文件系统的类型名，表 4-3 列出了常用文件系统对应的类型名；device 是安装的实际设备。表 4-4 列出了/dev 目录中的一些常用的设备；mount_point 是文件系统树中安装这个文件系统的安装点。需要注意的是，mount 命令只有超级用户才能使用。安装点在安装前应存在，如果不存在应提前用 mkdir 命令建立好。

表 4-3　Linux 支持的文件系统类型

文件系统名	类　型	主　要　功　能
第二扩展文件系统	ext2	最普通的 Linux 文件系统
扩展文件系统	Ext	已由 ext2 替代
Minix 文件系统	Minix	最初的 Minix 的文件系统，很少被使用
Xia 文件系统	xia	与 ext2 类似，但很少被使用
UMSDOS 文件系统	umsdos	用于在 MS-DOS 分区上安装 Linux
MS-DOS 文件系统	msdos	用于访问 MS-DOS 的文件
/proc 文件系统	proc	为 ps 命令提供进程信息
ISO 9660 文件系统	iso9660	为大多数 CD-ROM 所使用的文件系统格式
Xenix 文件系统	xenix	用于访问 Xenix 的文件系统
系统 V 文件系统	sysv	用于访问 UNIX 系统 V 在 x86 系列机上的变种系统的文件系统
Coherent 的文件系统	coherent	用于访问 UNIX 系统 V 的文件系统
HPFS 文件系统	hpfs	用于只读访问 HPFS 分区（双倍空间）

表 4-4　/dev 目录中一些常用的设备

设　备　文　件	描　　　　述
/dev/console	系统控制台，它是与 linux 系统实际连接的计算机显示器
/dev/hd	IDE 硬盘驱动器的设备驱动程序接口。Scsi 硬盘和分区使用与 IDE/dev/hd 设备相同的约定
/Dev/sd	Scsi 硬盘的设备程序。/dev/fd()是第一个软盘驱动器，/dev/fd1
/dev/fd	提供支持软盘的设备驱动程序。/dev/fd()是第一个软盘驱动器，/dev/fd1 是第二个软盘驱动器
/dev/st	Scsi 磁盘驱动器的设备驱动程序

② umount 命令。

Umount 命令有 3 种基本形式：

命令语法 1：umount [mount_point]

命令功能：卸下文件系统。

命令语法 2：umount -a

命令功能：卸下所有的文件系统。

命令语法 3：umount -t file_type

命令功能：只卸下指定类型的文件系统。

说明：其中 mount_point 是文件系统中安装点的目录名；file_type 是指定类型的文件系统。需注意的是，umount 命令只有超级用户才能使用。

（2）文档的打印

在 Linux 下文件的打印采用了假脱机技术，即系统首先把要打印文件送入另一个文件中。因为打印机是比较慢的外围设备，为了不影响计算机系统的速度，Linux 将要打印的文件送到暂存区，此过程在操作系统中称为假脱机，而打印机称为假脱机设备。

当要打印 Linux 中的一个文档时，文件不直接送到打印机，而是将它送入一个队列，按先进先出的原则打印。如果待打印的文档排列在打印队列中的第一个，同时打印机已打开，那么此文档几乎立即被打印。

在 Linux 中要想较好地使用打印机，应了解用于打印的重要程序。Linux 的打印系统由 5 个程序组成，它们所在的文件位置及文件权限如表 4-5 所示。

表 4-5　打　印　程　序

文　件　权　限	文　件　位　置
-rwxr-xr-x	/usr/bin/lpr
-rwxr-xr-x	/usr/bin/lpq
-rwxr-xr-x	/usr/bin/lpc
-rwxr-xr-x	/usr/bin/lprm
-rwxr-x---	/usr/bin/lpd

① lpd 命令。

Linux 通过 lpd 守护进程处理所有的打印工作。如果这个进程没有运行，那么不能进行任何打印操作，并且要求打印的文档一直保留在它们的打印列中，直到启动了 lpd 进程。在 Linux 的命令提示符下键入 lpd 便可启动 lpd 进程。

② lpr 命令。

lpr 命令向打印机提交一个作业，即将打印作业放到打印队列中。

③ lpq 命令。

lpq 命令显示给定打印机的打印队列的内容。其中显示的一条重要信息是作业的标识号（ID），它用于标识一个特定的作业。如果用户想取消一个挂起的作业，那么就必须指定这个标识号。

④ lprm 命令。

lprm 命令从队列中删除一个作业，即把不想打印的文档从打印队列中删除，用户只须指定将被删除作业的标识号（用 lpq 命令可以得到）。

如果作为超级用户发出 lprm 命令，那么打印机的所有作业都被取消。如果用户作为超级用户并想删除属于一个指定用户的作业，只需指定这个用户的名字。

⑤ lpc 的命令。

lpc 的命令能检查打印机的状态并控制打印机。在特殊的情况下，能启动和停止打印机的假脱机状态，使打印机能或不能工作，以及重新安排打印队列中作业的顺序。

lpc 命令后可带一些参数来检察打印机的状态并控制打印机。如果不带任何参数来激活 lpc，那么 就是交互的，它们提示用户要采取什么操作。表 4-6 给出了一些通用的 lpc 的命令。

表 4-6　一些通用的 lpc 命令

命　　令	参　　数	说　　　　　明
stop	Printer	停止指定打印机，但打印请求仍存在
start	Printer	允许指定的打印机开始打印以前要打印的文件和任何要在指定打印机上打印的新文件
exit,quit	（无）	退出 lpc 交互模式
status	Printer	显示指定打印机的当前状态，如打印机是否可用，打印队列是否激活，打印队列中正在等待打印作业数

需要注意的是，lpc 命令被限于只能由 root（即超级用户）使用。

3. 实训操作

操作一　装卸卷

例 1：安装 DOS 软盘上的文件系统，并查看其内容。

```
[root@ww]#mount  -t  msdos  /dev/fd0  /mnt/floppy
[root@ww]#1s /mnt/floppy
```

此时显示的就是软盘上文件的内容，表示文件系统安装好。其中 floppy 目录已准备好。

例 2：安装光盘上的文件系统，并查看其内容。

```
    [root@ww]#mount  -t  iso9660  /dev/cdrom  /mnt/cdrom
[root@ww]#1s /mnt/cdrom
```

例 3：安装 Linux 启动软盘上的文件系统，并查看其内容。

```
    [root@ww]#mount  -t  iso9660  /dev/fd0  /mnt/floppy
    [root@ww]#1s  /mnt/floppy
```

此时显示的就是 Linux 启动软盘上文件的内容，表示文件系统安装好。

例 4：卸下光盘的文件系统。

```
    [root@ww]#umount  /mnt/cdrom
    [root@ww]#1s  /mnt/cdrom
```

此时无显示，表示文件系统已经卸下。

例 5：卸下软盘的文件系统。

```
[root@ww]#umount  /mnt/floppy
[root@ww]#1s  /mnt/floppy
```

此时无显示，表示文件系统已经卸下。

操作二　打印文档

下面列出在超级用户目录下，对目录中已有的两个文件 ext1.txt 和 ext2.txt 如何使用打印命令。

① 在无作业提交打印前检查打印机的状态。

```
[root@ww]#1pc   status
   lp: queuing  is  enabled
   printing  is enabled
   no  daemon  present
```

② 显示打印机的打印队列：

```
[root@ww]#1pq
   no  entries
```

③ 将打印机电源关掉，提交作业 ext1.txt 打印，检查打印机状态，显示打印机的队列情况：

```
[root@ww]#lpr  ex1.txt
[root@ww]#lpc   status
   lp: queuing  is  enabled
   printing  is enabled
   entry  in  spool  area
   lp is ready  and  printing
[root@ww]#1pq
   lp is  ready  and  printing
   Rank  Owner  Job  Files  Total Size
   Active  root  5  ex1.txt   82bytes
```

④ 提交 ex2.txt 打印后，再检查打印机状态，显示此时打印机的打印队列情况：

```
[root@ww]#1pr    ex2.txt
[root@ww]#1pc    status
    1p:  queuing   is enabled
    printing   is enabled
    entries  in    spool   area
    lp is ready and printing
[root@ww]#lpq
    lp is ready and printing
    Rank Owner job Files Total Size
    Active root 15 ex1.txt 82 bytes
    1st root 16 ex2.txt 74 bytes
```
⑤ 从打印队列中删除 ex1.txt 文件。显示打印机队列情况：
```
[root@ww]#1prm 15
    dfA015Aaj8Dgx dequeued
    cfA015Aaj8Dgx dequeued
[root@ww]#1pq
    1p is ready and printing
    Rank Owner Job Files   Total Size
    Active root 16 ex2.txt     74 bytes
```
⑥ 将打印机电源打开，此时打印队列中的作业将顺序在打印机上输出，即 ex2.txt 作业将从打印机上输出。

⑦ 显示打印机的打印队列，此时显示队列中无作业：
```
[root@ww]#1pq
    no entries
```

4．实训思考

以超级用户名登陆 Linux 操作系统，完成以下相应的操作：

① 查看 DOS 软盘和光盘的内容。

② 了解你使用的计算机硬盘分区情况，然后查看硬盘非 Linux 分区上的内容。

③ 卸下光盘内容，再查看光盘内容。

④ 卸下所有已装载的文件系统。

⑤ 查看你使用的打印机的配置信息。

⑥ 检查打印机的状态及打印队列。

⑦ 打印机电源关闭，提交两个作业（如 ex1.txt, ex2.txt）打印，并查看此时打印机的状态及打印队列情况。

⑧ 将作业 1（ex1.txt）再提交给打印机，查看打印队列情况；然后将作业队列中的第一次提交的作业 1 从作业队列中删除，再查看打印队列情况。

⑨ 启动打印机电源，将作业打印队列中的文件打印输出，并检查打印机的状态及打印队列。

⑩ 以普通用户登陆，实验内容①～⑨哪些能实现？

⑪ 如果实验内容⑦中打印机电源是打开的状态，此时⑦、⑧中的打印队列有何变化？

习　题　4

一、单项选择题

1. 在一般大型计算机系统中，主机对外围设备的控制可通过通道、控制器和设备 3 个层次来实现。下面叙述中（　　　）的叙述是正确的。

    A. 控制器可控制通道，设备在通道控制下工作

    B. 通道控制控制器，设备在控制器控制下工作

    C. 通道和控制器分别控制设备

    D. 控制器控制通道和设备

2. 为实现设备分配，应为每个设备设置一张（　　　）。

    A. 系统设备表　　　　　　　　　　B. 通道控制表

    C. 逻辑设备表　　　　　　　　　　D. 设备控制表

3. 下列有关 SPOOLing 系统的叙述，（　　　）是正确的。

    A. 构成 SPOOLing 系统的基本条件是具有外围输入机和外围输出机

    B. 构成 SPOOLing 系统的基本条件是需要大容量、高速硬盘作为输入井和输出井

    C. SPOOLing 技术又称为脱机技术

    D. 构成 SPOOLing 系统时不需要内存

4. 下列设备属于独占设备的是（　　　）。

    A. 磁盘　　　　　　B. 软盘　　　　　　C. 打印机　　　　D. 硬盘

5. 通道是一种（　　　）。

    A. I/O 专用处理器　　　　　　　　B. 数据通道

    C. 软件工具　　　　　　　　　　　D. I/O 接口

6. 对磁盘进行读写操作时，下列参数（　　　）是不需要的。

    A. 柱面号　　　　　B. 磁头号　　　　　C. 盘面号　　　　D. 扇区号

7. 磁盘高速缓冲设在（　　　）中，其目的是为了提高磁盘 I/O 的速度。

    A. 磁盘控制器　　　B. 内存　　　　　　C. 磁盘　　　　　D. Cache

8. 下列算法中用于磁盘移臂调度的是（　　　）。

    A. 时间片轮转法　　　　　　　　　B. LRU 算法

    C. 电梯算法　　　　　　　　　　　D. 优先级高者优先算法

9. 从下列关于驱动程序的论述中选择一条正确的。

    A. 驱动程序与 I/O 设备的特性紧密相关，因此应为每一设备配备一个专门的驱动程序

    B. 驱动程序与 I/O 控制方式紧密相关，因此对 DMA 方式应以字节为单位去启动设备

    C. 驱动程序与 I/O 设备的特性紧密相关，因此应全部用汇编语言编写

    D. 对于一台多用户机，配置了相同的 8 个终端，此时可只配置一个由多个终端共享的驱动

10. 磁盘属于一种块设备，磁盘的 I/O 控制方式采用（　　　）。

    A. 程序 I/O 方式　　　　　　　　　B. 程序中断方式

    C. DMA 方式　　　　　　　　　　D. SPOOLing 技术

二、填空

1. 按照 I/O 设备与计算机系统传输数据的单位可将设备分为_____设备和_____设备。

2. I/O 控制方式有程序 I/O 方式、_____方式、_____方式和_____方式。

3. 操作系统中采用缓冲技术的目的是为了增强系统的_____能力，为了使多个进程能有效地同时处理输入和输出，最好使用_____来实现。

4. 通道按传送数据的工作方式可以分成_____、_____和_____三类。

5. 设备分配的任务是按照一定的策略为申请设备的进程分配合适的_____、_____和_____。

6. 磁盘访问时间由_____、_____和数据传输时间组成。

7. 磁盘调度的目标是使多个进程访问磁盘的_____最短。

三、问答题

1. 请举例说明什么是独占设备？什么是共享设备？

2. 设备管理的主要功能是什么？

3. 试说明 DMA 的工作流程。

4. 什么是设备独立性？实现设备独立性将带来哪些好处？

5. 试说明缓冲池的工作情况？

6. 目前常用的磁盘调度算法有哪几种？每种调度算法优先考虑的问题是什么？

7. 试说明 SPOOLing 系统的组成。

8. 为实现设备的有效管理，应采用怎样的数据结构？

9. 什么是"饥饿"现象？什么是"粘着"现象？

10. 设备中断处理程序通常要完成哪些工作？

11. 实现 CPU 与设备控制器之间的通信，设备控制器应具备哪些功能？

四、综合题

1. 假定有一个具有 200 个磁道（编号为 0～199）的移动磁盘，在完成了磁道 125 处的请求后，当前正在磁道 143 处为一个请求服务。若请求队列以 FIFO 次序存放，即 86、147、91、177、94、150、102、175、130。对下列每一个磁盘调度算法，若要满足这些要求，则总的磁头移动次数分别为多少？

① FCFS。

② SSTF。

③ SCAN（磁头向磁道号增加的方向移动）。

④ CSCAN（磁头总是由外向里移动）。

2. 某移动臂磁盘的柱面由外向里顺序编号，假定当前磁头停在 100 号柱面且移动方向是向里，现有下面请求序列在等待访问磁盘：190、10、160、80、90、125、30、20、140、25。

① 写出分别采用 SSTF 和 SCAN（磁头向磁道号减小的方向移动）算法时，实际处理上述请求的次序。

② 针对本题比较上述两种算法，就移动臂所花的时间而言，哪种算法更合适？

第5章 文件管理

【知识结构图】

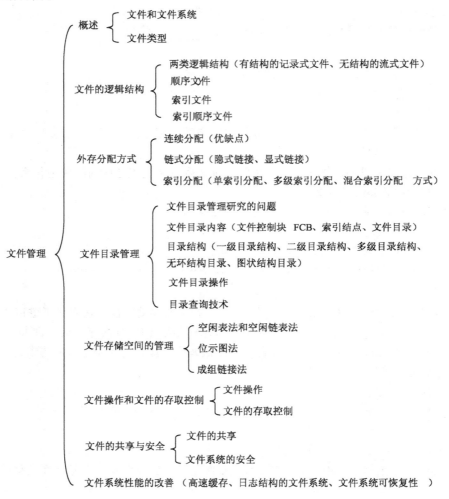

【学习目的与要求】

通过本章的学习，使学生理解并掌握文件的逻辑结构和物理结构，掌握操作系统对文件的管理方法，理解用户对文件系统的使用以及文件系统的层次结构。本章学习要求如下：

- 了解文件系统的组成；
- 掌握文件的逻辑结构和物理结构中的各种分类；
- 理解文件目录管理的目的、目录结构的安排以及目录管理的各类策略；

● 了解文件存储空间管理的各类方法；

● 了解文件存取控制及共享与安全中采用的机制。

在现代计算机系统中要用到大量的程序和数据，由于内存容量有限，且不能长期保存，故而平时总是把它们以文件的形式存放在外存中，需要时可随时将它们调入内存。如果由用户直接管理外存上的文件，不但要求用户熟悉外存特性，了解各种文件的属性，以及它们在外存上的位置，而且在多用户环境下，还必须要保持数据的安全性和一致性。显然，这是用户所不能胜任、也不愿意承担的工作。取而代之的，便是在操作系统中增加了文件管理功能，构成一个文件系统，负责管理外存上的文件，并把对文件的存取、共享和保护等手段提供给用户。这样不仅方便了用户，保证了文件的安全性，还可以有效地提高系统资源的利用率。

5.1　文件系统概述

5.1.1　文件和文件系统

1. 文件

文件是指由创建者所定义的、具有文件名的一组相关元素的集合。文件可分为有结构文件和无结构文件两种。在有结构的文件中，文件由若干个相关记录组成；而无结构文件则被看作一个字符流。文件在文件系统中是一个最大的数据单位，它描述了一个对象集。例如，可以将一个班的学生记录作为一个文件。

在有结构的文件中，数据项是最低级的数据组织形式，它分为基本数据项和组合数据项。基本数据项用于描述一个对象的某种属性的字符集，是数据组织中可以命名的最小逻辑数据单位，即原子数据，又称为数据元素或字段。例如，描述一个学生的基本数据项有学号、姓名、年龄等。组合数据项是由若干个基本数据项组成的，简称组项。例如，实领工资便是一个组项，它由应发工资和代扣款项两个基本数据项组成。图 5-1 中给出了有结构的文件、记录和数据项之间的层次关系。

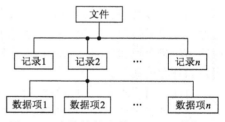

图 5-1　有结构的文件、记录和数据项之间的层次关系

一个文件必须要有一个文件名，它通常是由一串 ASCII 码或（和）汉字构成，文件名的长度因系统不同而异。例如，在有的系统中把文件名规定为 8 个字符，而在有的系统中规定可用 14 个字符。用户是利用文件名来访问文件的。一般情况下文件名包含两部分的内容，即主文件名和扩展名。文件名的标准格式为：<主文件名>[.<扩展名>]。通常情况下，用户可以直接通过文件的扩展名来获知文件的类型。例如，在 Widnows 操作系统中，扩展名为.exe 的文件为可执行文件，扩展名为.txt 的文件为文本文件。

此外，文件应具有自己的属性，文件属性可以包括：

① 文件类型：可以从不同的角度来规定文件的类型，如源文件、目标文件及可执行文件等。

② 文件长度：一般指文件的当前长度，长度的单位可以是字节、字或块。

③ 文件的物理位置：它通常是用于指示文件在哪一个存储设备上及在该设备上的具体存

储位置的指针。

④ 文件的建立时间：指创建文件的时间和最后一次修改文件的时间等。

2．文件系统

操作系统中负责管理和存取文件信息的软件机构称为文件管理系统，简称文件系统。文件系统由三部分组成：与文件管理有关的软件集合、被管理的对象（文件、目录等）以及实施文件管理所需的数据结构。从系统角度来看，文件系统是对文件存储设备的存储空间进行组织和分配，负责文件的存储并对存入的文件进行保护和检索的系统。具体地说，它负责为用户建立文件，存入、读出、修改、转储文件，控制文件的存取，当用户不再使用该文件时撤销文件等。

在操作系统中增设了文件管理部分后，为用户带来了如下好处：

（1）使用的方便性

由于文件系统实现了按名存取，用户不再需要为自己的文件考虑存储空间的分配，因而无需关心自己的文件所存放的物理位置。特别是，假如由于某种原因，文件的位置发生了改变，甚至连文件的存储设备也换了，在具有按名存取能力的系统中，对用户不会产生任何影响，因此也用不着修改自己的程序。

（2）数据的安全性

文件系统可以提供各种保护措施，防止无意的或有意的破坏文件。例如，有的文件可以规定为"只读文件"，如果某一用户企图对其修改，那么文件系统可以在存取控制验证后拒绝执行，因而这个文件就不会被误用而遭到破坏。另外，用户可以规定自己的文件除本人使用外，只允许核准的几个用户共同使用。若发现事先未核准的用户要使用该文件，文件系统就会认为其非法并予以拒绝。

（3）接口的统一性

用户可以使用统一的广义指令或系统调用来存取各种介质上的文件。这样做简单、直观，而且摆脱了对存储介质特性的依赖以及使用 I/O 指令所做的繁琐处理。从这种意义上看，文件系统提供了用户和外存的接口。

由此，可以得出文件系统模型，如图 5-2 所示。

在文件系统模型中，最低层的对象包括文件、目录以及外存（磁带或磁盘）存储空间；软件集合包括对上述对象管理的软件，如地址变换、对对象的共享和保护等；文件系统接口一般包括命令接口和程序接口，用户可以通过键盘输入命令，也可以通过系统调用来取得文件系统的服务。

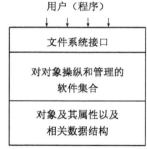

图 5-2　文件系统模型

3．文件系统的基本功能

从用户使用角度或系统外部来看，文件系统主要实现了"按名存取"；从系统管理角度或系统内部来看，文件系统主要实现了对文件存储器空间的组织和分配、对文件信息的存储、以及对存入的文件进行保护和检索。具体地说，它要借助组织良好的数据结构和算法有效地对文件信息进行管理，提供简明的手段，使用户方便地存取信息。综上所述，操作系统中的文件管理部分应具有的具体功能如下：

① 实现按文件名存取文件信息。当用户要求系统保存一个已经命名的文件时，文件系统应根据一定的格式将用户的文件存放到文件存储器中适当的地方；当用户要使用文件时，系统

根据用户所给的文件名能够从文件存储器中找到所要的文件，即完成从用户提供的文件名到文件存储器物理地址的映射。这种映射是由文件的文件说明中给出的有关信息决定的。对用户而言，不必了解文件存取的物理位置和查找方法，这些对用户来讲是透明的。

② 为用户提供统一和友好接口。一般来说，用户是通过文件系统使用计算机的。因此，文件系统是操作系统的对外窗口，用户通过文件系统提供的接口进入系统使用计算机。不同的操作系统提供不同类型的接口，不同的应用程序有时也会使用不同的接口。常见的接口有命令接口、程序接口、图形接口等。

③ 实施对文件和文件目录的管理。这是文件系统最基本的功能，它负责为用户建立、撤销、读写、修改、复制文件以及对文件目录的建立和删除。

④ 文件存储器空间的分配和回收。当建立一个文件时，文件系统应根据文件的大小，为文件分配合适的存储空间；当文件被删除时，系统将回收其存储空间。

⑤ 提供有关文件的共享和保护。

4．常见文件系统

随着操作系统的不断发展，越来越多的功能强大的文件系统不断涌现。这里，列出一些具有代表性的文件系统。

① EXT2：Linux 最为常用的文件系统，设计易于向后兼容，所以新版的文件系统代码不必改动就可以支持已有的文件系统。

② NFS：网络文件系统，允许多台计算机之间共享文件系统，易于从网络中的计算机上存取文件。

③ FAT：经过了 MS-DOS、Windows 3.x、Windows 9x、Windows 2000/XP 等操作系统的不断改进，它已经发展成为包含 FAT12、FAT16 和 FAT32 的庞大家族。

④ NTFS：NTFS 是微软为了配合 Windows NT 的推出而设计的文件系统，为系统提供了极大的安全性和可靠性。

5.1.2　文件类型

现代操作系统中，不但将信息组织成文件，而且为了操作的方便性和一致性，对设备的访问也是基于文件进行的。例如，打印数据就是向打印机设备文件写数据，从键盘接收数据就是从键盘设备文件读数据。因此，站在不同的角度对文件有各种分类方式。

1．按文件性质和用途分类

按文件性质和用途可将文件分为系统文件、库文件和用户文件。

- 系统文件：由操作系统和其他系统程序的信息所组成的文件。
- 库文件：由标准子程序和常用应用程序组成的文件。这类文件一般不允许用户修改。
- 用户文件：由用户建立的文件，如源程序、目标程序和数据文件。

2．按信息保存期限分类

按信息保存期限可将文件分为临时文件、档案文件和永久文件。

- 临时文件：保存临时信息的文件。如用户在一次算题过程中建立的中间文件，撤离系统时，这些文件也随之被撤销。
- 档案文件：保存在作为"档案"用的磁带上，以备查证和恢复时使用的文件。
- 永久文件：要长期保存的文件。

3．按文件的保护方式分类

按文件的保护方式可将文件分为只读文件、读写文件、可执行文件和不保护文件。

- 只读文件：只允许文件主和核准的用户读，但不允许写。
- 读写文件：只允许文件主和核准的用户读、写，但未核准的用户不允许读和写。
- 可执行文件：只允许文件主和核准的用户执行。
- 不保护文件：所有的用户都可以存取。

4．按照文件的数据形式分类

- 源文件：指由源程序和数据构成的文件。通常由终端或输入设备输入的源程序和数据所形成的文件都属于源文件。它通常由 ASCII 码或汉字组成。
- 目标文件：指把源程序经过相应语言的编译程序编译过，但尚未经过链接程序链接的目标代码所构成的文件。它属于二进制文件。通常，目标文件所使用的后缀名是.obj。
- 可执行文件：指把编译后所产生的目标代码再经过链接程序链接后所形成的文件。

5．按照用户观点分类（UNIX/Linux 操作系统）

- 普通文件（常规文件）：指系统中最一般组织格式的文件，一般是字符流组成的无结构文件。
- 目录文件：由文件的目录信息构成的文件，操作系统将目录也当作文件来处理，便于统一管理。
- 特殊文件：在 UNIX 或 Linux 操作系统中，所有的输入/输出外围设备都被看作特殊文件便于统一管理。操作系统会把对特殊文件的操作转接指向相应的设备操作，真正的设备驱动程序不包含在这特殊文件中，而是链接到操作系统核心中，存放在内存高端部分。

文件分类的目的是对不同文件进行管理，提高系统效率，提高用户界面的友好性。当然，根据文件的存取方法和物理结构的不同还可以将文件分为不同的类型，这将在文件的逻辑结构和文件的物理结构中介绍。

5.2　文件的结构

通常，文件是由一系列的记录组成的。文件系统设计的关键要素，是将这些记录构成一个文件的方法，以及将一个文件存储到外存上的方法。事实上，对于任何一个文件，都存在着以下两种形式的结构，即文件的逻辑结构和文件的物理结构。

（1）文件的逻辑结构（File Logical Structure）

这是从用户观点出发所观察到的文件组织形式，是用户可以直接处理的数据及其结构，它独立于文件的物理特性，又称为文件组织。

（2）文件的物理结构（File Physical Structure）

又称为文件的存储结构，是指文件在外存上的存储组织形式。这不仅与存储介质的存储性能有关，而且与所采用的外存分配方式有关。

无论是文件的逻辑结构，还是物理结构，都会影响对文件的检索速度。这里首先介绍文件的逻辑结构。

5.2.1　文件的逻辑结构

文件的逻辑结构可分为两大类：一类是有结构文件，它是由一个以上的记录构成的文件，故又称为记录式文件；二是无结构的流式文件，它是由一串顺序字符流构成的文件。

1. 有结构的记录式文件

在记录式文件中，所有的记录通常都是描述一个实体集的，有着相同或不同数目的数据项，记录的长度可分为定长和不定长两类。

① 定长记录：是指文件中所有记录的长度都是相同的，所有记录中的各个数据项，都处在记录中相同的位置，具有相同的顺序及相同的长度，文件的长度可用记录数目表示，如图 5-3 所示。定长记录的特点是处理方便，开销小，是目前较常用的一种记录格式，被广泛用于数据处理中。

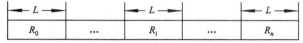

图 5-3　定长记录格式

② 变长记录：是指文件中各记录的长度不相同。原因有两点：① 一个记录中所包含的数据项数目可能不同。如书的著作者、论文中的关键词等；② 数据项本身的长度不确定，如图 5-4 所示，例如，病历记录中的病因、病史，科技情报记录中的摘要等。但不论是哪一种记录，在处理前每个记录的长度是可知的。

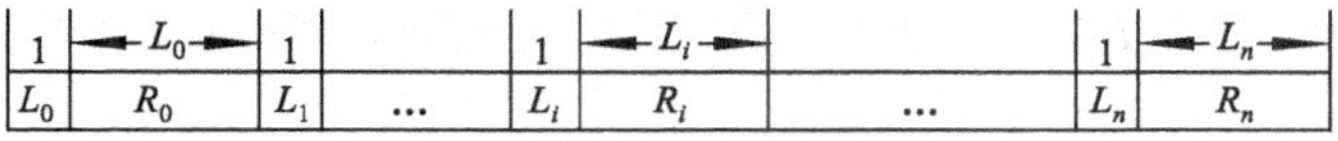

$$\begin{array}{|c|c|c|c|c|c|c|c|c|}\hline 1 & L_0 & 1 & & 1 & L_i & & 1 & L_n \\ \hline L_0 & R_0 & L_1 & \cdots & L_i & R_i & \cdots & L_n & R_n \\ \hline \end{array}$$

图 5-4　变长记录格式

根据用户和系统管理上的需要，可采用多种方式来组织这些记录，形成下述的几种文件：

① 顺序文件。这是由一系列记录按某种顺序排列所形成的文件。其中的记录通常是定长记录，因而能用较快的速度查找文件中的记录。

② 索引文件。当记录为可变长度时，通常为之建立一张索引表，并为每个记录设置一个表项，以加快对记录检索的速度。

③ 索引顺序文件。这是上述两种文件构成方式的结合。它为文件建立一张索引表，为每一组记录中的第一个记录设置一个表项，而每组记录又采用顺序方式管理。

2. 无结构的流式文件

无结构的流式文件的文件体为字节流，不划分记录。无结构的流式文件通常采用顺序访问方式，并且每次读/写访问可以指定任意数据长度，其长度以字节为单位。对流式文件的访问，是指利用读/写指针指出下一个要访问的字符。可以把流式文件看作是记录式文件的一个特例。在 UNIX 系统中，所有的文件都被看作流式文件，即使是有结构的文件，也被视为流式文件，系统不对文件进行格式处理。

5.2.2　顺序文件

1. 逻辑记录的排序

文件是记录的集合。文件中的记录可以是任意顺序的，因此，它可以按照各种不同的顺序进行排列。一般地，可归纳为以下两种情况：

① 串结构，各记录之间的顺序与关键字无关。通常的办法是由时间来决定，即按存入时间的先后排列，最先存入的记录为第一条记录，其次存入的为第二条记录，……依此类推。

② 顺序结构，指文件中的所有记录按关键字排列。

对顺序结构文件可有更高的检索效率，因为在检索串结构文件时，每次都必须从头开始，逐个记录地查找，直至找到指定的记录，或查完所有的记录为止。而对顺序结构文件，则可以利用某种有效的查找算法，如折半查找法、插值查找法等来提高检索的效率。

2. 对顺序文件的读/写操作

顺序文件中的记录可以是定长的，也可以是变长的。对于定长记录的顺序文件，如果已知当前记录的逻辑地址，可以很容易确定下一个记录的逻辑地址。在读一个文件时，可设置一个读指针 Rptr，令它指向下一个记录的首地址，如图 5-5（a）所示。每当读完一个记录，便执行以下操作：

Rptr：=Rptr+L

使之指向下一个记录的首地址，其中 L 为记录的长度。类似地，在写一个文件时，也应设置一个写指针 Wptr，使之指向要写的记录的首地址。同样，在每写完一个记录时，又须执行以下操作：

Wptr：=Wptr+L

对于变长记录的顺序文件，在顺序读或写时的情况相似，也需要分别为它们设置读或写指针，每个记录的前面需要存储一下该记录的长度，存储每个记录长度所需要的存储空间都是一样的，假设都为 1 个存储单元，如图 5-5（b）所示。在每次读或写完一个记录后，须将读或写指针加上本次刚读或刚写的记录长度 L_i。以读指针为例，当读完一条记录 R_i 时，便执行以下操作：

Rptr：=Rptr+Li

此时就可以读取下一条记录的长度，进而得知本次应该读取长度为多少的记录。

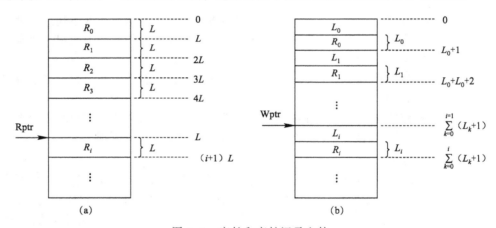

图 5-5 定长和变长记录文件

3. 顺序文件的优缺点

顺序文件的最佳应用场合是在对诸记录进行批量存取时，即每次要读/写一大批记录。此时，对顺序文件的存取效率是所有逻辑文件中最高的。此外，也只有顺序文件才能存储在磁带上，并能有效地工作。

顺序文件的一个缺点是：在交互应用场合，如果用户程序要求查找或修改单个记录，为此系统便要去逐个地查找诸记录，这时，顺序文件所表现出来的性能就可能很差，尤其是当文件较大时，情况更为严重。例如，有一个含有 10^4 个记录的顺序文件，如果对它采用顺序查找法去查找一个指定的记录，则平均需要查找 5×10^3 个记录；如果是可变长记录的顺序文件，则为查找一个记录所需付出的开销将更大，这就限制了顺序文件的长度。

顺序文件的另一个缺点是：如果想增加或删除一个记录，都比较困难。为了解决这一问题，可以为顺序文件配置一个运行记录文件，或称为事务文件，将试图增加、删除或修改的信息记录其中，规定每隔一定时间，将运行记录文件与原来的主文件加以合并，产生一个按关键字排序的新文件。

5.2.3　索引文件

对于定长记录文件，如果要查找第 i 个记录，可直接根据下式计算来获得第 i 个记录相对于第一个记录首地址的地址：

$$A_i = i \times L$$

然而，对于可变长度记录的文件，要查找其第 i 个记录时，须首先计算出该记录的首地址。为此，须顺序地查找每个记录，从中获得相应记录的长度 L_i，然后才能按下式计算出第 i 个记录的首地址。假定在每个记录前用一个字节指明记录的长度，则

$$A_i = \sum_{i=0}^{i-1} L_i + i$$

可见，对于定长记录，除了可以方便地实现顺序存取外，还可较方便地实现直接存取。然而，对于变长记录就较难实现直接存取，因为用直接存取方法来访问变长记录文件中的一个记录是十分低效的，其检索时间也很难令人接受。为了解决这一问题，可为变长记录文件建立一张索引表，对主文件中的每个记录，在索引表中设有一个相应的表项，用于记录该记录的长度 L 及指向该记录的指针。由于索引表是按记录键排序的，因此，索引表本身是一个定长记录的顺序文件，从而可以方便地实现直接存取。图 5-6 给出了索引文件的组织形式。

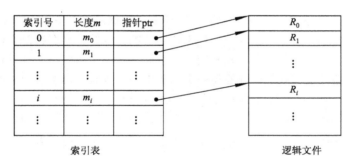

图 5-6　索引文件的组织形式

在对索引文件进行检索时，首先是根据用户程序提供的关键字，利用折半查找法检索索引表，从中找到相应的表项，再利用该表项中给出的指向记录的指针值，访问所需的记录。而每当要向索引文件中增加一个新记录时，便须对索引表进行修改。由于索引文件有较快的检索速度，所以主要用于对信息处理的及时性要求较高的场合，例如，民航订票系统等。使用索引文件的主要问题是：它除了有主文件外，还须配置一张索引表，而且每个记录都要有一个索引项，因此提高了存储成本。

5.2.4　索引顺序文件

索引顺序文件可能是最常见的一种逻辑文件形式。它有效地克服了变长记录文件不便于直接存取的缺点，而且所付出的代价也不算太大。前面已经介绍它是顺序文件和索引文件相结合

的产物，将顺序文件中的所有记录分为若干个组，为顺序文件建立一张索引表，在索引表中为每组记录的第一个记录建立一个索引项，其中含有该记录键值和指向该记录的指针。索引顺序文件的组织形式如图 5-7 所示。

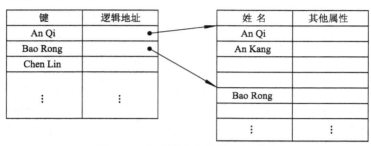

图 5-7　索引顺序文件的组织形式

在对索引顺序文件进行检索时，首先也是利用用户程序所提供的关键字以及某种查找算法，去检索索引表，找到该记录所在记录组中第一个记录的表项，从中得到该记录组第一个记录在主文件中的位置，然后，再利用顺序查找法去查找主文件，从中找到所要求的记录。

但对于一个非常大的文件，为找到一个记录而须查找的记录数目仍然很多，为了进一步提高检索效率，可以为顺序文件建立多级索引，即为索引文件再建立一张索引表，从而形成两级索引表。

5.3　外存分配方式

文件的物理结构是指逻辑文件在文件存储器上的存储结构。它和文件的存取方法密切相关。文件物理结构的好坏，直接影响到文件系统的性能。因此，只有针对文件系统的适用范围建立起合适的物理结构，才能既有效地利用存储空间，又便于系统对文件进行处理。

通常文件是存储在磁盘等外围存储设备上的。由于磁盘具有可直接访问的特性，因此，当利用磁盘来存放文件时，具有很大的灵活性。在为文件分配外存空间时所要考虑的主要问题是：怎样才能有效地利用外存空间和如何提高对文件的访问速度。目前常用的外存分配方法有：连续分配、链接分配和索引分配 3 种。通常在一个系统中，仅采用其中的一种方法来为文件分配外存空间。

在采用不同的分配方法时，将形成不同的文件物理结构。在采用连续分配方式时的物理文件结构，将是顺序式的文件结构；采用链接分配方式时将形成链接式文件结构；而采用索引分配方式将形成索引文件结构。

为了有效地分配文件存储器的空间，通常把它们分成若干块，并以块为单位进行分配和管理。每个块称为物理块，块中的信息称为物理记录。物理块大小通常是固定的，在软盘上常以128 字节为一块，在磁带或磁盘上常以 1024 字节（1 KB）、4096 字节（4 KB）等为一块。

5.3.1　连续分配

1．连续分配方式

连续分配要求为每一个文件分配一组相邻接的盘块。一组盘块的地址定义了磁盘上的一段线性地址。例如，第一个盘块的地址为 B，则第二个盘块的地址为 B+1，第三个盘块的地址为

B+2，……。通常，它们都位于一条磁道上，在进行读/写时，不必移动磁头，仅当访问到一条磁道的最后一个盘块后，才需要移动到下一条磁道，于是又去连续地读/写多个盘块。在采用连续分配方式时，可把逻辑文件中的记录顺序地存储到邻接的各物理盘块上，这样所形成的文件结构称为顺序文件结构，此时的物理文件称为顺序文件。

　　这种分配方式保证了逻辑文件中的记录顺序与存储器中文件占用盘块的顺序的一致性。为使系统能找到文件存放的地址，应在目录项的"文件物理地址"字段中记录该文件第一个记录所在盘块号和文件所占的盘块总数。图 5-8 给出了磁盘连续分配方式的情况。

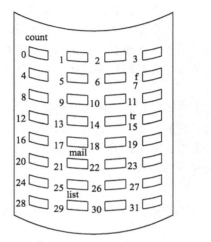

目录

file	start	length
count	0	2
tr	14	3
mail	19	6
list	28	4
f	6	2

图 5-8　磁盘连续分配方式

　　如同内存的动态分区分配一样，随着文件建立时空间的分配和文件删除时空间的回收，将使磁盘空间被分割成许多小块，这些较小的连续区已难以用来再存储文件，此即外存的碎片。同样，也可以利用紧凑的方法，将盘上所有文件紧凑在一起，把所有的碎片拼接成一大片连续的存储空间，但为了将外存空间进行一次紧凑，所花费的时间远比将内存空间进行一次紧凑所花费的时间多得多。

2．连续分配的主要优缺点

（1）连续分配的主要优点

① 顺序访问容易。访问一个占有连续空间的文件，非常容易。系统可以从目录中找到该顺序文件所在的第一个盘块号，从此开始顺序地、逐个盘块地往下读或写。连续分配也支持直接存取。例如，要访问一个从 B 块开始存入的文件中的第 i 盘块的内容，就可以直接访问 B+i 号盘块。

② 顺序访问速度快。因为由连续分配所装入的文件，其所占用的盘块可能是位于一条或几条相邻接的磁道上，这时，磁头的移动距离最少，因此，这种对文件访问的速度是几种存储空间分配方式中最高的一种。

（2）连续分配的主要缺点

① 要求有连续的存储空间。要为每一个文件分配一段连续的存储空间，这样，便会产生出许多外部碎片，严重地降低了外存空间的利用率。如果定期地利用紧凑方法来消除碎片，则又需要花费大量的机器时间。

② 必须事先知道文件的长度。要将一个文件装入一个连续的存储空间，必须事先知道文

件的大小，然后根据其大小，在存储空间中找出一块大小足够的存储区，将文件装入。在有些情况下，这只能靠估算，如果估计的文件大小比实际文件小，就可能因存储空间不足而中止文件的复制。对于那些动态增长的文件，由于开始时文件很小，在运行中逐渐增大，有时这种增长要经历几天、几个月。在此情况下，即使事先知道文件的最终大小，在采用预分配存储空间的方法时，显然也将是很低效的，因为它使大量的存储空间长期地空闲。

5.3.2　链接分配

如同内存管理一样，连续分配所存在的问题在于：必须为一个文件分配连续的磁盘空间。如果在将一个逻辑文件存储到外存上时，并不要求整个文件分配一块连续的空间，而是可以将文件装到多个离散的盘块中，这样也就可以消除上述缺点。在采用链接分配方式时，可通过每个盘块上的链接指针，将同属于一个文件的多个离散的盘块链接成一个链表，把这样形成的物理文件称为链接文件。

由于链接分配是采用离散方式，消除了外部碎片，故而显著地提高了外存空间的利用率；又因为是根据文件的当前需要，为它分配必需的盘块，当文件动态增长时，可动态地再为它分配盘块，因此无须事先知道文件的大小。此外，对文件的增加、删除、修改也十分方便。

链接方式又可分为隐式链接和显式链接两种形式。

1. 隐式链接

在采用隐式链接分配方式时，在文件目录的每个目录项中，都必须包含指向链接文件第一个盘块和最后一个盘块的指针。图 5-9 给出了一个占用 5 个盘块的链接式文件。在相应的目录项中，指示了其第一个盘块号是 9，最后一个盘块号是25。而在每个盘块中都含有一个指向下一个盘块的指针，如在第一个盘块 9 中设置了第二个盘块的盘块号是 16；在16 号盘块中又设置了第三个盘块号1，盘块 25 中设置的盘块号为-1，表示 25号盘块是文件 jeep 的最后一个盘块。

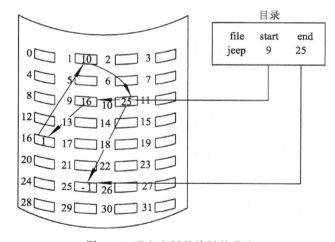

图 5-9　磁盘空间的隐链接分配

隐式链接分配方式的主要问题在于：它只适合于顺序访问，对随机访问是极其低效的。如果要访问文件所在的第 i 个盘块，则必须先读出文件的第一个盘块，由第一个盘块中读取第二个盘块的盘块号，……就这样顺序地查找直至第 i 块。可见，随机访问的速度多么低。此外，只通过链接指针来将一大批离散的盘块链接起来，其可靠性也较差，因为只要其中的任何一个指针出现问题，都会导致整个链接的断开。

为了提高检索速度，减小指针所占用的存储空间，可以将几个盘块组成一个簇。在进行磁盘分配时，以簇为单位，在链接文件中的每个元素也是以簇为单位，这样将会成倍地减小查找指定块的时间，而且也可以减小所占用的存储空间，但增大了内部碎片，且这种改进也是非常有限的。

2．显式链接

显式链接指把用于链接文件各物理块的指针，显式地存放在内存的一张链接表中。该表在整个磁盘仅设置一张，如图 5-10 所示。表的序号是物理盘块号，从 0 开始，直至 $N-1$；N 为盘块总数。在每个表项中存放链接指针，即下一个盘块号。在该表中，凡是属于某一文件的第一个盘块号，或者说是每一条链接首指针所对应的盘块号，均作为文件地址被填入相应文件的 FCB 的"物理地址"字段中。由于查找记录的过程是在内存中进行的，因而不仅显著地提高了检索速度，而且大大减少了访问磁盘的次数。由于分配给文件的所有盘块号都放在该表中，故把该表称为文件分配表 FAT（File Allocation Table）。MS-DOS 操作系统采用的就是这种分配方式，如图 5-11 所示。但由于 FAT 随着磁盘存储空间的增大而增大，其所占用的内存空间也就随之增大。

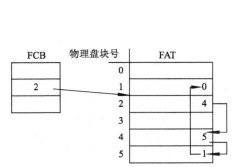

图 5-10　显式链接表结构

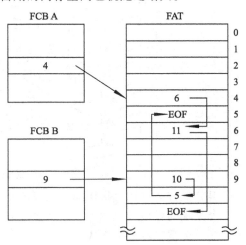

图 5-11　MS-DOS 的文件物理结构

例如，对于 1.2 MB 的软盘，盘块大小为 1 KB，每个 FAT 表项占 12 位（即 1.5 B），在每个 FAT 中共含有 1.2 K 个表项（即 1.2 MB/1 KB），所以共需 1.8 KB（即 1.2 K×1.5 B）。而对于 12 GB 的磁盘，假定盘块大小为 4 KB 时，则共有 3 M 个盘块（即 12 GB/4 KB），也就是说，FAT 表一共需要 3 M 个表项（即 12 GB/4 KB），现在需要知道的是每个 FAT 表项需要用多少位二进制来表示 3 M 个盘块地址。因为，$2^{21}=2M$，也就是说，用 21 位二进制是不够的，而 $2^{22}=4M$，所以可以采用 22 位二进制来表示每个盘块地址。需要注意的是，每个内存单元是 1 个字节，即 8 位二进制，取二进制位时，只能取整个或半个字节的整数倍，这样才能对盘块号进行存取，所以每个 FAT 表项采用 24 位二进制即 3 个字节来存储盘块号，那么整个 FAT 共需占用 9 MB 的内存（即 3 B×3 M）。所以，如果磁盘容量大，则 FAT 占用的内存空间也会很大。

5.3.3　索引分配

1．单索引分配

链接分配方式虽然解决了连续分配方式所存在的问题，但又出现了另外两个问题：一是不能支持高效的直接存取。二是 FAT 需占用较大的内存空间。由于一个文件所占用的盘块号是随机地分布在 FAT 中的，因而只有将整个 FAT 调入内存，才能保证在 FAT 中找到一个文件的盘块号。

事实上，在打开文件时，只需把该文件占用的盘块的编号调入内存即可，完全没有必要将整个 FAT 调入内存。为此，应将每个文件所对应的盘块号集中地放在一起。索引分配方法就是基于这种思想形成的一种分配方法。它为每个文件分配一个索引块，再把分配给该文件的所有盘块号，都记录在该索引块中，因而该索引块就是一个含有许多盘块号的数组。在建立一个文件时，便须在为之建立的目录项中，填写指向该索引块的指针。图 5-12 给出了磁盘空间的索引分配方式。

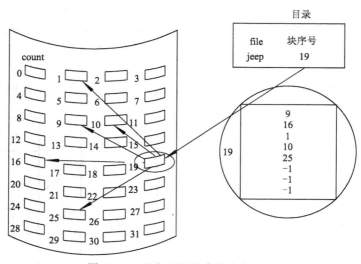

图 5-12 磁盘空间的索引分配方式

索引分配方式支持直接访问。当要读文件的第 i 个盘块时，可以方便地直接从索引块中找到第 i 个盘块的盘块号。此外，索引分配方式也不会产生外部碎片。当文件较大时，索引分配方式无疑要优于链接分配方式。

索引分配方式的主要问题是：可能要花费较多的外存空间。每当建立一个文件时，便须为之分配一个索引块，将分配给该文件的所有盘块号记录于其中。但在一般情况下，总是中、小型文件居多，甚至有不少文件只需 1～2 个盘块，这时如果采用链接分配方式，只需设置 1～2 个指针。如果采用索引分配方式，则同样仍须为之分配一个索引块。通常是采用一个专门的盘块作为索引块，其中可存放成百上千个盘块号。可见，对于小文件采用索引分配方式时，其索引块的利用率是极低的。

2. 多级索引分配

当操作系统为一个大文件分配磁盘空间时，如果所分配出去的盘块号已经装满一个索引块，操作系统便为该文件分配另一个索引块，用于记录以后继续为之分配的盘块号。依此类推，再通过链接指针将各索引块按序链接起来。显然，当文件太大，其索引块太多时，这种链接文件是低效的。此时，再申请一个盘块作为第一级索引的索引块，将第一索引块、第二索引块等索引块的盘块号，填入到此索引表中，这样便形成了两级索引分配方式。如果文件非常大时，还可用三级、四级索引分配方式。

图 5-13 给出了两级索引分配方式下各索引块之间的链接情况。如果每个盘块的大小为 1 KB，每个盘块号占 4 个字节，则在一个索引块中可存放 256 个盘块号。这样，在两级索引时，最多可包含的存放文件的盘块号总数 $N=256 \times 256=64$ K，则采用两级索引时，所允许的文件最大长度为 64 MB。倘若盘块的大小为 4 KB，在采用单级索引时所允许的最大文件长度为 4 MB，而采用两级索引时所允许的最大文件长度可达 4 GB。

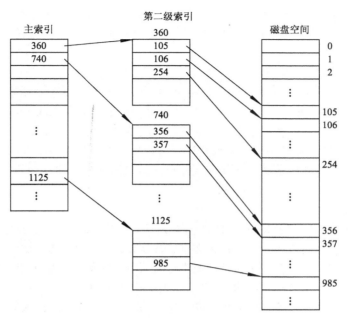

图 5-13　两级索引分配

3．混合索引分配方式

所谓混合索引分配方式，是指将多种索引分配方式相结合而形成的一种分配方式。例如，系统既采用了直接地址，又采用了一级索引分配方式，或两级索引分配方式，甚至还采用了三级索引分配方式。这种混合索引分配方式已经在 UNIX 操作系统中采用。在 UNIX 系统的索引结点中，共设有 13 个地址项，即 iaddr(0)～iaddr(12)，如图 5-14 所示。在 BSD UNIX 的索引结点中，共设置了 13 个地址项，并分别把所有的地址项分成两类，即直接地址和间接地址。

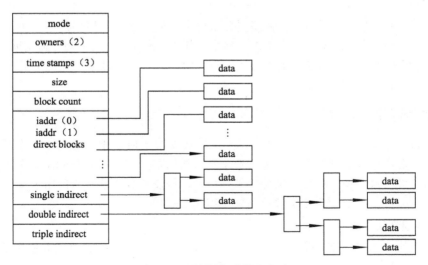

图 5-14　混合索引分配方式

（1）直接地址

为了提高对文件的检索速度，在索引结点中可设置 10 个直接地址项，即用 iaddr(0)～iaddr(9)

来存放直接地址。换言之，在这里的每项中所存放的是该文件数据盘块的盘块号。假如每个盘块的大小为 4 KB，当文件不大于 40 KB 时（即 4 KB×10），便可直接从索引结点中读出该文件的全部盘块号。

（2）一次间接地址

对于大、中型文件，只采用直接地址是不现实的。为此，可再利用索引结点中的地址项 iaddr(10)来提供一次间接地址。这种方式的实质就是一级索引分配方式。图 5-14 中的一次间接地址块（Single Indirect）也就是索引块，系统将分配给文件的多个盘块号记入其中。假设盘块号占 4 B，则在一次间接地址块中可存放 1 K 个盘块号（即 4 KB/4 B），这 1 K 个盘块就是文件的数据盘块，因而一次间接地址本身允许文件长达 4 MB（即 4 KB×1 K）。如果加上直接地址的话，允许的文件长度可为 4 MB+40 KB。

（3）多次间接地址

当文件长度大于 4 MB+40 KB 时（10 个直接地址和一次间接地址），系统还须采用二次间接地址分配方式。这时，用地址项 iaddr(11)提供二次间接地址（Double Indirect），该方式的实质是两级索引分配方式。系统在二次间接地址中记入所有一次间接地址块的盘块号。在采用二次间接地址方式时，文件最大长度可达 4 GB（即 1 K×1 K×4 KB）。同理，地址项 iaddr(12)作为三次间接地址项，其所允许的文件最大长度可达 4 TB（即 1 K×1 K×1 K×4 KB）。

5.4　文件目录管理

文件目录管理研究的是以下几方面的问题：

① 如何实现"按名存取"。用户只需提供文件名，即可对文件进行存取。将文件名转换为该文件在外存的物理位置，这是文件系统向用户提供的最基本的服务。

② 如何提高对目录的检索速度。研究的是如何合理地组织目录结构，加快对目录的检索速度，从而加快对文件的存取速度。这是在设计一个大、中型文件系统时所追求的主要目标。

③ 如何实现文件共享。例如，在多用户系统中，应允许多个用户共享一个文件，这样，只需在外存中保留一份该文件的副本，供不同用户使用，就可节省大量的存储空间并方便用户。

④ 如何解决文件重名问题。系统应允许不同用户对不同文件采用相同的名字，以便于用户按照自己的习惯命名和使用文件。

5.4.1　文件目录的内容

为了实现"按名存取"，系统必须为每个文件设置用于描述和控制文件的数据结构，它至少要包括文件名和存放文件的物理地址，这个数据结构称为文件控制块 FCB。文件控制块的有序集合称为文件目录。换句话说，文件目录是由文件控制块组成的，专门用于文件的检索。文件控制块 FCB 4 称文件的说明或文件目录项（简称目录项）。

1．文件控制块 FCB

文件控制块 FCB 中包含的信息有 3 类：基本信息类、存取控制信息类和使用信息类。

① 基本信息类：包括文件名和文件的物理地址。

文件名：标识一个文件的符号名，在每个系统中文件必须具有唯一的名字。

文件的物理地址：它因文件物理结构的不同而不同。对于连续文件，它是文件的起始块号和文件总块数；对于 MS – DOS，它是文件的起始族号和文件总字节数；对于 UNIX，它是文件所在设备的设备号、13 个地址项、文件长度和文件块数等。

② 存取控制信息类：是指文件的存取权限。例如，UNIX 把用户分成文件主、同组用户和一般用户三类，存取控制信息类就是指这三类用户的读/写执行（RWX）的权限。

③ 使用信息类：包括文件建立日期、最后一次修改日期、最后一次访问日期及当前使用的信息（打开文件的进程数和在文件上的等待队列等）。需要说明的是，文件控制块的信息因操作系统的不同而不同。UNIX 文件系统命令 ls–l 对文件的长列表显示的 FCB 信息如下：

```
-r-xr-xr-x  l  bin  bin  43296  May252006  /bin/hello.c
```

显示的各项信息分别为文件类型和存取权限、链接数、文件主、组名、文件长度、最后一次修改日期及文件名。

2. 索引结点

文件目录通常存放在磁盘上，当文件很多时，文件目录可能要占用大量的盘块。在查找目录的过程中，先将存放目录文件的第一个盘块中的目录调入内存，然后把用户所给定的文件史与目录项中的文件名逐一比较。若未找到指定文件，便再将下一个盘块中的目录项调入内存。设目录文件所占用的盘块数为 N，按此方法查找，则查找一个目录项平均需要调入盘块 $(N+1)/2$ 次。假如一个 FCB 为 64 B，盘块大小为 1 KB，则每个盘块中只能存放 16 个 FCB，需占用 40 个盘块，故平均查找一个文件需启动磁盘 20 次。

稍加分析可以发现，在检索目录文件的过程中，只用到了文件名，仅当找到一个目录项（即其中的文件名与指定要查找的文件名相匹配）时，才需从该目录项中读出该文件的物理地址。而其他一些对该文件进行描述的信息，在检索目录时一概不用，显然，这些信息在检索目录时，不需调入内存。为此，在有的系统中，如 UNIX 系统，便采用了把文件名与文件描述信息分开的办法，亦即，使文件描述信息单独形成一个称为索引结点的数据结构，简称为 i 结点。在文件目录中的每个目录项，仅由文件名和指向该文件所对应的 i 结点的指针所构成。在 UNIX 系统中，一个目录仅占 16 个字节，其中 14 个字节是文件名，2 个字节为 i 结点指针。在 1 KB 的盘块中可存 64 个目录项。这样，为找到一个文件，可使平均启动磁盘次数减少到原来的 1/4，大大节省了系统开销。表 5–1 列出了 UNIX 的文件目录项。

表 5–1　UNIX 的文件目录项

文　件　名	索引结点编号
文件名 1	
文件名 2	
…	…

① 磁盘索引结点。这是指存放在磁盘上的索引结点。每个文件有唯一的一个磁盘索引结点，它主要包括以下内容：

- 文件主标识符：即拥有该文件的个人或小组的标识符。
- 文件类型：包括正规文件、目录文件或特别文件。
- 文件存取权限：指各类用户对该文件的存取权限。
- 文件物理地址：每一个索引结点中含有 13 个地址项，它们以直接或间接方式给出数据文件所在盘块的编号，这也就是前面所学习过的混合索引分配方式。
- 文件长度：指以字节为单位的文件长度。
- 文件连接长度：表明在本文件系统中所有指向该（文件的）文件名的指针计数。
- 文件存取时间：指出本文件最近被进程存取的时间、最近被修改的时间及索引结点最近被修改的时间。

② 内存索引结点。这是存放在内存中的索引结点。当文件被打开时，要将磁盘索引结点复制到内存的索引结点中，便于以后使用。在内存索引结点中又增加了以下内容：

- 索引结点编号：用于标识内存索引结点。
- 状态：指示 i 结点是否上锁或被修改。
- 访问计数：每当有一进程要访问此 i 结点时，将该访问计数加 1，访问完再减 1。
- 文件所属文件系统的逻辑设备号。
- 链接指针：设置有分别指向空闲链表和散列队列的指针。

3. 文件目录

文件目录是由文件控制块或索引结点组成的，专门用于文件的检索。文件目录可以存放在文件存储器的固定位置，也可以以文件的形式存放在磁盘上，这种特殊的文件称为目录文件。

5.4.2 目录结构

文件目录结构的组织方式直接影响文件的存取速度，并关系到文件的共享性和安全性，因此组织好文件的目录是设计文件系统的重要环节。常见的目录结构有 3 种：一级目录结构、二级目录结构和多级目录结构。

1. 一级目录结构

一级目录的整个目录组织是一个线性结构，如图 5-15 所示。在整个系统中只需建立一张目录表，系统为每个文件分配一个目录项（文件控制块）。一级目录结构简单，但缺点是查找速度慢，不允许重名，不便于实现文件共享等，因此它主要用在单用户环境中。

图 5-15 一级目录结构

2. 二级目录结构

为了克服一级目录结构存在的缺点，引入了二级目录结构。二级目录结构是由主文件目录 MFD（Master File Directory）和用户目录 UFD（User File Directory）组成的。在主文件目录中，每个用户文件目录都占有一个目录项。目录项包括用户名和指向该用户目录文件的指针。用户目录由用户所有文件的目录项组成。二级目录结构如图 5-16 所示。

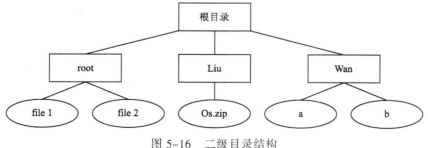

图 5-16 二级目录结构

采用二级目录（Two Level Directory）结构后，用户可以请求系统为之建立一个用户文件目录（Use File Directory，UFD）。如果用户不再需要 UFD，也可以请求系统管理员将它撤销。当用户要创建一新文件时，操作系统只需检查该用户的 UFD，判定在该 UFD 中是否已有同名的另一个文件。若有，用户必须为新文件重新命名；若无，便在 UFD 中建立一个新的目录项，将新文件名及其有关属性填入目录项中。当用户要删除一个文件时，操作系统也只需查找该用户的 UFD，从中找出指定文件的目录项，回收该文件所占用的存储空间，并将该目录项清除。

二级目录结构基本上克服了单级目录的缺点，其优点如下：

① 提高了检索目录的速度。如果在主目录中有 n 个子目录，每个用户目录最多有 m 个目录项，则找到一指定的目录项，最多只需检索 n + m 个目录项。但如果采取单级目录结构，则最多需检索 n × m 个目录项。假定 n=m，可以看出，采用二级目录可使检索效率提高 n/2 倍。

② 较好地解决了重名问题。在不同的用户目录中，可以使用相同的文件名，只要保证用户自己的 UFD 中的文件名唯一。例如，用户 wang 可以用 Auto.pol 来命名一个文件；而用户 zhang 也可用 Auto.pol 来命名一个文件。

采用二级目录结构也存在一些问题。该结构虽然能有效地将多个用户隔离开，但这种隔离在各个用户之间完全无关时是一个优点，当多个用户之间要相互合作去共同完成一个大任务，且某一用户又需去访问其他用户的文件时，这种隔离便成为一个缺点，安全使诸用户之间不便于共享文件。

3. 多级目录结构

为了解决以上问题，在多道程序设计系统中常采用多级目录结构，这种目录结构像一棵倒置的有根树，所以又称树形目录结构。从树根向下，每一个节点是一个目录，叶节点是文件。MS－DOS 和 UNIX 等操作系统均采用多级目录结构。图 5–17 所示为多级目录结构。

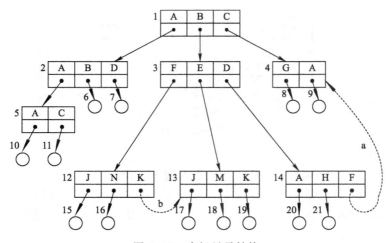

图 5–17　多级目录结构

采用多级目录结构的文件系统中，用户要访问一个文件，必须指出文件所在的路径名。路径名是从根目录开始到该文件的通路上所有的各级目录名的组合。各目录名之间，目录名与文件名之间需要用分隔符隔开。例如，在 MS－DOS 中分隔符为" \ "，在 UNIX 中分隔符为"/"。

绝对路径名（Absolute Path Name）是指从根目录"/"开始的完整文件名，即它是由从根目录开始的所有目录名以及文件名构成的。

例如，图 5-17 中访问命令文件 M 的路径名为/B/E/M，通常也称之为文件全名。

在多级目录中存取一个文件需要用文件全名，这就意味着允许用户在自己的目录中使用与其他用户文件相同的文件名。由于各用户使用了不同的目录，因此二者既使用了相同的文件名，但它们的文件全名不相同，这就解决了重名问题。

采用多级目录结构提高了检索目录的速度。例如，采用单级目录查找一个文件，最多需要查遍系统目录文件中的所有文件目录项，平均也要查一半文件目录项。而用多级目录查找一个文件，最多只需查遍文件路径上根目录文件和子目录文件中的目录项。

例如，图 5-17 中要查找文件 M，只要检索根、B 目录和 E 目录，便可以找到文件 M 的目录项，得到文件 M 在磁盘上的物理地址。

4．无环结构目录

无环结构目录是多级层次目录的推广，如图 5-18 所示。多级层次目录不直接支持文件或目录的共享。为了使文件目录可以被不同的目录所共享，可以把多级层次目录的层次关系加以推广，形成无环结构目录。在无环结构目录中，不同的目录可以共享一个文件或目录，而不是各自拥有文件或目录的复本。

无环结构目录比树形目录更灵活，可以实现不同用户共享同一个文件，但实现比较复杂。在无环结构目录中，有些问题需要仔细考虑。例如，一个文件可以有多个绝对路径名，也就是不同的文件名可以指向同一个文件。只有当指向同一个文件的所有链接都被删除时，文件才会被真正从磁盘上清除。当需要遍历整个文件系统而不希望多次访问共享文件时，问题也比较复杂。

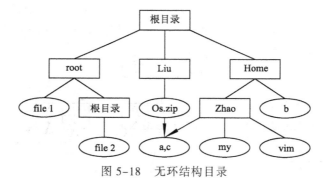

图 5-18　无环结构目录

5．图状结构目录

图状结构目录是在无环结构目录的基础上形成的一种目录，如图 5-19 所示。无环结构目录存在的一个问题是要保证目录结构中没有环。如果有环，就会形成图状结构。在图状结构目录中通过 link 文件实现文件的共享。如图 5-19 中，当 Zhao 目录要共享 Home 目录时，只需在 Zhao 目录下创建一个 link 文件，该文件包含指向 Home 目录的指针即可。在图状结构目录中，实现目录的遍历和文件的删除等操作时，可能会存在问题。相对于无环结构目录，图状结构目录需要有一些额外的措施来解决上述问题，如采用"垃圾收集"机制来解决文件的删除问题等。

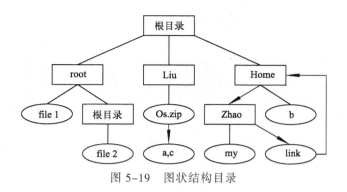

图 5-19 图状结构目录

5.4.3 文件目录操作

文件操作相对来说比较统一，而目录操作变化较大。这里介绍几种常用的目录操作。

① 创建目录：目录是多个文件的属性的集合，创建目录就是在外部存储介质中，创建一个目录文件以备存取文件属性信息。

② 删除目录：就是从外部存储介质中，删除一个目录文件。通常而言，只有目录为空时，才能删除。

③ 检索目录：要实现用户对文件的按名存取，这就涉及文件目录的检索。系统按步骤为用户找到所需的文件。首先，系统利用用户提供的文件名，对文件目录进行查询，以找到相应的属性信息；然后，根据这些属性信息，得出文件所在外部存储介质的物理位置；最后，如果需要，可启动磁盘；将所需的文件数据读到内存中。

④ 打开目录：如果要使用的目录不在内存中，则需要打开目录，从外存上读入相应的目录文件。

⑤ 关闭目录：当所用目录使用结束后，应关闭目录以释放内存空间。

目录实现的算法对整个文件系统的效率、性能和可靠性有很大的影响。下面讨论几种常用的算法。

1. 线性表算法

目录实现的最简单的算法是一个线性表，每个表项由文件名和指向数据块的指针组成。当要搜索一个目录项时，可以采用线性搜索。这个算法实现简单，但运行很耗时。例如，创建一个新的文件时，需要先搜索整个目录以确定没有同名文件存在，然后再在线性表的末尾添加一条新的目录项。

线性表算法的主要缺点是寻找一个文件时需要做线性搜索。目录信息是经常使用的，访问速度的快慢会被用户觉察到。所以很多操作系统常常将目录信息放在高速缓存中。对高速缓存中的目录的访问可以避免磁盘操作，加快访问速度。当然可以采用有序的线性表，使用二分搜索来降低平均搜索时间。然而，这会使实现复杂化，而且在创建和删除文件时，必须始终维护表的有序性。

2. 哈希表算法

采用哈希表算法时，目录项信息存储在一个哈希表中。进行目录搜索时，首先要根据文件名计算一个哈希值，然后得到一个指向表中文件的指针，这样可以大幅度地减少目录搜索时间。插入和删除目录项都很简单，只需要考虑两个目录项冲突的情况，就是两个文件返回的数值一样的情形。哈希表的主要难点是选择合适的哈希表长度与适当的哈希函数。

3. 其他算法

除了以上方法外，还可以采用其他数据结构，如 B+树。NTFS 文件系统就使用了 B+树来存储大目录的索引信息。B+树数据结构是一种平衡树。对于存储在磁盘上的数据来说，平衡树是一种理想的分类组成方式，因为它可以使查找一个数据项所需的磁盘访问次数减少到最小。

由于使用 B+树存储文件，文件按顺序排列，所以可以快速查找目录，并且可以快速返回已经排好序的文件名。同时，因为 B+树是向宽度扩展而不是向深度扩展，NTFS 的快速查找时间不会随着目录的增大而增加。

5.4.4 目录查询技术

当用户要访问一个已存在的文件时，系统首先利用用户提供的文件名对目录进行查询，找出该文件的文件控制块或对应索引结点；然后，根据 FCB 或索引结点中所记录的文件物理地址（盘块号），换算出文件在磁盘上的物理位置；最后，再通过磁盘驱动程序，将所需文件读入内存。目前对目录进行查询的方式有两种：线性检索法和 Hash 方法。

1. 线性检索法

线性检索法又称为顺序检索法。在单级目录中，利用用户提供的文件名，用顺序查找法直接从文件目录中找到指定文件的目录项。在树形目录中，用户提供的文件名是由多个文件分量名组成的路径名，此时须对多级目录进行查找。假定用户给定的文件路径名是/usr/ast/mbox，则查找/usr/ast/mbox 文件的过程如图 5-20 所示。其查找过程说明如下。

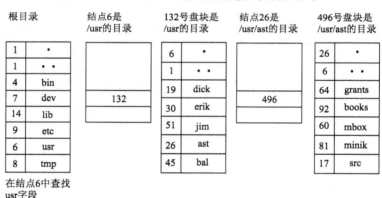

图 5-20 查找/usr/ast/mbox 的步骤

首先，系统先读入第一个文件分量名 usr，用它与根目录文件（或当前目录文件）中各目录项中的文件名顺序地进行比较，从中找出匹配者，并得到匹配项的索引结点号 6，再从 6 号索引结点中得知 usr 目录文件放在 132 号盘块中，将该盘块内容读入内存。

接着，系统再将路径名中的第二个分量名 ast 读入，用它与放在 131 号盘块中的第二级目录文件中各目录项的文件名顺序进行比较，找到匹配项，从中得到 ast 的目录文件放在 26 号索引结点中，再从 26 号索引结点中得知/usr/ast 是存放在 496 号盘块中，再读入 496 号盘块。

然后，系统又将该文件的第三分量名 mbox 读入，用它与第三级目录文件/usr/ast 中各目录项中的文件名进行比较，最后得到/usr/ast/mbox 的索引结点号为 60，即在 60 号索引结点中存放了指定文件的物理地址。目录查询操作到此结束。如果在顺序查找过程中，发现有一个文件分量名未能找到，则应停止查找，并返回"文件未找到"信息。

2．Hash 检索法

如果已建立了一张 Hash 索引文件目录，便可利用 Hash 方法进行查询，即系统利用用户提供的文件名，并将它变换为文件目录的索引值，再利用该索引值到目录中查找，将显著地提高检索速度。

顺便指出，在现代操作系统中，通常都提供了模式匹配功能，即在文件名中使用了通配符 "*"、"?"等。对于使用了通配符的文件名，系统无法利用 Hash 法检索目录，因此，这时系统还是需要利用线性查找法查找目录。

在进行文件名的转换时，有可能把 n 个不同的文件名转换为相同的 Hash 值，即出现了所谓的"冲突"。处理冲突的一种有效规则是：

① 在利用 Hash 法索引查找目录时，如果目录表中相应的目录项是空的，表示系统中并无指定文件。

② 如果目录项中的文件名与指定文件名相匹配，则表示该目录项正是所要寻找的文件所对应的目录项，故而可从中找到该文件所在的物理地址。

③ 如果在目录表的相应目录项中的文件名与指定文件名并不匹配，则表示发生了"冲突"，此时须将其 Hash 值再加上一个常数（该常数应与目录的长度值互质），形成新的索引值，再返回到第①步重新开始查找。

5.5　文件存储空间的管理

文件管理要解决的重要问题之一是如何为新创建的文件分配存储空间。其解决方法与内存的分配情况有许多相似之处，同样可采取连续分配方式或离散分配方式。前者具有较高的文件访问速度，但可能产生较多的外存零头；后者能有效地利用外存空间，但访问速度较慢。不论哪种分配方式，存储空间的基本分配单位都是磁盘块而非字节。

为了实现存储空间的分配，系统首先必须记住存储空间的使用情况。为此，系统应为分配存储空间而设置相应的数据结构；其次，系统应提供对存储空间进行分配和回收的手段。下面介绍几种常用的文件存储空间的管理方法。

5.5.1　空闲表法和空闲链表法

1．空闲表法

（1）空闲表

空闲表法属于连续分配方式，与内存的动态分配方式雷同，它为每个文件分配一块连续的存储空间。系统为外存上的所有空闲区建立一张空闲表，每个空闲区对应一个空闲表项，其中包括表项序号、该空闲区的第一个盘块号、该区的空闲盘块数等信息。再将所有空闲区按其起始盘块号递增的次序排列，如表 5-2 所示。

（2）存储空间的分配与回收

空闲盘区的分配与内存的动态分配类似，同样是

表 5-2　空闲盘块表

序号	第一空闲盘块号	空闲盘块数
1	2	4
2	9	3
3	15	5
…	…	…

采用首次适应算法、循环首次适应算法等。例如，在系统为某新创建的文件分配空闲盘块时，先顺序地检索空闲表的各表项，直至找到第一个其大小能满足要求的空闲区，再将该盘区分配给用户（进程），同时修改空闲表。系统在对用户所释放的存储空间进行回收时，也采取类似于内存回收的方法，考虑回收区是否与空闲表中插入点的前区和后区相邻接，对相邻接者应予以合并。

应该说明，在内存分配上，虽然很少采用连续分配方式，然而在外存的管理中，由于它具有较高的分配速度，可减少访问磁盘的 I/O 频率，故它在诸多分配方式中仍占有一席之地。

2．空闲链表法

空闲链表法是将所有空闲盘区拉成一条空闲链。根据构成链所用基本元素的不同，可把链表分成两种形式：空闲盘块链和空闲盘区链。

（1）空闲盘块链

这是将磁盘上的所有空闲空间，以盘块为单位拉成一条链。当用户因创建文件而请求分配存储空间时，系统从链首开始，依次摘下适当数目的空闲盘块分配给用户。当用户因删除文件而释放存储空间时，系统将回收的盘块依次插入空闲盘块链的链首，如图 5-21 所示。这种方法的优点是用于分配和回收一个盘块的过程非常简单，但为一个文件分配盘块时，可能要重复操作多次。

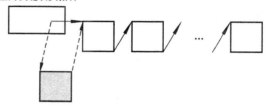

图 5-21　将空闲盘块插入到空闲盘块链首

（2）空闲盘区链

这是将磁盘上的所有空闲盘区（每个盘区可包含若干个盘块）拉成一条链。在每个盘区上除含有用于指示下一个空闲盘区的指针外，还应有能指明本盘区大小（盘块数）的信息。分配盘区的方法与内存的动态分区分配类似，通常采用首次适应算法。在回收盘区时，同样也要将回收区与相邻接的空闲盘区相合并。

5.5.2　位示图法

1．位示图

位示图是利用二进制的一位来表示磁盘中一个盘块的使用情况。当其值为"0"时，表示对应的盘块空闲；为"1"时，表示已分配。有的系统把"0"作为盘块已分配的标志，把"1"作为空闲标志(它们在本质上是相同的,都是用一个位的两种状态来标志空闲和已分配两种情况)。磁盘上的所有盘块都有一个二进制位与之对应，这样，由所有盘块所对应的位构成一个集合，称为位示图。通常可用 $m \times n$ 个位数来构成位示图，并使 $m \times n$ 等于磁盘的总块数，如图 5-22 所示。位示图也可描述为一个二维数组 map：

```
Var map: array[1…m, 1…n]  of bit;
```

	1	2	3	4	5	6	7	8	9	10	11	12	13	14	15	16
1	1	1	0	0	0	0	1	1	1	0	0	1	0	1	0	0
2	0	0	0	1	1	1	1	1	1	0	0	0	0	1	1	1
3	1	1	1	0	0	0	1	1	1	1	1	1	1	0	0	0
4																
⋮																

图 5-22　位示图

2．盘块的分配

根据位示图进行盘块分配时，可分三步进行：

① 顺序扫描位示图，从中找出一个或一组值为"0"的二进制位（"0"表示空闲时）。

② 将所找到的一个或一组二进制位，转换成与之相应的盘块号。假定找到的值为"0"的二进制位，位于位示图的第 i 行、第 j 列，则其相应的盘块号应按下式计算：

$$b=n(i-1)+j$$

式中，n 代表每行的位数。

③ 修改位示图，令 map $[i,j]$ = 1。

3．盘块的回收

盘块的回收分两步：

① 将回收盘块的盘块号转换成位示图中的行号和列号。转换公式为：

$i=(b-1)\text{DIV } n+1$

$j=(b-1)\text{MOD } n+1$

② 修改位示图。令 map[i,j]=0。

这种方法的主要优点是从位示图中很容易找到一个或一组相邻接的空闲盘块。例如，需要找到 6 个相邻接的空闲盘块，只需在位示图中找出 6 个其值连续为"0"的位即可。此外，由于位示图很小，占用空间少，可将它保存在内存中，进而在每次进行盘区分配时，无须首先把盘区分配表读入内存，从而节省了许多磁盘的启动操作。

5.5.3 成组链接法

空闲表法和空闲链表法，都不适用于大型文件系统，因为这会使空闲表或空闲链表太长。在 UNIX 系统中采用的是成组链接法，这是将上述两种方法相结合而形成的一种空闲盘块管理方法，兼备了上述两种方法的优点，克服了两种方法均有的表太长的缺点。

1．空闲盘块的组织

① 空闲盘块号栈：用来存放当前可用的一组空闲盘块的盘块号（最多含 100 个号），以及栈中尚有的空闲盘块号数目 N。顺便指出，N 还兼作栈顶指针使用。例如，当 N=100 时，它指向 S.free(99)。由于栈是临界资源，每次只允许一个进程访问，故系统为栈设置了一把锁。图 5-23 左部示出了空闲盘块号栈的结构。其中，S.free(0)是栈底，栈满时的栈顶为 S.free(99)。

② 文件区中的所有空闲盘块，被分成若干个组，例如，将每 100 个盘块作为一组。假定盘上共有 10 000 个盘块，每块大小为 1KB，其中第 201～7999 号盘块用于存放文件，即作为文件区，这样，该区的最末一组盘块号应为 7901～7999；次末组为 7801～7900，…，倒数第二组的盘块号为 301～400；第一组为 201～300，如图 5-23 所示。

③ 将每一组含有的盘块总数 N 和该组所有的盘块号，记入其前一组的最后一个盘块中。这样，由各组的最后一个盘块可链接成一条链。

④ 将第一组的盘块总数和所有的盘块号，记入空闲盘块号栈中，作为当前可供分配的空闲盘块号。

⑤ 最末一组只有 99 个盘块，其盘块分别记入其前一组的 S.free(1)～S.free(99)中，而在 S.free(0)中则存放"0"，作为空闲盘块链的结束标志。

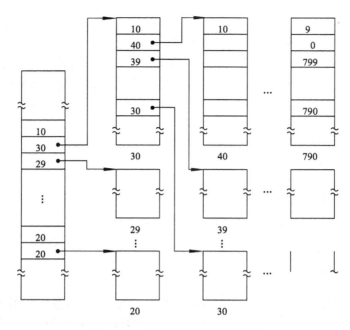

图 5-23　空闲盘块的成组链接法

2. 空闲盘块的分配与回收

当系统要为用户分配文件所需的盘块时，须调用盘块分配过程来完成。该过程首先检查空闲盘块号栈是否上锁，如未上锁，便从栈顶取出一个空闲盘块号，将与之对应的盘块分配给用户，然后将栈顶指针下移一格。若该盘块号已是栈底，即 S.free(0)，这是当前栈中最后一个可分配的盘块号。由于在该盘块号所对应的盘块中记有下一组可用盘块号，因此，须调用磁盘读过程，将栈底盘块号所对应的盘块的内容读入栈中，作为新的盘块号栈的内容，并把原栈底对应的盘块分配出去（其中的有用数据已经读入栈中）。

在系统回收空闲盘块时，须调用盘块回收过程进行回收。它是将回收盘块的盘块号记入空闲盘块号栈的底部，并执行空闲盘块数加 1 操作。当栈中空闲盘块号数目已达到 100 时，表示栈已满，便将现有栈中的 100 个盘块号，记入新回收的盘块中，再将新加收的盘块号压入栈中，作为新栈底。

5.6　文件操作和文件的存取控制

文件系统将用户的逻辑文件按一定的组织方式转换成物理文件存放到文件存储器上，也就是说，文件系统为每个文件与该文件在磁盘上的存放位置建立了对应关系。为了方便用户使用文件系统，文件系统通常向用户提供各种调用接口。用户通过这些接口对文件进行各种操作。当用户使用文件时，文件系统通过用户给出的文件名，查出对应文件的存放位置，读出文件的内容。有的文件操作是对文件自身的操作，如建立文件、打开文件、关闭文件、读写文件及设置文件权限等，有的文件操作是对记录的操作（最简单的记录可以是一个字符），如查找文件中的字符串、插入和删除等。

在多用户环境下，为了文件安全和保护起见，操作系统为每个文件建立和维护关于文件访问权限等方面的信息。因此操作系统在操作级（命令级）和编程级（系统调用和函数）向用户提供文件操作。

5.6.1 文件操作

1．常用文件操作

（1）文件创建

当用户进程将信息存放到文件存储器上时，需要向系统提供文件名、设备号、文件属性及存取控制信息（文件类型、记录大小、保护级别等），以便"建立"文件。因此，文件系统应完成如下功能：

- 根据设备号在所选设备上建立一个文件目录，并返回一个用户标识。用户在以后的读写操作中可以利用此文件标识。
- 将文件名及文件属性等信息填入文件目录中。
- 调用文件存储空间管理程序为文件分配物理块。
- 需要时发出提示装卷信息（如可装卸磁盘、磁带）。
- 在内存活动文件表中登记该文件的有关信息。

在某些文件系统中，可以隐含地执行文件"建立"操作，即系统发现有一批信息要写入一个尚未建立的文件中时，就自动先建立一个临时文件，当用户进程要真正写文件时才将信息写入用户命名的文件中。

（2）文件打开

使用已经存在的文件之前，要通过"打开"文件操作建立起文件和用户之间的联系。打开文件应完成如下功能：

- 在内存活动文件表中申请一个空表目，用来存放该文件的文件目录信息。
- 根据文件名查找目录文件，将找到的文件目录信息复制到活动文件表中。如果打开的是共享文件，则应进行处理，如将共享用户数加 1 等操作。
- 文件定位，卷标处理。

文件一旦打开，可被反复使用直至文件关闭。这样做的优点是减少查找目录的时间，加快文件的存取速度，提高系统的运行效率。

（3）文件读/写

文件读操作是通过读指针，将位于外部存储介质上的数据读入到内存缓冲区。文件写操作是通过写指针，将内存缓冲区中的数据写入位于外部存储介质上的文件中。文件打开以后，就可以使用读/写文件的系统调用访问文件。"读/写"文件应给出文件名（或文件句柄）、内存地址、读/写字节数等有关信息。读/写文件应完成如下功能：

- 根据文件名（或文件描述字）从内存活动文件表中找到该文件的文件目录。
- 按存取控制说明检查访问的合法性。
- 根据文件目录指出该文件的逻辑和物理组织方式以及逻辑记录号或字符个数。
- 向设备管理发 I/O 请求，完成数据的传送操作。

（4）文件关闭

一旦文件使用完毕，应当关闭文件，以便其他用户使用。关闭文件系统要做的主要工作如下：

- 从内存活动文件表中找到该文件的文件目录，将"当前使用用户数"减 1，若减为 0 则撤销此目录。
- 若活动文件表中该文件的表目被修改过，则应写回文件存储器上，以保证及时更新文件目录。

文件关闭之后，若要再次访问该文件，必须重新将其打开。

（5）文件删除

当一个文件不再使用时，可以向系统提出删除文件。删除文件时系统要做的主要工作如下：

- 从目录中找到要删除文件的目录项，使之成为空闲目录项。
- 释放文件所占用的文件存储空间。

（6）文件截断

如果一个文件的内容已经很陈旧需要进行全部更新时，可以先删除文件，再建立一个新文件。但是如果文件名及其属性并没有发生变化时，可截断文件，即将原有文件的长度设为 0，也就是说放弃文件的内容。

2．其他文件操作

为了方便用户使用文件，通常，OS 都提供了数条有关文件操作的系统调用，可将这些调用分成若干类。最常用的一类是有关对文件属性进行操作的，即允许用户直接设置和获得文件的属性，例如，改变已存文件的文件名、改变文件的拥有者（文件主）、改变对文件的访问权以及查询文件的状态（包括文件类型、大小和拥有者以及对文件的访问权等）。另一类是有关目录的，如创建一个目录、删除一个目录、改变当前目录和工作目录等。此外，还有用于实现文件共享的系统调用和用于对文件系统进行操作的系统调用等。

值得说明的是，有许多文件操作都可以利用上述基本操作加以组合来实现。例如，创建一个文件拷贝的操作，可利用两条基本操作来实现：第一步是利用创建文件的系统调用来创建一个新文件，第二步是将原有文件中的内容写入新文件中。

5.6.2 文件的存取控制

1．存取控制矩阵

存取控制矩阵是一个二维矩阵：一维列出系统中的所有用户，另一维列出系统中的全部文件。矩阵中的每个元素用来表示某一用户对某一文件的存取权限。存取控制矩阵法就是通过查询矩阵来确定某一用户对某一文件的可访问性。例如，设计算机系统中有 n 个用户 U_1, U_2, ..., U_n；系统中有 m 个文件 F_1, F_2, ..., F_m，于是可列出存取控制矩阵如下：

$$R = \begin{pmatrix} R_{11} & R_{12} & \ldots & R_{1n} \\ R_{21} & R_{22} & \ldots & R_{2n} \\ R_{31} & R_{32} & \ldots & R_{3n} \\ & & \cdot & \\ R_{m1} & R_{m2} & \ldots & R_{mn} \end{pmatrix} \text{s}$$

其中，$R_{ij}(i=1,2,\ldots,m; j=1,2,\ldots n)$ 表示用户 U_j 对文件 F_i 的存取权限。存取权限可以是读（R）、写（W）、执行（X）以及它们的任意组合。表 5-3 给出了一个存取控制矩阵的例子。

表 5-3 存取控制矩阵

用户 \ 文件	DATAFILE	TEXTFILE	SORT	REPORT	...
WANG	RWX	—	R–X	—	...
ZHANG	R–X	—	RWX	R–X	...
LIU	—	RWX	R–X	R–X	...
ZHAO	—	...	...	RWX	...
...	...	...	...	...	...

当一个用户向文件系统提出存取要求后，存取控制验证模块利用这个矩阵把该用户对这个文件的存取权限与存取要求进行比较，如果不一致，则拒绝存取。

存取控制矩阵法的优点是简单，缺点是不够经济。存取控制矩阵通常存放在内存，矩阵本身将占据大量空间，尤其是文件系统较大、用户较多时更是如此。因此，存取控制矩阵没有得到普遍采用。

2．存取控制表

对存取控制矩阵进行分析，可以发现某一文件只与少数几个用户有关。也就是说，这样的矩阵是一个稀疏矩阵，因而可以简化。对此，可以把对某一文件有存取要求的用户按某种关系分成几种类型：文件主、A 组、B 组和其他。同时规定每一类用户的存取权限，这样就得到了一个文件的存取控制表，如表 5-4 所示。

显然，系统中每一个文件都应有一张存取控制表。实际上该表的项数较少，可以把它放在文件目录项中。当文件被打开时，它的目录项被复制到内存，供存取控制验证模块检验存取要求的合法性。

3．用户权限表

上述存取权限表是以文件为单位建立的，但也可以用户或用户组为单位建立存取控制表，这样的表称为用户权限表。将一个用户（或用户组）所要存取的文件集中起来存入一张表中，其中每个表目指明用户（组）对相应文件的存取权限，如表 5-5 所示。

通常把所有用户的用户权限表存放在一个用特定存储键保护的存储区中，且只允许存取控制验证模块访问这些权限表。当用户对一个文件提出存取要求时，系统通过查访相应的权限表，就可判定其存取的合法性。

表 5-4 文件存取控制表例

用户 \ 存取权限 \ 文件	BOOK
文件主	RWX
A 组	RX
B 组	X
其他	None

表 5-5 用户权限表例

用户 \ 存取权限 \ 文件	ZHANG
SORT	RX
TEXT	RX
BOOK	RW
BEST	R

4．口令

使用口令，必须事先进行口令的登记。文件主在建立一个文件时，一方面进行口令登记，另一方面把口令告诉允许访问该文件的用户。文件的口令通常登记在该文件的目录中，或者登记在专门的口令文件上。在登记口令时，通常也把文件的保护信息登记进去。保护信息包括：

① 该文件要不要进行保护。

② 该文件只进行写保护。

③ 该文件读、写均需保护。

口令的形式采用最多 8 个字符的字母数字串，同时，还可以规定文件的如下保护方式：

① 无条件地允许读，口令正确时允许写。

② 口令正确时允许读，也允许写。

③ 口令正确时允许读，不管口令正确与否均不能写。

④ 无条件地允许读，不管口令正确与否均不允许写。

口令、文件保护信息被登记后，系统在下述条件下进行口令核对，以实现对文件的保护：

① 打开文件时。

② 作业结束要删除文件时。

③ 文件改名时。

④ 系统要求删除该文件时。

5. 密码

上述 4 种方法的共同特点是在系统中要保留文件的保护信息，因此保密性不强。还有一种方法是对需要保护的文件进行加密。这样，虽然所有用户均可存取该文件，但是只有那些掌握了译码方法的用户，才能读出正确的信息。

文件写入时的编码及读出时的译码，都由系统存取控制验证模块承担。但是，要由发出存取请求的用户提供一个变元——代码键。一种简单的编码是：利用这个键作为生成一串相继随机数的起始码。编码程序把这些相继的随机数加到被编码文件的字节中去。译码时，用和编码时相同的代码键启动随机数发生器，并从存入的文件中的各字节依次减去所产生的随机数，这样就能恢复原来的数据。由于只有核准的用户才知道这个代码键，因此可以正确地存取该文件。

在这个方案中，由于代码键不存入系统，只当用户要存取文件时，才需要将代码键送给系统。这样，对于那些不诚实的系统程序员来说，由于他们在系统中找不到各个文件的代码键，所以也就无法偷读或篡改他人的文件了。

密码技术具有保密性强、节省存储空间的优点，但这是以花费大量编码和译码的时间为代价换来的。

5.7　文件的共享与安全

实现文件共享是文件系统的重要功能。文件共享是指不同的用户可以使用同一个文件。文件共享可以节省大量的辅存空间和主存空间。减少输入/输出操作，为用户间的合作提供便利条件。文件共享并不意味着用户可以不加限制地随意使用文件，那样文件的安全性和保密性将无法保证。也就是说，文件共享应该是有条件的，是要加以控制的。因此，文件共享要解决两个问题：一是如何实现文件共享；二是对各类需共享文件的用户如何进行存取控制，以保护文件的使用安全。

5.7.1　文件的共享

现代计算机系统中必须提供文件共享手段，即系统应允许多个用户（进程）共享同一份文件。这样，在系统中只需保留该共享文件的一份副本。如果系统不能提供文件共享功能，就意味着凡是需要该文件的用户，都须各自备有此文件的副本，显然这会造成存储空间的极大浪费。随着计算机技术的发展，文件共享的范围也在不断扩大，从单机系统中的共享，扩展为多机系统的共享，进而又扩展为计算机网络范围的共享，甚至实现全世界的文件共享。

早在 20 世纪的 60～70 年代，已经出现了不少实现文件共享的方法，如绕弯路法、连访法，以及利用基本文件实现文件共享的方法；而现代的一些文件共享方法，也是在早期这些方法的基础上发展起来的。

1．早期的文件共享方法

早期实现文件共享的方法有 3 种：绕道法、链接法和基本文件目录表法。

（1）绕道法

绕道法要求每个用户在当前目录下工作。用户对所有文件的访问都是相对于当前目录进行的。用户文件的路径名是由当前目录到数据文件通路上所有各级目录的目录名，再加上该数据文件的符号名组成。当所访问文件不在当前目录下时，用户应从当前目录出发向上返回到与所要共享文件所在路径的交叉点，再顺序向下访问到共享文件。绕道法需要用户指定所要共享文件的逻辑位置或到达被共享文件的路径。显然，绕道法要绕弯路访问多级目录，因此其搜索效率不高。

（2）链接法

为了提高共享其他目录中文件的速度，另一种共享的办法是在相应目录表之间进行链接，即将一个目录中的链接指针直接指向被共享文件所在的目录，如图 5-17 所示多级目录结构中的虚线 a 和 b。采用这种链接方法实现文件共享时，应在文件说明中增加"连访属性"和"用户计数"两项。前者说明文件物理地址是指向共享文件的目录，后者说明共享文件的用户数目。若要删除一个共享文件，必须判别是否有多个用户共享该文件，若有则只做减 1 操作，否则才可真正删除此共享文件。链接法仍然需要用户指定被共享的文件和被链接的目录。

（3）基本文件目录表法

基本文件目录表法把所有文件目录的内容分成两部分：一部分包括文件的结构信息、物理块号、存取控制和管理信息等，并由系统赋予唯一的内部标识符来标识；另一部分则由用户给出的符号名和系统赋给文件说明信息的内部标识符组成。这两部分分别称为符号文件目录（SFD）和基本文件目录表（BFD）。SFD 中存放文件名和文件内部标识符，BFD 中存放除了文件名之外的文件说明信息和文件的内部标识符。这样组成的多级目录结构如图 5-24 所示。

为了简单起见，图 5-24 中未在 BFD 表项中列出结构信息、存取控制信息和管理控制信息等。另外，在文件系统中，通常规定基本文件目录、空闲文件目录、主目录的标识符分别为 0、1、2。

采用基本文件目录方式可以较方便地实现文件共享。如果用户要共享某个文件，则只需在相应的目录文件中增加一个目录项，在其中填上一个符号名及被共享文件的标识符。例如，在

图 5-24 中，用户 Wang 和 Zhang 共享标识符为 6 的文件，对于系统来说，标识符 6 指向同一个文件，而对 Wang 和 Zhang 两个用户来说，则对应于不同的文件名 Beta 和 Alpha。

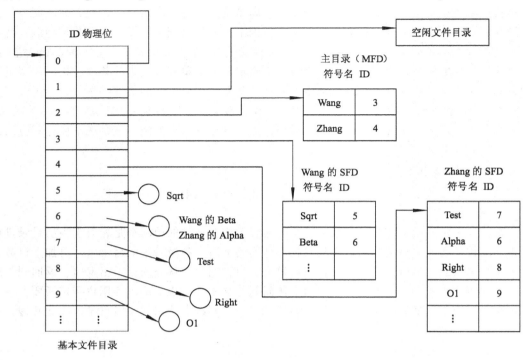

图 5-24　基本文件目录表实现共享

2．基于索引结点的共享方式

当几个用户在同一个项目里工作时，他们常常需要共享文件。为此，可以将共享文件链接到多个用户的目录中，如图 5-25 所示，其中 E 所指的文件 M 也出现在 K 目录下，K 下的文件 M 称为该共享文件的一个链接。此时，该文件系统本身是一个有向图，而不是一棵树。

实现文件共享很方便，但也带来一些问题。如果目录中包含文件的物理地址，则在链接文件时，必须将文件的物理地址复制到 K 目录中去。但如果随后通过 K 或 E 往该文件中添加内容，则新的数据块将只会出现在进行添加操作的目录中，这种改变对其他目录是不可见的，因此新增加的这部分内容不能被共享。

为了解决这个问题，可以将文件说明中的文件名和文件属性信息分开，使文件属性信息单独构成一个数据结构，这个数据结构称为索引结点（又称 i 结点），而文件目录中的每个目录项仅由文件名及该文件对应的 i 结点号构成，如图 5-26 所示。此时，任何对文件的修改都会反映在索引结点中，其他用户可以通过索引结点存取文件，因此文件的任何变化对于所有共享它的用户都可见。

在索引结点中还应有一个链接计数 count 字段，用于表示链接到本索引结点的目录项的数目。当 count=2 时，表示有两个目录项链接到本文件上。当用户 C 创建一个新文件时，他是该文件的所有者，此时 count 值为 1；当有用户 B 希望共享此文件时，应在用户 B 的目录中增加一个目录项，并设置指针指向该文件的索引结点，此时文件的所有者仍然是 C，但索引结点的链接计数应加 1（count=2）。如果以后用户 C 不再需要该文件，此时系统只是删除 C 的目录项

（若删除该文件，也将删除该文件的索引结点，则使 B 的指针悬空），并将 count 减 1，如图 5-27
所示。此时，只有 B 拥有指向该文件的目录项，而该文件的所有者仍然是 C。如果系统进行记
账或配额，C 将继续为该文件付账，直到 B 不再需要它，此时 count 为 0，该文件被删除。

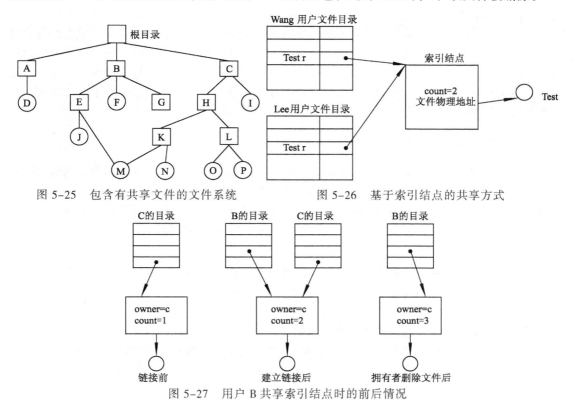

图 5-25　包含有共享文件的文件系统　　　　　　图 5-26　基于索引结点的共享方式

图 5-27　用户 B 共享索引结点时的前后情况

3．利用符号链接实现文件共享

将两个文件目录表目指向同一个索引结点的链接称为文件的硬链接。文件硬链接不利于文
件主删除它拥有的文件，因为文件主删除它拥有的共享文件，必须首先删除（关闭）所有的硬
链接，否则就会造成共享该文件的用户的目录表目指针悬空。为此又提出另一种链接方法：符
号链接。

利用符号链接也可以实现文件共享。例如，B 为了共享 C 的一个文件 F，这时可以由系统
创建一个 LINK 类型的新文件，并把新文件添加到 B 的目录中，以实现 B 的一个目录与文件 F
的链接。新文件中只包含被链接文件 F 的路径名，称这种链接方式为符号链接。当用户 B 要访
问被链接的文件 F 时，操作系统发现要读的文件是 LINK 类型，则由操作系统根据新文件中的
路径名去读该文件，从而实现了用户 B 对文件 F 的共享。

在利用符号链接实现文件共享时，因为只有文件所有者拥有指向其索引结点的指针，共享
该文件的用户只有其路径名，而没有指向索引结点的指针，当文件所有者删除文件后，其他用
户若试图通过符号链接访问该文件将导致失败，因为系统找不到该文件，于是将符号链删除。

符号链接的不足是需要额外的开销。其他用户读取符号链接的共享文件比读取硬链接的共
享文件需要更多读盘操作。因为其他用户去读符号链接的共享文件时，系统会根据给定的文件
路径名，逐个分支地去查找目录，通过多次读盘操作才能找到该文件的索引结点，而用硬链接

的共享文件的目录文件表目中已包括了共享文件的索引结点号。另外，符号链接需要配置索引结点以及一个磁盘块用于存储路径，这也要消耗一些磁盘空间。

符号链接的优点是可以跨越文件系统，甚至可以通过计算机网络进行链接，只要提供一个机器的网络地址以及文件在该机器上的驻留路径，就可以链接全球任何地方的机器上的文件。

基于索引结点和符号链的链接共享方法都存在一个共同的问题，即每一个共享文件都具有多个文件名，也就是说，每增加一个链接，就增加一个文件名。实质上就是每个用户都使用自己的路径名去访问共享文件。当需要执行某个任务而试图去遍历整个文件系统时，会多次遍历到该共享文件。例如，有一个程序员要将一个目录中的所有文件都转储到磁带上时，就可能对一个共享文件产生多个复制。

5.7.2 文件系统的安全

文件系统的安全性是要确保未经授权的用户不能存取某些文件，这涉及两类不同的问题：一类涉及技术、管理、法律、道德和政治等问题，另一类涉及操作系统的安全机制。随着计算机应用范围的扩大，在所有稍具规模的系统中，都要从多个级别上保证系统的安全性。一般从4个级别上对文件进行安全性管理：系统级、用户级、目录级和文件级。

1．系统级安全管理

系统级安全管理的主要任务是不允许未经许可的用户进入系统，从而也防止他人非法使用系统中的各类资源（包括文件）。系统级管理的主要措施有：

（1）注册

注册的主要目的是使系统管理员能够掌握要使用系统的各用户的情况，并保证用户在系统中的唯一性。例如，UNIX 操作系统中的 passwd 文件为系统的每一个账号保存一行记录，这条记录给出了每个账号的一些属性，如用户的真实名字、口令等。passwd 是 ASCII 文件，普通用户可读，只有 root 可写。为使口令保密，使用 shadow 命令可使 passwd 文件中存放口令的地方显示一个"＊"。

而加密口令和口令有效期信息存放在 Shadow 文件中，只有 root 才能读取。任何一个新用户在使用系统前，必须先向系统管理员申请，由系统管理员 root 使用 adduser 命令创建用户账号。当用户不再使用系统时，由 root 使用 userdel 命令删除该账号和账号的主目录。

（2）登录

用户经注册后就成为该系统用户，但在上机时还必须进行登录。登录的主要目的是通过核实该用户的注册名及口令来检查该用户使用系统的合法性。Windows NT 需用户同时按下【Ctrl + Alt + Del】键来启动登录界面，提示输入用户名和口令。在用户输入后，系统调用身份验证包来接收登录信息，并与安全账号管理库中存放的用户名和口令进行对比，如果找到匹配，则登录成功，于是允许用户进入系统。为了防止非法用户窃取口令，在用户输入口令时，系统将不在屏幕上给予回显，凡未通过用户名及口令检查的用户，将不能进入系统。

为了进一步保证系统的安全性，防止恶意者通过多次尝试猜口令方式而进入系统，SCO UNIX 可设置访问注册限制次数，当不成功注册次数超过这个次数后，账号和终端就被封锁，这称为凶兆监视（Threat Monitoring）。系统还可设置参数控制口令的有效时间，当一口令到了失效时间，口令死亡，该用户账号也被封闭。Windows NT 采用【Ctrl + Alt + Del】组合键来启动登录界面也是为了防止非法程序模拟登录界面扮作操作系统来窃取用户名和口令。

2．用户级安全管理

用户级安全管理是通过对所有用户分类和对指定用户分配访问权，即对不同的用户、不同的文件设置不同的存取权限来实现的。例如，在 UNIX 系统中将用户分为文件主、组用户和其他用户。有的系统将用户分为超级用户、系统操作员和一般用户。

3．目录级安全管理

目录级安全管理是为了保护系统中的各种目录而设计的，它与用户权限无关。为保证目录的安全，规定只有系统核心才具有写目录的权利。

用户对目录的读、写和执行与对一般文件的读、写和执行的含义有所不同。对于目录的读权限，意味着允许打开并读该目录的信息。例如，UNIX 系统使用 ls 命令可列出该目录的子目录和文件名。对于目录的写权限，意味着可以在此目录中创建或删除文件。禁止对于某个目录的写权限并不意味着在该目录中的文件不能被修改，只有在一个文件上的写权限才真正地控制着修改文件的能力。对于一个目录的执行权限，意味着系统在分析一个文件时可检索此目录。禁止一个目录的执行权限可真正地防止用户使用该目录中的文件，用户不能使用进入子目录的命令来进入此目录。

4．文件级安全管理

文件级安全管理是通过系统管理员或文件主对文件属性的设置来控制用户对文件的访问的。通常可设置以下几种属性：

只执行：只允许用户执行该文件，主要针对.exe 和.com 文件。

隐含：指示该文件为隐含属性文件。

索引：指示该文件是索引文件。

修改：指示该文件自上次备份后是否还可被修改。

只读：只允许用户对该文件读。

读/写：允许用户对文件进行读和写。

共享：指示该文件是可读共享的文件。

系统：指示该文件是系统文件。

用户对文件的访问，将由用户访问权、目录访问权限及文件属性三者的权限所确定，或者说由有效权限和文件属性的交集决定。例如，对于只读文件，尽管用户的有效权限是读/写，但都不能对只读文件进行修改、更名和删除。对于一个非共享文件，将禁止在同一时间内由多个用户对它进行访问。

通过上述 4 级文件保护措施，可有效地对文件进行保护。

5.8　文件系统性能的改善

访问磁盘要比访问内存慢得多，在内存中读取一个字往往只需要几十 ns，而从硬盘上读取一个块则需要 50 多 ms，此外还需要加上 10 ms 以上的寻道时间，然后再等待要读取的扇区移到读写头的下面。如果只读一个字，内存访问要比磁盘快 100 000 倍，因此，许多文件系统在设计时都尽量减少磁盘的访问次数。

1．高速缓存

减少磁盘访问次数最常用的技术是磁盘块的高速缓存。在这里，高速缓存在逻辑上属于磁盘，但基于性能的考虑而保存在内存中。

　　在管理高速缓存时，用到了不同的算法。一个常用的算法是：检查所有的读请求，看看所需的块是否在高速缓存中。如果在，无须访问磁盘便可进行读操作；如果块不在高速缓存中，首先把它读到高速缓存中，再复制到所需的地方。之后，对该块的读写请求都通过高速缓存完成。

　　如果高速缓存已满，此时要调入新的块，需要把原来的某一块调出高速缓存。如果要调出的块自上次调入以后做过修改，则需要把它写回磁盘。这种情况与分页非常相似，因此，所有的分页调度算法，如 FIFO 算法、LRU 算法等都适用于高速缓存。分页和高速缓存的不同之处在于，高速缓存引用相对要少，因此可以把所有块按精确的 LRU 顺序用链表链接起来。

　　当分配块时，系统尽量把文件的连续块存放在同一柱面上，加以交叉以获取最大吞吐量。这样，如果磁盘的旋转延迟为 16.67 ms，并且用户进程需花 4 ms 来请求并读取一块数据，则每个数据块的位置应距离前一块至少 1/4 磁道。所以，对于某些机器，在 BIOS 中低级格式化磁盘时，选择合适的交叉因子对于提高磁盘的性能非常重要。

　　在使用 i 节点或者与 i 节点等价结构的系统中，另一个性能瓶颈在于，即使读取一个很短的文件也要访问两次磁盘：一次是读取 i 节点，另一次是读取文件块。通常情况下，i 节点的放置如图 5-28（a）所示。图中，所有 i 节点都靠近磁盘开始位置，因此 i 节点和相应块之间的平均距离是柱面总数的一半，这需要很长的寻道延迟。

　　一个简单的改进方法是把 i 节点放在磁盘中部。这时，在 i 节点和第一块之间的平均寻道时间减少为原来的一半。另一种想法是：把磁盘分成多个柱面组，每个柱面组有自己的 i 节点、数据块和空闲表，如图 5-28（b）所示。在创建文件时，可以选取一个 i 节点，分配块时，在该 i 节点所在的柱面组上进行查找。如果该柱面组中没有空闲的数据块，就查找与之相邻的柱面组。

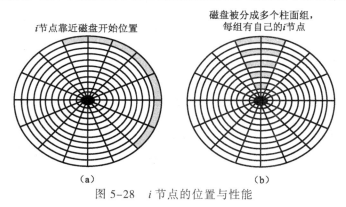

图 5-28　i 节点的位置与性能

2. 日志结构的文件系统

　　技术的改进使当前的文件系统面临着很大的压力。CPU 速度越来越快，磁盘容量不断增大，成本不断降低（但访问速度并没有很大提高），内存容量呈指数增长，然而有一个参数没有得到迅速改进，就是磁盘寻道时间。所有这些因素结合在一起，表明在许多文件系统中存在着一个瓶颈。Berkeley 学院设计了一种全新的文件系统，即日志结构的文件系统（Log-structured File System，LFS），试图减轻这个问题。本节简要地讲述 LFS 的工作原理。

　　LFS 的设计想法是：CPU 速度越来越快，RAM 内存越来越大，磁盘高速缓存的容量迅速增加。因此，无须访问磁盘，从文件系统的高速缓存中就可能满足所有读请求。将来大多数磁盘访问是写操作，在大多数文件系统中，写操作都是以小块为单位进行的，效率很差。因为在 50 μs 的写磁盘之前，需要有 10 ms 的寻道延迟和 6 ms 的旋转延迟。由于后者的存在，使得磁盘效率还不足 1%。

为了写文件，必须对目录的 i 节点、目录块、文件的 i 节点和文件本身执行写操作。尽管这些写操作可以延迟进行，但是延迟写在系统崩溃时，很容易使文件系统产生严重的一致性问题。因此，i 节点一般都是立即写入的。

基于上述推理，LFS 的设计人员希望即使在有大量小块随机写的情况下，也能获得磁盘的全部带宽。基本思想是把整个磁盘作为日志，所有写操作都存放在内存的缓冲区中，并定期收集到一个单独的段中，作为日志尾部的相邻段写回磁盘。因此，每个段都含有 i 节点、目录块、数据块等，并且是它们的混合体。在每段的起始位置还有一个摘要，给出了该段中的内容。如果段的平均长度为 1 MB，那么几乎所有的磁盘带宽都能利用。

在这一设计中，i 节点依然存在，但是这些 i 节点并不放在磁盘的固定位置，而是分散在日志之中。一旦找到 i 节点，可以用通常的方法找到相应块。

LFS 的工作方式是：所有写的数据开始时都存放在缓冲区中，并且定期地把这些缓冲区中的数据以一个段的形式写到磁盘中，放在日志的尾部。打开一个文件首先要在 i 节点映射表中查找该文件的 i 节点，一旦找到了 i 节点，也就知道了相应的块地址，所有的块也存放在段中，即日志的某个地方。

当日志占满整个磁盘，新段不能被写到日志中时，LFS 中的一个清理工线程会循环地浏览和压缩磁盘。它首先读取日志中的第一个段的摘要，找出其中的 i 节点和文件。接着查找当前的 i 节点映射表，检查 i 节点是否还在使用，以及文件块是否还在使用。若没有使用，这些信息将被丢弃。将还在使用的 i 节点和块读入内存中，以便写到下一个段中。原来的段标记空闲，以便日志用于存放新数据。清理工线程沿日志向前移动，删除旧段，把有效数据读入内存，写入下一个新段。磁盘是一个循环的缓冲区，写线程不断地在前面添加新段，而清理工线程不断地从后面删除旧段。

3. 文件系统可恢复性

由于磁盘速度远远低于内存与处理器的速度，磁盘读/写就成为计算机整体速度的瓶颈。对此，常常通过使用缓存来改善性能，文件只要通过缓存读/写，而不需要通过磁盘读/写来完成。虽然文件读操作不会破坏磁盘文件一致性，但是文件写操作是间接通过缓存而不是直接通过磁盘来完成的，因此可能由于突然掉电等原因而导致文件系统的不一致性。所以，不同的写操作方式直接影响着文件系统的可恢复性。

下面从文件系统的一致性和性能两个方面，讨论文件系统的写入设计方式。这里主要分析最具代表性的 3 种写入方式：谨慎写文件系统、延迟写文件系统和事务日志文件系统。

（1）谨慎写文件系统

谨慎写是对写入操作进行逐个排序的写入方式。当收到一个更新磁盘的请求时，会首先按一定顺序完成几项子操作，然后再进行磁盘的更新。例如，当为一个文件分配磁盘存储空间时，文件系统首先在它的位图文件中设置位标记，然后再分配空间。在这个过程中如果磁盘发生中断，可能会出现文件系统的不一致性，但是现有的数据不会被损坏。这样，通过运行专用的应用程序，在系统崩溃时所引起的卷错误是可以恢复的。

FAT 文件系统使用类似的通写技术，使磁盘修改会立即写到磁盘上，而不需要把写操作排序以防止不一致性。

（2）延迟写文件系统

谨慎写虽然提供了对文件系统的可恢复性支持，但却是以牺牲速度为代价的。延迟写则通过利用"回写"高速缓存的方法获得了高速度。也就是说，系统中是把文件的修改写入高速缓存，然后在适当时候选用一种最佳方式把高速缓存的内容刷新到磁盘上。

计算机的磁盘操作一般都是比较低速的，使用延迟写技术大大减少了磁盘操作的频率，从而极大地改善了系统的性能。但是，在系统崩溃时极有可能导致严重的磁盘不一致性，甚至无法进行文件系统的恢复，因而具有一定的风险。

（3）可恢复性文件系统

可恢复性文件系统试图既超越谨慎写文件系统的安全性，也达到延迟写文件系统的速度性能。可恢复性文件系统采用事务日志来实现文件系统的写入。下面以 NTFS 为例，简要讨论一下可恢复性文件系统。

NTFS 通过基于事务处理模式的日志记录技术，成功保证了 NTFS 卷的一致性，实现了文件系统的可恢复性。当系统启动后，文件记录服务就开始记录所有文件的变动。这些记录包括文件的创建、打开、更新和其他操作。文件更新时系统会让高速缓存记录哪些文件变动了，同时事务日志将记录文件的更新操作。如果文件更新的磁盘操作失败了，事务日志就可以帮助恢复；如果文件更新的磁盘成功了，则事务日志也会被更新。

NTFS 的可恢复性保证了卷结构不被破坏，从而保证了即使在系统失败时仍然可以访问所有文件。虽然 NTFS 不能完全保证用户数据的安全——有些变动可能会从高速缓存中丢失，但是这些数据结构的改变都已被记录在日志文件里，文件系统的变动完全可以从日志文件中恢复。同时，NTFS 对用户文件的记录有足够的可扩展性，用户可能通过 FtDisk 等工具设置并保持冗余的数据存储。

采用这些措施所付出的代价，可以通过高速缓存的延迟技术来弥补，甚至可以增加高速缓存刷新的时间间隔。这样做不仅弥补了进行记录活动的系统耗费，有时甚至有所超越。

本 章 小 结

从外部看来，文件系统是一组文件和目录，以及对文件和目录的操作。而从内部看来，文件系统考虑到文件存储区是如何分配以及系统是如何记录文件的使用。还看到，不同的文件系统具有不同的目录结构。文件系统的安全性、可靠性以及其他性能也是文件系统设计者要考虑的至关重大的问题。

本章以什么是文件和文件系统开始，以文件使用及共享与安全和文件系统性能改善为结尾，介绍了操作系统中文件和目录管理的基本概念和主要功能，介绍了文件的结构以及目录的结构，介绍了文件存取空间的管理以及文件的共享和文件的存取控制等内容。

实 训

实训 1　Windows Server 2003 磁盘文件系统的管理与维护

1. 实训目的

① 进一步加深对文件系统的理解，掌握 Windows Server 2003 中文件系统的种类及各自特

点，并分析总结该 OS 对文件都提供了哪些操作。

② 掌握 Windows 系统中磁盘分区管理、磁盘清理、碎片整理等工具的使用。

③ 学会利用"文件夹选项"对话框和注册表管理文件扩展名与应用程序的关联。

2. 实训预备

本章已经对 FAT 文件系统管理磁盘空间和文件存储的原理、硬盘的组织方法等做了较为详细的分析。Windows 98 以后 FAT l6 改进为 FAT 32，但其原理是一致的，只是将 FAT 中的一个表项（即指向文件存储的下一个物理簇号）由 16 位二进制升级到 32 位二进制，在相同簇大小的情况下可以管理更大的磁盘分区。另外，FAT 32 还具有根目录下可容纳无数多个文件或目录、对关键磁盘提供冗余备份等特点。

FAT 16、FAT 32、NTFS 是 Windows 最常见的 3 种文件系统。

（1）FAT16

以前用的 DOS、Windows 95 使用的均是 FAT 16 文件系统，现在常用的 Windows 98/2000/2003/XP 等系统均支持 FAT 16 文件系统。它最大可以管理容量为 2 GB 的分区，但每个分区最多只能有 65 535 个簇（簇是磁盘空间的配置单位，由数目相同的多个连续物理块组成）。随着硬盘或分区容量的增大，每个簇所占的空间将越来越大，从而导致硬盘空间的浪费。

（2）FAT 32

随着大容量硬盘的出现，从 Windows 98 开始，FAT 32 开始流行。它是 FAT 16 的增强版本，可以支持大到 2 TB(2 048 GB)的分区。FAT 32 使用的簇比 FAT 16 小，从而有效地节约了硬盘空间。

FAT 文件系统的优点是文件系统所占容量与计算机的开销少、支持各种操作系统（即可移植性强）、可方便地用于传送数据。它的缺点是容易受损害（FAT 文件系统损坏时，计算机就要瘫痪或者不正常关机）、单用户（不保存文件的权限信息；只包含隐藏、只读等公共属性）、非最佳更新策略（在磁盘的第一个扇区保存其目录信息）、没有防止碎片的最佳措施、文件名长度受限等。

（3）NTFS

所谓 NTFS，即 NT File System（NT 文件系统），是一种具有独特文件系统结构，建立在保护文件和目录数据基础上，同时节省存储资源、减少磁盘占用率的一种先进的文件系统。这种系统与 FAT 文件系统相比，具有两方面的优点：一是许可权限，即本地安全性；二是支持对单个文件或者文件夹的压缩。

NTFS 以簇为单位分配磁盘卷上的空间。簇的大小是磁盘格式化时确定的。该系统采用逻辑簇号作为磁盘地址计算公式为：

物理磁盘地址=逻辑簇号 × 簇大小

NTFS 格式的文件卷分为 4 个区域，如图 5-29 所示。

分区引导扇区	主文件表	系统文件	文件区

图 5-29　NTFS 文件卷格式

起始的少数扇区包括分区引导扇区，接下来是主文件表（Master File Table，MFT），也就是磁盘的总目录。之后是系统区，包含 MFT 的部分副本、日志文件以及其他系统信息，日志文件支持 NTFS 的恢复功能。其他部分是文件区，用于保存文件内容。

NTFS 采用文件表访问文件。主文件表包含一组可变长度的记录。最前面的 16 个记录描述 MFT 自身，后面接着是磁盘上每个文件或目录的记录。小文件（长度小于 1 200 字节）直接保存在 MFT 中，对于较大的文件，MFT 的表项包括指向实际数据所在簇的指针。

　　Windows 把文件看作一个对象，而不像 DOS、Linux 那样将文件看作字节串。每个文件属性保存在文件对象自身之内，作为文件中的一个字节流。

　　在 MFT 中，文件的属性以字符串的形式独立地记录下来，可以被创建、读写和删除，如图 5-30 所示。每个文件都必须具备某些标准属性，如只读、存档、时间戳等。文件名是与文件联系在一起的名字，每个文件可以有多个文件名，如 NTFS 的长文件名和 MS-DOS 的短文件名。文件的安全描述符规定了文件主和允许访问文件的用户，以防文件在未授权的情况下被访问。数据或数据的索引告知 Windows 到哪里去找到文件中的数据。

标准信息	文件或目录名	安全描述符	数据或数据索引

图 5-30　NTFS 文件必须具备的标准属性

　　因为文件是对象，而且不要求所有的文件都必须拥有同样的属性，因此用户可以设计符合其特定要求的文件，如多媒体文件可以包含多个分开的音频和视频流。

　　目录也是一个文件，它包含其下各个文件的索引，如图 5-31 所示。当目录不能填入 MFT 中的记录时，其属性被保存在一连串的虚拟簇号（Virtual Cluster Numbers，VCNs）中。这些 VCNs 被映射为逻辑簇号（LCNs），从而确定磁盘上的文件。对于较大的目录，系统把文件索引保存在按 B+树型组织起来的索引缓冲区内，其中每一项都指向一系列索引值较低的低层次项，例如，在图 5-31 中，文件索引 F4 指向一个文件名比它小的索引缓冲区。在 B+树组织形式下，在目录内查找任何特定文件，不但速度快，而且花费的时间都相同。

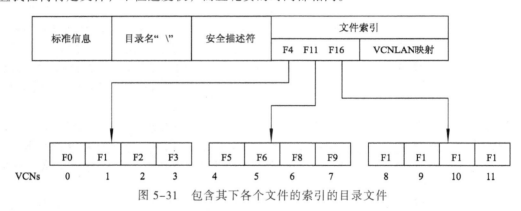

图 5-31　包含其下各个文件的索引的目录文件

　　NTFS 格式的另一个优点在于它可以在系统或磁盘出现故障时，平稳地恢复整个文件系统。通过对事务的跟踪，把改变写在日志中，然后完成对文件表和文件系统结构的所有更改。若是系统崩溃，可以采用日志来撤销那些部分完成的事务，重新执行或恢复已经完成的事务。系统不断更新日志，这样可以使日志规模保持在合适的范围内。但是，尽管可以恢复文件系统，NTFS 并不能保证可以恢复文件的内容，因此在文件使用过程中，用户仍然要进行备份工作。

　　需要注意的是，只有 Windows NT/2000/2003/XP 才能识别 NTFS 系统，Windows 9x/Me 以及 DOS 等操作系统都不能支持、识别 NTFS 格式的磁盘。由于 DOS 系统不支持 NTFS 系统，所以最好不要将 C 盘制作为 NTFS 系统，这样在系统崩溃后便于在 DOS 系统下修复。

　　文件系统与操作系统的支持情况如表 5-6 所示。Windows 2000/XP 在文件系统上是向下兼容的，它可以很好地支持 FAT 16/FAT 32 和 NTFS，其中 NTFS 是 Windows NT/2000/2003/XP 专用格式，它能更充分有效地利用磁盘空间、支持文件级压缩、具备更好的文件安全性。如果只安装 Windows Server 2003/XP，建议选择 NTFS 文件系统。如果是多重引导系统，则系统盘必须为 FAT 16 或 FAT 32，否则不支持多重引导。当然，其他分区的文件系统可以为 NTFS。

表 5-6 文件系统与操作系统支持情况

文 件 系 统	支持的操作系统
FAT 16	Windows 95/98/ME/NT/2000/XP，UNIX，Linux，DOS
FAT 32	Windows 95/98/ME/2000/2003/XP
NTFS	Windows NT/2000/2003/XP

3．实训操作

在 Windows 系统中，用户通过"我的电脑"或"资源管理器"窗口，可以完成对硬盘、文件夹以及文件等几乎所有的常规管理操作。

操作一 将 FAT 分区转换为 NTFS 分区。

Windows Server 2003/XP 提供了分区格式转换工具 Convert.exe。Convert.exe 是 Windows Server 2003 附带的一个 DOS 命令行程序，通过这个工具可以直接在不破坏 FAT 文件系统的前提下，将 FAT 转换为 NTFS。它的用法很简单，先在 Windows Server 2003 环境下切换到 DOS 命令行窗口，在提示符下输入：

```
convert 需要转换的盘符 /FS:NTFS
```

如系统 E 盘原来为 FAT 16/32，现在需要转换为 NTFS，可使用如下格式：

```
convert E: /FS:NTFS
```

所有的转换将在系统重新启动后完成。

操作二 磁盘管理

在"计算机管理"窗口中，选择左边控制台窗格中的"存储"→"磁盘管理"选项后，右边窗格中就会列出所有磁盘和分区的使用情况，如图 5-32 所示。

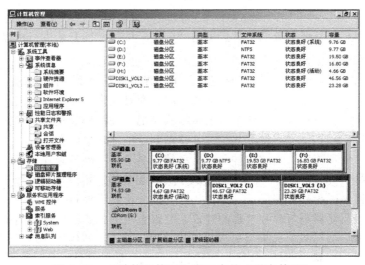

图 5-32 "计算机管理"窗口中的"磁盘管理"

该窗口中已经列出了每个磁盘或分区的文件系统类型、状态、容量、空闲空间等情况。如果要查看某个磁盘或分区的更多细节，可以右击该磁盘或分区，在弹出的快捷菜单中选择"属性"命令，弹出"属性"对话框进行查看。

实际上，如果用户选择的是某个逻辑驱动器，通过选择右键快捷菜单中的"更改驱动器名""格式化""删除逻辑驱动器"等命令，即可完成相应功能的操作。当某个逻辑驱动器被删除后，磁盘中就会出现相应的剩余空间，用户在"未指派"的磁盘空间上右击，在弹出的快捷菜单中选择"新建磁盘分区"命令，就可以在剩余空间中新建磁盘分区。

操作三　磁盘清理

Windows 自带的"磁盘清理"工具可用来清理磁盘中的临时文件及其他垃圾文件。用户选择"开始"→"程序"→"附件"→"系统工具"→"磁盘清理"命令，在选定要清理的驱动器之后，磁盘清理程序就开始扫描并计算该驱动器中能释放多少空间（此过程可能需要较长时间），接着打开如图 5-33 所示的"磁盘清理"对话框。

图 5-33　"磁盘清理"对话框

在该对话框中，选择要删除的文件后单击"确定"按钮，即开始进行磁盘清理。

操作四　磁盘碎片整理

计算机在使用一段时间之后，随着磁盘空间的不断分配与释放，磁盘中会出现许多零散（不连续）的空闲簇，这不仅会降低磁盘空间的利用率，而且使大量文件非连续存放，从而降低文件的访问效率。此时，用户可以借助于 Windows 自带的"磁盘碎片整理"工具，以紧缩方式对磁盘中的碎片进行整理，并把分散存放的文件移动到低地址端集中存放。

选择"开始"→"程序"→"附件"→"系统工具"→"磁盘碎片整理"命令，即可打开"磁盘碎片整理程序"窗口。在"磁盘碎片整理程序"窗口中，用户选定某个驱动器后，可以先单击"分析"按钮对磁盘碎片情况进行分析。在完成分析后，Windows 会弹出一个对话框，给出是否有必要对该驱动器进行碎片整理的建议，并以直观的方式显示分析结果。图 5-34 所示为对驱动器 F 分析后的结果。如果需要进行碎片整理，可单击"碎片整理"按钮。

由于碎片整理过程需要大量 I/O 操作来移动磁盘上存储的文件，所以完成一次磁盘碎片整理往往需要较长的时间（根据磁盘中存在的碎片多少而不同）。需要注意的是，磁盘碎片整理的次数也不宜过于频繁，否则在一定程度上会影响磁盘的使用寿命。

图 5-34　"磁盘碎片整理"分析结果

操作五　文件的备份与还原

（1）文件的备份

备份文件的方法有很多，对于个别文件或文件夹的备份，只要直接将其复制到其他驱动器或移动存储设备上保存即可。但如果需要备份的文件分散在不同的文件夹甚至不同的驱动器中，简单地使用文件复制来进行备份会显得相当麻烦，这时可利用 Windows 自带的"备份"工具来进行文件的备份。

选择"开始"→"程序"→"附件"→"系统工具"→"备份"命令，即可打开如图 5-35所示的"备份工具"窗口。

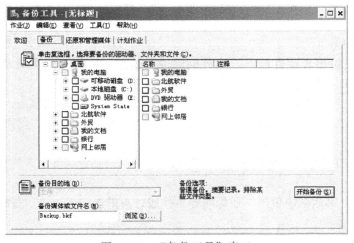

图 5-35　"备份工具"窗口

在"备份"窗口的"备份"选项卡中，用户可以在左边的窗格中，通过复选框来选择需要备份的驱动器、文件夹和文件，然后选择备份目的地及文件名，单击"开始备份"按钮即可将所选定的全部内容备份为其他驱动器或移动存储设备中的一个文件。

用户也可以通过"备份"窗口的"欢迎"选项卡中的"备份向导"来完成文件的备份，如图 5-36 所示。具体操作如下：

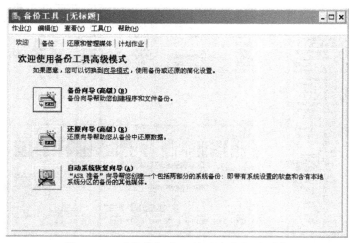

图 5-36　"备份"窗口的"欢迎"选项卡

① 单击"备份向导"按钮，弹出"备份向导—欢迎使用"对话框。

② 单击"下一步"按钮，弹出"备份向导—要备份的项目"对话框。在"选择要备份的资料"中有 3 个选项："备份整个系统"、"备份选定的文件、驱动器或网络数据"、"只备份系统状态数据"。例如，选中"备份选定的文件、驱动器或网络数据"单选按钮。

③ 单击"下一步"按钮，弹出"备份向导—要备份的项目"对话框，选择要备份的文件或文件夹。

④ 选定后，单击"下一步"按钮，弹出"备份向导—备份保存的位置"对话框，在"备份媒体或文件名"文本框中输入保存的位置和文件名，或单击"浏览"按钮选择。

⑤ 单击"下一步"按钮，弹出"备份向导—完成备份向导"对话框，单击"完成"按钮，备份结束。

（2）文件的还原

当用户的计算机出现硬件故障、意外删除或其他原因导致数据丢失或损坏时，可以用 Windows Server 2003 提供的故障恢复工具还原以前备份的数据。

经过备份的文件可以通过"还原"选项卡中的操作来完成文件的还原。在"还原"选项卡中，首先选择保存在移动存储设备中要还原的备份文件，然后选择文件还原的目标位置，单击"开始还原"按钮即可将备份的文件还原。

用户也可以通过"备份"窗口的"欢迎"选项卡中的"还原向导"来完成文件的还原，具体操作如下：

① 在"备份"对话框中单击"还原向导"按钮，再单击"下一步"按钮，弹出"还原向导—还原项目"对话框。

② 在"还原项目"列表中选择要还原的文件，单击"下一步"按钮，弹出"还原向导—完成还原向导"对话框。

③ 单击"完成"按钮，弹出"输入备份文件名"对话框，在"从备份文件恢复"文本框中输入需要的备份文件，或单击"浏览"按钮，在"选择文件以编录"对话框中选择还原文件。

④ 单击"确定"按钮，弹出"还原进度"对话框，该对话框给出还原后的详细信息。

⑤ 单击"报表"按钮，打开 backup01.txt 文件，对还原的信息进行查看。

⑥ 单击"关闭"按钮，退出"还原进度"对话框，完成还原备份操作。

（3）安排备份计划

Windows Server 2003 为系统管理员提供了安排备份计划的工具，能使计算机按照预先定制的时间自动执行备份数据。

安排备份计划的操作步骤如下：

① 在"备份"对话框中选择"计划作业"选项卡，单击"今天"按钮，将开始日期定义为当前日期，如图 5-37 所示。

② 单击"添加作业"按钮，弹出"备份向导—欢迎使用"对话框，用户可按其提示一步步进行操作，这里就不在赘述。

备份计划设置后，系统将按照设置自动进行备份，但系统自动进行备份的前提是系统和媒体都处于可用的状态，否则服务不完成备份计划任务。

图 5-37 "计划作业"选项卡

操作六 设置文件扩展名与应用程序的关联

在"我的电脑"或"资源管理器"等窗口中，用户只要双击某个文档的图标，系统就会自动运行相应的应用程序来打开该文档，这种"文档驱动"方式是 Windows 方便用户操作的主要特点之一。Windows 系统中的文件扩展名代表了文件的类型，正是由于 Windows 注册表中记录了各种文件扩展名与应用程序之间的关联信息，才使"文档驱动"功能得以实现。

用户可以用下面两种方法来添加、删除或更改文件扩展名与应用程序的关联信息。

（1）使用"文件夹选项"对话框

在"我的电脑"或"资源管理器"窗口中，选择"工具"菜单中的"文件夹选项"命令，弹出"文件夹选项"对话框，其"文件类型"选项卡如图 5-38 所示。

在"文件类型"选项卡上面的列表框中列出了已注册的文件类型及其相关联的应用程序名称。如果用户需要添加一种新文件类型的关联，可以单击"新建"按钮，并输入文件扩展名，然后在列表中选定新建的文件类型，单击"更改"按钮，并选择与该类型文件相关联的应用程序即可。

如果要删除一种已注册的文件类型，只要在列表中选定要删除的文件类型，然后单击"删除"按钮即可。类似地，如果要更改某种已注册文件类型与应用程序的关联，可以使用"更改"按钮来完成。

图 5-38 "文件夹选项"中的
"文件类型"选项卡

（2）使用 Windows 注册表编辑器

注册表中有关文件关联的内容全部存储在 HKEY_CLASSES_ROOT 主键下。该主键大致分为两部分：第一部分用来定义文件类型；第二部分与第一部分相对应，用于记录打开文件的应用程序，如图 5-39 所示。

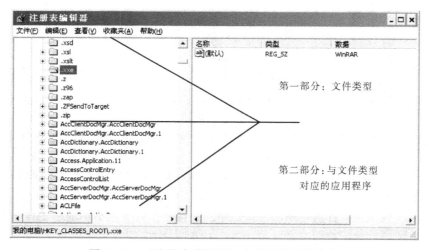

图 5-39 "注册表编辑器"中的文件关联信息

"文件夹选项"对话框中的文件关联列表其实可看作是 HKEY_CLASSES_ROOT 的一个图形界面，因此使用"文件夹选项"对话框能完成的文件关联操作，通过"注册表编辑器"窗口也可以实现。

例如，要删除扩展名为.LEN 的文件关联，可以按下面两个步骤操作：

① 查找.LEN 的子键，将其删除。

② 查找 LEN_auto_file（形如*_auto_file，"*"号表示扩展名），也将其删除。

如果要更改扩展名为.LEN 的文件关联，则只需查找 LEN_auto_file 子键，然后展开并选定该子键下的 Shell\Open 分支，窗口右侧"名称"下会有 Command 键值名称，其后面的数据表示了用于打开这种扩展名文件的应用程序及其路径，双击该键值名称即可修改键值，输入新的应用程序名称及其路径。

HKEY_CLASSES_ROOT 与 HKEY_LOCAL_MACHNE\SOFTWARE\Classes 下的内容实际上是完全一致的，前者可视为后者的一个副本。Windows 在启动时真正用到的只有 HKEY_LOCAL_MACHINE 和 HKEY_USERS 两个主键，其他各项均由这两个主键衍生或是动态生成的。

4．实训思考

① 建立一个 Word 文档，将其默认打开方式设置为写字板，该文件图标有什么变化？

② 在 Windows 中，可以识别的文件类型由什么决定？

③ Windows Server 2003 中，可以设定的文件存取属性有哪些？

④ 卸载应用程序的两种主要方式是什么？如何操作？

⑤ 如何修改"我的文档"对应路径？

⑥ 使用"计算机管理"窗口中的"磁盘管理"，查看所有磁盘和分区使用情况。

⑦ 使用 Windows 自带的"备份"工具，将 C 盘中的某个文件夹和 D 盘中的某几个文件备份到可移动存储设备中，然后再还原这些文件和文件夹。

⑧ 使用"文件夹选项"对话框，建立扩展名为.TTT 的文件与记事本程序的关联。

⑨ 利用"注册表编辑器"，删除扩展名为.TTT 的文件与记事本程序的关联。

实训 2　Linux 的文件管理

1．实训目的

通过实验，加深对文件系统的理解，掌握 Linux 操作系统中文件基本操作方法。

2．实训预备

（1）Linux 文件系统简介

Linux 的文件系统是文件和目录层次的集合。文件系统形成了 Linux 系统上所有数据的基础。Linux 的程序、库、系统文件和用户文件都驻留在文件系统上。

在 Linux 系统下，用户所见到的文件空间是基于树状结构的，该树的根在顶部，这个空间中的各种目录和文件从树根向下分支，顶层目录（/）被称为根目录。

对用户而言，该目录看上去就像一个无缝的实体，用户只能看见目录和文件。实际上，文件树中的许多目录都是置于一个磁盘，或同一磁盘的不同分区，甚至不同的计算机中。当这些磁盘分区之一被连接到文件树中被称为安装点的目录上时，安装点及其以下所有的目录就被称作一个文件系统。

Linux 操作系统由一些目录和许多不同的文件组成。通常，大多数操作系统都驻存在两个文件系统上：根文件系统（称为/）和安装在/usr 下的文件系统。

（2）Linux 文件类型及支持的文件系统类型

Linux 只有 4 种基本的文件类型：普通文件、目录文件、连接文件和特殊文件。一个文件系统必须安装在某个目录上，才能被访问。例如，有一个文件系统要访问一个盘，则它必须先将其安装在某个目录上，如/mnt/msdos 目录。将文件系统安装到一个目录上后，该文件系统中所有的文件将出现在这个目录之下。拆卸了这个文件系统之后，目录将变成空的。Linux 中 mount 命令用来安装文件系统，umount 命令用来拆卸文件系统。如何用 mount 命令安装文件系统，用 umount 命令来拆卸文件系统，在上一章的实训中已经详细说明了。

（3）Linux 中文件的权限

一个 Linux 系统中有多个用户。为了保护用户个人的文件不受其他用户的侵犯，Linux 系统提供了文件权限的机制。这种机制允许文件和目录归一个特定的用户所有。这个用户有权对他所拥有的文件或目录进行存取和操作。例如，用户 ZHANG 在自己的主目录中建立了一些文件，那么用户 ZHANG 就是这些文件的所有者，有权对这些文件进行存取，也有权限制其他用户对这些文件进行存取。

Linux 还允许用户之间以及用户组之间共享文件。在大多数系统中，缺省的情况是允许其他用户读自己的文件，但不能对它们进行修改和删除。

文件的权限有 3 个部分：读、写和执行。这些权限可以分别赋予 3 种类型的用户：文件的所有者、文件所属的用户组和组外的其他所有用户。

读权限允许用户阅读文件，或对目录来说，允许用户列出目录中的内容（使用 ls 命令）。写权限允许用户写和修改文件的内容，或对目录来说，写权限允许用户在这个目录中建立新文件或删除文件。执行权限允许用户运行文件（即程序），或对目录来说，执行权限允许用户进入和退出该目录。

Linux 的文件权限控制哪个用户可以访问哪个文件和使用哪些命令。这些权限标志位控制文件所有者、相关的组成员和其他用户对文件的访问权。可以用长格式的列表命令 ls-1 来显示一个文件夹的权限。例如，这个字段可能是-rw-r--r--。该字段中的第一个"-"说明了文件的类型，表明该文件是一个普通文件；"d"代表目录；"b"代表块设备文件；"c"代表字符设备文件。后面 9 个字符每 3 个一组，依次代表文件的所有者、文件所在的用户组以及组外其他用户对该文件的访问权限。每一类占用权限字段中的 3 个字符，由字符 r（读权限）、w（写权限）和 x（执行权限）组成，可在该字段中使用这些字符中的一些或全部。如果某个人被授予某些权限，相应的字符就出现在权限字段中；如果某种权限未被授予，则用一个符号"-"表示。Linux 文件属性如图 5-40 所示。

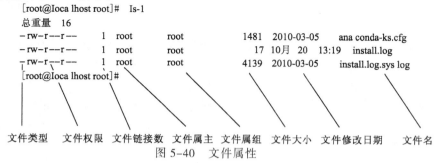

图 5-40   文件属性

3．实训操作

操作一   管理目录

（1）显示目录内容命令：ls

命令格式：ls ［选项］ ［目录或文件］

说明：对于每个目录，使用 ls 命令能列出其中的所有文件和子目录。对于每个文件，该命令将输出其文件名及其所要求的其他信息。当未给出目录名或文件名时，则显示当前目录的信息。在 ls 命令的参数中，–al 的选项组合是最为常见的。可以详细显示文件和目录的各种信息，包括隐藏的文件和目录。

部分选项含义：

–a,–all 显示指定目录下所有子目录和文件，包括隐藏文件。

–i 在输出的第一列显示文件的 i 节点号。

–l 以长格式来显示文件的详细信息。

例：`ls -1`　　　　　　　　　　　以长格式列出当前目录之内容

（2）创立新目录命令：mkdir

命令格式：`mkdir [目录名称]`

说明：使用 mkdir 命令可建立一个新目录。要求建立目录的用户在所建目录的父目录中具有写权限，并保证父目录下无与所建目录重名的目录或文件。

例：`mkdir my`　　　　　　　　　　在当前目录下建立一个 my 子目录

（3）改变工作目录命令：cd

命令格式：`cd [路径]`

说明：该命令将当前目录改为命令行中所指定的目录，若没指定目录，则回到用户的主目录。

例：`cd /`　　　　　　　　　　　执行后当前目录为根目录/

　　`cd`　　　　　　　　　　　执行后当前目录为登录用户的主目录

（4）显示当前工作目录的绝对路径：pwd

命令格式：`pwd`

例：`$cd / usr / bin`

　　`$pwd`

　　`/ usr/ bin`

（5）删除空目录命令：rmdir

命令格式：`rmdir 目录名`

说明：rmdir 命令可删除一个空目录。

操作二　管理文件

（1）vi 编辑程序

命令格式：`vi[文件名]`

说明：vi 编辑程序用两种模式进行操作：命令模式和输入模式。在命令模式中，vi 用户你输入的字符解释成命令；在输入模式中，vi 将用户输入的字符添加在屏幕最下方的光标处来输入文本。命令模式和输入模式可进行转换。如果遇到困难，可按【Esc】键，再按【：】，然后输入 q!，退出并重新开始。

① 输入 vi 以启动 vi 编辑程序，将看到每一行的行首（屏幕左侧）都是代字符号，表示都为空行。

② 进入输入模式后把字符放在第一行。按【A】键（不要按【Return】键），便可以把接下来输入的字符添加到第一行中（在屏幕上字符 a 看不到，它作为命令被系统接收）。

③ 输入文本到缓冲区中，输入：

`this is a practice.`

a. Input program.
b. Compile program.
C. Run program.

④ 按【Esc】键和【:】键，从输入模式切换到命令模式。如果已在命令模式下，按【Esc】键就会听到系统的鸣叫声。

⑤ 将缓冲区的内容保存在名为 hello 的文件中，输入 w hello。

⑥ 退出 vi。在命令模式下输入 q!，当按下【Return】键时，vi 终止并返回到登录 Shell 的提示符下。

（2）显示文件内容/建立文件/追加文件命令：cat

命令格式：cat　[选项]　文件列表

选项含义：

-b 计算所有非空输出行，开始为 1。

-n 计算所有输出行，开始为 1。

-s 将相连的多个空行用单一空行代替。

在 cat 命令中可以使用重定向符来重新确定输入或输出内容的方向。其中"＞"为输出重定向符，它的作用是把命令（或可执行程序）的标准输出重新定向到指定文件，这样，该命令的输出就不在屏幕上显示，而是写入指定文件中。在 cat 命令中可以使用"＞"来新建一个文件或重新生成文件。"＞＞"为输出附加定向符，它的作用是把命令（或可执行程序）的输出附加到指定文件的后面，而该文件原有内容不被破坏。

例：$ cat ＞ file　　　建立文本文件 file（若 file 文件已存在，则重新生成其内容）

注：按【Enter】后，光标移到下一行行首，用户开始输入，此时无法修改光标行以上的各行内容。输入完后按下【Ctrl+d】，存盘退出。按【Del】键放弃并退出。

$ cat file　　　　　　显示文件 file 的内容

例：将文件 file1 和 file2 内容连接起来追加存放在文件 file3 中。

命令：$ cat file1 file2 ＞＞ file3

执行命令后，就将 file1 和 file2 的内容合起来追加到 file3 的后面，原来 file3 的内容仍保留，如果用的重定向符号为"＞"，那么 file3 原来的内容就被覆盖了，即消失了。

（3）man 命令

功能：显示具有一定格式的在线命令帮助手册，也可以显示某个命令的格式。输入"q"退出帮助。

例如，查命令 ls 的用法，则命令为：

$ man ls

（4）more 命令

功能：在终端上按页显示。若内容多于一屏，则显示一屏后，按任意键再往下滚一行。

例如，分屏显示文件 file 的内容，命令为

$ more file

此例也可以采用如下命令：

$ cat file|more　　　　　一页一页地显示文件的内容

（5）管道命令 |

功能：通常与其他命令联合使用，使前一个命令的输出结果作为后一个命令的输入。

例如：分屏、长格式列出当前目录的内容，命令为

$ ls -1|more

例如，输入命令 man ls 后执行，屏幕会滚动，以致许多显示内容一闪而过，无法阅读，这时可做如下处理：

```
$man ls|more
```

（6）统计文件中的字节数、单词数、行数命令 wc

命令格式：`wc [选项] 文件名1 [文件名2]……[文件名n]`

说明：wc 命令的功能为统计指定文件中的字节数、字数、行数，并将统计结果显示输出。如果没有给出文件名，则从标准输入读取。wc 同时也给出所有指定文件的总统计数。字是由空格字符区分开的最大字符串。

选项含义：

–c 统计字节数。

–l 统计行数。

–w 统计字数。

这些选项可以组合使用，输出列的顺序和数目不受选项的顺序和数目的影响。总是按行数、字数、字节数、文件名的顺序显示并且每项最多一列。如果命令行中没有文件名，则输出中不出现文件名。

例如，显示文件 file1 和 file2 的字数和行数，命令为：

```
$ wc -lw file1 file2
3  13  file1
5  12  file2
8  25  总用量
```

（7）文件或目录的复制命令：cp

命令格式：`cp [选项] 源文件或目录 目标文件或目录`

说明：使用 cp 命令可将指定的源文件复制到目标文件或把多个源文件复制到目标目录中。

选项含义：

–a 在复制目录时保留链接、文件属性，并复制所有子目录。

–i 在覆盖目标文件之前会给出提示并要求用户确认。回答 y 时目标文件将被覆盖。

–r 复制目录时将递归复制该目录下所有的子目录和文件。此时目标文件必须为一个目录名。

（8）移动文件或文件、目录更名命令：mv

命令格式：`mv [选项] 源文件或目录 目标文件或目录`

说明：mv 命令最后的参数既可以是一个文件名，也可以是一个目录名。当这个参数是文件名时，就是文件的更名。当最后一个参数是已存在的目录名时，就是移动文件。

选项含义：

–i 询问方式操作。

–f 禁止询问操作。

例：`$mv file1 file2`　　　　　当前目录下的文件 file1 更名为 file2

　　`$mv file ..`　　　　　　　将当前目录下的文件 file 移到上一层目录

（9）删除文件或目录命令：rm

命令格式：`rm [选项] 文件名或目录名`

说明：该命令能删除一个或多个文件或目录，也可将某个目录及其下的所有文件及子目录全部删除。

选项含义：

–r 将目录及其子目录递归地删除。若无此选项将无法删除目录。

–i 删除文件时进行确认。

例：$rm -r *　　　　　删除当前目录下的所有文件，并进行确认

（10）查找文件命令：find

命令格式：find [目录名表] [选项]

说明：目录名表中可以列出多个目录名，它们之间以空格分隔。此命令可在列出的目录表中查找指定的文件。

选项含义：

–name filemane　　　　　　查找名为 filename 的文件

–type x　　　　　　　　　查找规定类型的文件，d 指目录，f 指普通文件

–links n　　　　　　　　查找链接数为 n 的文件

例如，在当前目录及子目录中查找文件 abc，把结果输出到屏幕上，命令为：

$find . -name abc -print

（11）建立链接文件命令：ln

链接有两种，一种被称为硬链接（Hard Link），另一种被称为符号链接（Symbolic Link）。建立硬链接时，链接文件和被链接文件必须位于同一个文件系统中，并且不能建立指向目录的硬链接，此时链接文件和被链接文件指向一个索引结点。而对符号链接，则不要求两个文件必须位于同一个文件系统，此时链接文件中所存放的是被链接文件的路径。默认情况下，ln 产生硬链接。

命令格式：ln [选项] 源文件 [目标文件]

说明：链接的对象可以是文件，也可以是目录。如果链接指向目录，用户就可以利用该链接直接进入被链接目录，而不用给出到达该目录的一长串路径。即使删除这个链接，也不会破坏原来的目录。

选项：

–s 建立符号链接，而不是硬连接。

① 硬链接：

例如，为当前目录下的文件 file1 创建一个链接文件 file2，命令为

$ ln file1 file2

$ ls file1 file2　　　　　显示 file1 和 file2 的属性

$ cat file1 file2　　　　　显示 file1 和 file2 的内容

此时可以看到文件 file2 和文件 file1 的属性和内容是完全相同的，并且它们的链接数都为 2，这表示一共有两个文件的指针指向同一个索引结点。这两个文件只要修改了其中任意一个文件的内容或属性，另一个文件的相关信息也会随之更新。如果删除了其中一个文件，另一个文件仍然存在。

② 符号链接：

例如，为当前目录下的文件 file1 创建一个符号链接文件 file2，命令为：

$ ln -s file1 file2

此时用命令 cat 查看文件 file2 的内容，会发现它的内容与 file1 完全一致。

符号链接和硬链接的区别：符号链接只是指向原始文件的一个名字而已，如果删除了符号链接，原始文件不会有任何变化，如果删除了原始文件，符号链接文件就无法使用了。符号链接比起硬链接来有一个优势是：可以使用一个符号链接指向 OpenLinux 文件系统中的某个目录，而硬链接不能链接到目录，不能跨越文件系统。

（12）后台命令符"&"

功能：将&符放在一条命令后，使该命令在后台执行。

在提示符$后输入命令，系统就为该命令创建一个进程，由该进程完成命令所规定的任务。进程终止后才重新出现$提示符，通常称这种命令为前台命令。

如果在命令行的末尾加上"&"符，则系统为这条命令创建一个进程，它在后台执行，只有当没有前台进程执行时主机才执行该进程，这种进程为后台进程。当输入后台命令后，屏幕将立即显示此命令所对应的进程标识号 PID，然后出现提示符$，此时用户还可以输入其他命令来执行，该后台进程执行完成后在前台返回执行的结果。

例如，在后台查找文件 abc，把结果输出到屏幕上，命令为：

```
$find. -name abc -print&
```

（13）输入重定向符"<"

输入重定向符"<"的作用是把命令（或可执行程序）的标准输入重新定向到指定文件。例如，有一个可执行的程序 scat，其源程序用 C 语言编写，为了输入数据，使用了 scanf()函数调用语句。如果所需数据预先已录入文件 file1 中，那么就可以让 scat 执行时直接从 file1 中读取相应数据，而不必交互式地从键盘上录入。执行 scat 的命令行可以是：

```
$ scat < file1
```

4．实训思考

① 对实训预备中的 Linux 命令进行操作练习。

② 以自己的用户名登录 Linux 操作系统，在 Shell 界面完成以下指定的操作：

- 以长格式列出当前目录内容及根目录下 home 子目录中文件内容，并查看列出的目录权限情况。
- 在用户当前目录下建立一个 sub 子目录，并以长格式显示当前目录内容。
- 在当前目录下用 vi 编辑程序建立一个文本文件 hello，内容自定。
- 将当前目录下的 hello 文件拷贝到 sub 子目录下，显示 sub 子目录内容。
- 置当前目录为 sub，显示目录内容。
- 显示当前目录中 hello 文件的内容。
- 将文件 hello 改名为 bye，并显示当前目录的内容及 bye 文件的内容。
- 删除 sub 子目录。
- 在图形接口模式中完成实验内容第 2～第 7 项的操作。

习　题　5

一、单项选择题

1．操作系统为每一个文件开辟一个存储区，在它的里面记录着该文件的有关信息，这就是所谓的（　　　）。

 A．进程控制块   B．文件控制块

 C．设备控制块   D．作业控制块

2．文件控制块的英文缩写符号是（　　　）。

 A．PCB   B．DCB   C．FCB   D．JCB

3．一个文件的绝对路径名总是以（　　　）开始。

A. 磁盘名　　　　　　　　B. 字符串　　　　　　　　C. 分隔符　　　　　　　　D. 文件名

4. 一个文件的绝对路径名是从（　　　）开始，逐步沿着每一级子目录向下，最后到达指定文件的整个通路上所有子目录名组成的一个字符串。

A. 当前目录　　　　　　　B. 根目录　　　　　　　　C. 多级目录　　　　　　　D. 二级目录

5. 从用户的角度看，引入文件系统的主要目的是（　　　）。

A. 实现虚拟存储　　　　　　　　　　　　B. 保存用户和系统文档

C. 保存系统文档　　　　　　　　　　　　D. 实现对文件的按名存取

6. 按文件的逻辑结构划分，文件主要有两类：（　　　）。

A. 流式文件和记录式文件　　　　　　　　B. 索引文件和随机文件

C. 永久文件和临时文件　　　　　　　　　D. 只读文件和读写文件

7. 位示图用于（　　　）。

A. 文件目录的查找　　　　　　　　　　　B. 磁盘空间的管理

C. 主存空间的共享　　　　　　　　　　　D. 文件的保护和保密

8. 用户可以通过调用（　　　）文件操作，来归还文件的使用权。

A. 建立　　　　　　　　　　B. 打开　　　　　　　　　C. 关闭　　　　　　　　　D. 删除

二、填空题

1. 一个文件的文件名是在＿＿＿＿＿＿＿＿时给出的。

2. 所谓"文件系统"，由与文件管理有关的＿＿＿＿＿＿＿＿、被管理的文件以及管理所需要的数据结构 3 个部分组成。

3. ＿＿＿＿＿＿＿＿是辅助存储器与内存之间进行信息传输的单位。

4. 在用位示图管理磁盘存储空间时，位示图的尺寸由磁盘的＿＿＿＿＿＿＿＿决定。

5. 采用空闲区表法管理磁盘存储空间，类似于存储器管理中采用＿＿＿＿＿＿＿＿方法管理内存储器。

6. 操作系统通过＿＿＿＿＿＿＿＿感知一个文件的存在。

7. 按用户对文件的存取权限将用户分成若干组，规定每一组用户对文件的访问权限。这样，所有用户组存取权限的集合称为该文件的＿＿＿＿＿＿＿＿。

8. 根据在辅存上的不同存储方式，文件可以有连续、＿＿＿＿＿＿＿＿和索引 3 种不同的物理结构。

三、问答题

1. 文件系统应具备哪些基本功能？

2. 文件存储空间管理有哪些常用的方法？试比较各种方法的优缺点？

3. 为什么位示图法适用于分页式存储管理和对磁盘存储空间的管理？如果在存储管理中采用可变分区存储管理方案，也能采用位示图法来管理空闲区吗？为什么？

4. 有些操作系统提供系统调用命令 rename 给文件重新命名。同样，也可以通过把一个文件复制到一个新文件、然后删除旧文件的方法达到给文件重新命名的目的。试问这两种做法有何不同？

5. "文件目录"和"目录文件"有何不同？

6. 一个文件的绝对路径名和相对路径名有何不同？

7. 试述"创建文件"与"打开文件"两个系统调用在功能上的不同之处。

8. 试述"删除文件"与"关闭文件"两个系统调用在功能上的不同之处。

9. 为什么在使用文件之前，总是先将其打开后再使用？

10. 一个树形结构的文件系统如图 5-41 所示，图中的框表示目录，圈表示文件。

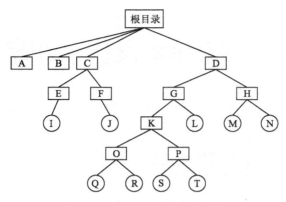

图 5-41　树形结构的文件系统

① 可否进行下列操作：

a. 在目录 D 中建立一个文件，取名为 A。

b. 将目录 C 改名为 A。

② 若 E 和 G 分别为两个用户的目录：

a. 用户 E 欲共享文件 Q，应用什么条件，如何操作？

b. 在一段时间内，用户 G 主要使用文件 S 和 T。为简便操作和提高速度，应如何处理？

c. 用户 E 欲对文件 I 加以保护，不许别人使用，能否实现？如何实现？

第 **6** 章 Linux 操作系统实例分析

【知识结构图】

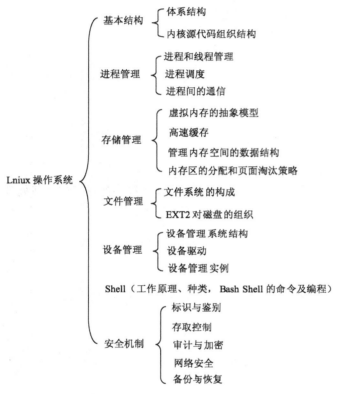

基本结构 ——— 体系结构
                内核源代码组织结构

进程管理 ——— 进程和线程管理
                进程调度
                进程间的通信

存储管理 ——— 虚拟内存的抽象模型
                高速缓存
                管理内存空间的数据结构
                内存区的分配和页面淘汰策略

文件管理 ——— 文件系统的构成
                EXT2 对磁盘的组织

设备管理 ——— 设备管理系统结构
                设备驱动
                设备管理实例

Shell（工作原理、种类，Bash Shell 的命令及编程）

安全机制 ——— 标识与鉴别
                存取控制
                审计与加密
                网络安全
                备份与恢复

Lniux 操作系统

【学习目的与要求】

通过本章的学习，使学生了解实际操作系统的体系结构设计以及在进程管理、存储管理、文件管理、设备管理和安全机制等方面的策略实施，体验前面章节内容中原理和机制的具体实现。本章学习要求如下：

● 了解 Linux 的基本结构；

● 了解 Linux 的进程管理、存储管理、文件管理、设备管理和安全机制；

● 理解 Shell 的工作原理；

● 了解评测具体操作系统的各项指标。

6.1　Linux 的基本结构

Linux 的产生和发展以及特点在第 1 章中已有介绍，这里先来看一下 Linux 的基本结构。

6.1.1　Linux 的体系结构

Linux 体系结构基本上属于层次结构，如图 6-1 所示，可分为 5 层。

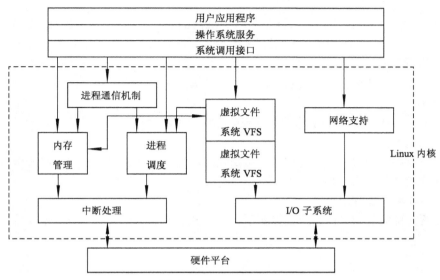

图 6-1　Linux 体系结构

1. 硬件平台

Linux 运行需要的所有可能的物理设备，包括 CPU、内存、I/O 接口、外围存储设备等，是所有程序运行的物质基础，提供运算、存储、传输能力。

2. 内核

内核是操作系统的灵魂，是抽象的资源操作到具体硬件操作细节之间的接口。Linux 内核包括进程管理、存储管理、文件管理、设备管理等核心程序，这些程序相互合作完成计算机系统资源的管理和控制。

3. 系统调用接口

应用程序是通过系统调用接口来调用操作系统内核中特定的过程（系统调用），以实现特定的服务。系统调用也是由若干条指令构成的过程，与一般过程不同，它运行在核心态，能够执行特权指令，实现软硬件的管理功能，它是内核的一部分，系统调用接口是用户程序与内核的唯一接口

4. 操作系统服务

通常被视为操作系统的一个部分，其实它是独立的一层。在 Linux 中，它由 Shell 和使用程序组成，属于特定的用户程序。Shell 介于系统调用接口和应用程序之间，是用户和 Linux 内核之间的接口。它接收并解释用户输入的命令，并转变为系统调用，将其送入内核执行。Linux 在本层提供了大量的实用工具程序和服务程序，为用户使用，这也是 Liunx 成为流行操作系统

的一个重要的支持。Shell 具有编程的能力，通过变量和控制语言，编写脚本文件自动执行，把系统提供的多个命令和程序综合起来完成特定的任务，提高效率。

5．用户应用程序

用户应用程序是运行在 Linux 系统最外层的一个庞大的软件集合，是用户完成特定任务而执行的程序，如售票系统、银行窗口系统、画图软件等。

6.1.2　Linux 内核源代码组织结构

Linux 内核源代码可以从官方站点 http://www.kernel.org/下载。下载的源代码是压缩包格式，可以在 Linux 或者 Windows 环境下解压到某个目录，可以看到该目录下包含许多子目录。下面对它们进行简单介绍。

Arch：包含体系结构相关的代码，每种体系结构都有一个相应的子目录，如 x86 相关的代码放在 i386 目录下。

Block：Block I/O 层的代码，包含多种磁盘 I/O 调度算法。

Crypto：各种加密算法。

Documentation：与内核相关的文档，组织比较零乱，涉及面很广。但有些非常有用，介绍了内核某些功能模块的设计原理。

Drivers：各种设备驱动程序。

Fs：内核支持的各种文件系统，如 EXT3、NTFS 等。

Include：包含了绝大部分内核头文件。

Init：内核启动和初始化代码。

Ipc：进程间通信代码。

Kernel：最核心部分，包括进程管理、同步原语的实现等。

Lib：内核的辅助函数。

Mm：存储管理子系统，与平台相关的部分在 arch/*/mm 目录下。

Net：网络子系统，包含多种网络协议的实现。

Scripts：包含构建内核的脚本文件。

Securitv：包含 SELinux 的实现。

Sound：音频子系统。

Usr：EarlyUserSpace 特性的相关代码。

6.2　Linux 的进程管理

进程管理是负责创建程序员使用的进程抽象并提供措施，便于一个进程的创建、撤销、同步和保护其他进程。Linux 为了便于进程的管理和调度，进程的状态分为核心态和用户态两种。图 6-2 描述了 Liunx 进程环境，便于理解一个程序执行过程中不同的级别。

（1）硬件层

硬件从程序计数器 PC 指定的内存地址中取出一条指令并执行它，然后再取下一条指令执行，直到程序执行完毕。在本层中，各个程序之间并未区分，所有程序都是主存中指令的集合。

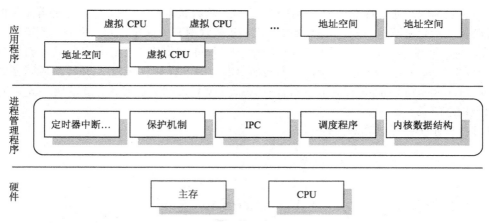

图 6-2　Liunx 进程环境

（2）进程管理程序层

进程管理程序创建一组理想化的虚拟机器，当它们运行于用户态时，每个都具有主 CPU 的性质。进程管理程序通过使用定时器、中断、各种保护机制、进程间通信（IPC）、同步机制、调度程序以及一组内核数据结构来创建 Linux 进程。应用程序与进程程序通过系统调用接口（API）进行交互。使用 fork() 系统函数创建虚拟机器的实例。使用 exec() 系统函数加载一个特定程序的地址空间。父子进程可以使用 wait() 系统函数实现同步。

（3）应用程序层

即传统的 Linux 进程，其地址空间是虚拟机内存，每个进程都有文本段、用户堆栈和数据段、系统堆栈和数据段，这 3 部分构成进程的内存映像。进程管理程序必须操作硬件进程和物理资源来执行一组虚拟机，还须在单个物理机上操作多个虚拟机使其执行。

6.2.1　Linux 的进程和线程管理

1. 进程和进程状态

Linux 的进程概念与传统操作系统中的进程概念完全一致，Linux 的进程状态共有 6 种：

① 可运行状态（Task-Running）：相当于进程 3 种基本状态中的执行状态和就绪状态，即表示进程正在执行或正在准备被调度执行，处于这种状态的进程才能参与进程调度。

② 可中断阻塞状态（Task-Interruptible）：处于这种状态的进程只要阻塞的原因解除就可以被唤醒到就绪状态，并插入到就绪队列。被唤醒的原因可能是请求的资源已空闲，也可能是由其他进程通过信号或定时中断来唤醒。

③ 不可中断阻塞状态（Task-Uninterruptible）：处于这种状态的进程只有资源请求得到满足才能被唤醒到就绪状态，但不能由其他进程通过信号或定时中断来唤醒。

④ 僵死状态（Task-Zombie）：处于这种状态的子进程已经结束运行，并已释放了除 PCB 以外的部分系统资源，但要等其父进程调用 wait() 函数读取该子进程的结束状态信息后才能释放所占有的其他系统资源，然后真正地结束运行并退出系统。

⑤ 暂停状态（Task-Stopped）：处于这种状态的进程因被暂停执行而阻塞，通过其他进程的信号或事件才能被唤醒。

⑥ 交换状态（Task-Swapping）：该状态表明进程正在执行磁盘交换工作。

　　其中，阻塞状态通常也被称为"等待状态"或"睡眠状态"。上述 6 种状态随着条件的变化而相互转换，用户进程执行 do_fork()函数完成创建进程的有关操作，并将之插入到就绪队列，在适当时候被调度程序选中，然后获得 CPU。Schedule()根据系统情况完成进程调度功能。sleep_on()和 sleep_on_interruptible()使当前占有 CPU 的进程释放 CPU，并转换成阻塞状态。wake_up()和 wake_up_interruptible()实现暂停状态、阻塞状态到可运行状态的转换。do_exit()完成进程销毁的最终动作。

　　图 6-3 所示为一个进程的执行情况。

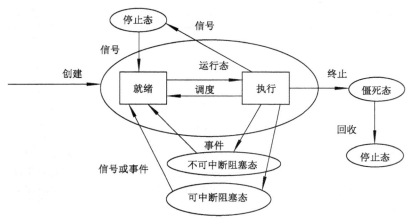

图 6-3　Linux 的进程状态转换

2．Linux 线程

　　传统的 UNIX 系统支持每个执行的进程中只有单独的一个线程，但现代典型的 UNIX 系统提供对一个进程中含有多个内核级线程的支持。如同传统的 UNIX 系统，Linux 内核的老版本不提供对多线程的支持。多线程应用程序需要用一组用户级程序库来编写，以便将所有线程映射到一个单独的内核级进程中。现代的 UNIX 提供内核级线程。Linux 提供一种不区分进程和线程的解决方案，通过使用一种类似于 Solaris 轻量级进程的方法，用户级线程被映射到内核级进程上，组成一个用户级进程的多个用户级线程被映射到共享同一组 ID 的多个 Linux 内核级进程上，使这些进程可以共享文件和内存等资源，使同一组中的进程调度切换时不需要切换上下文。

　　在 Linux 中通过复制当前进程的属性可创建一个新进程。新进程被克隆出来，以便它可以共享资源，如文件、信号处理程序和虚存。当两个进程共享相同虚存时，它们可以被当作是一个进程中的线程。但是，没有为线程单独定义数据结构，因此，Linux 中进程和线程没有区别。Linux 用 clone()命令代替通常的 fork()命令创建进程。传统的 fork()系统调用在 Linux 上是用所有克隆标志清零的 clone()系统调用实现的。

　　当 Linux 内核执行从一个进程到另一个进程的切换时，它将检查当前进程的页目录地址是否和将被调度的进程的相同。如果相同，那么它们共享同一个地址空间，所以此时上下文切换仅仅是从代码的一处跳转到代码的另一处。

　　虽然属于同一进程组的被克隆的进程共享同一内存空间，但是它们不能共享同一个用户栈。所以 clone()调用为每个进程创建独立的栈空间。

6.2.2　Linux 的进程调度

在 Linux 中，进程是一个非常重要的概念，它是资源分配的基本单位，运行于自己的虚拟地址空间中，多个进程可以并发执行。同时进程也是 Linux 内核的调度单位，当进程调度时机成熟时，进程调度程序在多个进程间进行合理选择，为条件最佳的进程分配处理器并使之投入运行。

Linux 中的内核线程采取了与进程一样的表示和管理方式，Linux 使用进程调度统一处理进程和内核线程，所以通过进程调度就可以得知线程调度的具体情况。

进程调度机制主要涉及调度方式、调度时机和调度算法。

1．调度方式

Linux 内核的调度方式基本上采用"抢占式优先级"方式，即当进程在用户态运行时，不管是否自愿，在一定条件下（如时间片用完或等待 I/O），内核可以暂时剥夺其 CPU 而调度其他进程进入运行。但是，一旦进程切换到核心态运行，就不受以上限制一直运行下去，直至又回到用户态才会发生进程调度。

Linux 系统中的调度策略基本是以优先级为基础的调度策略。就是说，核心为系统中每个进程计算出一个优先权。该优先权反映了一个进程获得 CPU 使用权的资格，即高优先权的进程优先得到运行。

2．调度时机

调度时机是指重新进行进程调度，即重新分配 CPU 的时机。Linux 进程调度的时机和现代操作系统进程调度的时机基本一致。Linux 中设置了进程调度标志 need resched，当该标志为 1 时，可以执行进程调度程序。当进程调度时机到来时，内核通过检测进程调度标志以决定是否执行进程调度程序。通常引起 Linux 系统中进程调度的原因有如下几种：

① CPU 执行的进程发生状态转换，如进程在执行过程中调用 sleep()、exit() 或 wait() 等函数，引起进程终止、进程睡眠等状态转换。

② 就绪队列中增加了新进程。

③ 正在执行的进程所分配的时间片用完。

④ 执行系统调用的进程返回到用户态。

⑤ 系统内核结束中断处理返回到用户态。

⑥ 直接执行调度程序。

3．调度算法

Linux 的进程调度是将优先级调度、轮转调度、先来先服务调度以及多级反馈轮转调度综合起来的一种高效调度算法。如前所述，Linux 中的进程分为实时进程和普通进程。实时进程要求响应速度快而且可靠性高，因此应比普通进程具有更高的优先级。同时，Linux 也充分考虑到了各种进程调度的公平性，针对不同类型的进程采用了不同的调度策略。对于实时进程采用了基于优先级的轮转调度算法和基于优先级的先来先服务调度算法，而对于普通进程则采用了基于优先级的轮转调度算法。

Linux 的进程控制块（task_struct）中有 4 个成员：policy、priority、rt_priority 和 counter，供调度程序使用，主要参数如下：

① policy：即进程调度策略，进程可以通过宏定义来区分 3 类进程，即 policy 有 3 种值。

- #define SCHED_OTHER 0：为非实时进程，采用基于优先级的时间片轮转法调度。只要有实时进程就绪，这类进程便不能运行。

- #define SCHED_FIFO 1：为先进先出实时类任务，符合 POSIX.1b 的 FIFO 规定。它会一直运行（相当于时间片硕大），除非自己出现等待事件或有另一个具有更高 rt_priority 的实时进程出现时，才让出 CPU。

- #define SCHED_RR 2：为轮转法实时类任务，符合 POSIX.1b 的 RR 规定。除了时间片是一个定量外，和 SCHED_FIFO 类似。当时间片耗尽后，就使用相同的 rt_priority 排到原队列的队尾。

② priority：即进程静态优先级，这是从 $-20 \sim 20$ 的整数（内核转化为 $1 \sim 40$ 的整数），不随时间而改变，但能由用户进行修改。它指明在被迫和其他进程竞争 CPU 之前，该进程被允许运行的时间片最大值（滴答次数）。当然，可能由于一些原因，在该时间片耗尽前进程就被迫让出 CPU。

③ rt_priority：即实时进程才具有的实时优先级，是从 $0 \sim 99$ 的一个整数，用来区分实时进程的等级。较高权值的进程总优先于较低权值的进程。rt_priority+1000 给出实时进程的优先级，因此，实时进程的优先级总高于普通进程（普通进程优先级必小于 999，实际上仅使用 $0 \sim 56$）。

④ counter：指出进程在这个时间片中的剩余时间量，可被看作动态优先级。只要进程占有了 CPU，它就随着时间不断减小，当 counter≤0 时，标记进程时间片耗尽应重新调度。

可见，普通进程的优先级由 priority 确定，而实时进程的优先级由 rt_priority 确定。counter 用于指出轮转法中时间片的大小，其初值分别为 priority 和 rt_priority。

对于实时进程，Linux 采用基于优先级的先来先服务算法和基于优先级的时间片轮转算法，具体采用哪种算法由其 PCB 中的 policy 域来决定。当采用基于优先级的轮转调度算法时，各进程按照其优先级和在就绪队列中的顺序轮流地享受一个时间片长的 CPU 服务，此时优先级高的进程应得到优先调度。当某个进程的时间片用完后，马上重新分配新的时间片并插入到就绪队列，而且保持其优先级不变，然后等待再次被调度。这种情况下，所有实时进程实际上是按照优先级分成了多级队列，优先级相同的进程按照进入就绪队列的时间顺序排列在同一个就绪队列中。轮转算法优先调度优先级最高的就绪队列中的进程，有高优先级别的就绪队列为空时才调度位于低优先级别就绪队列中的进程。

可见，在这种调度方式下，进程的优先级越高，响应越及时。又因为采用轮转算法，故具有相同优先级的进程和具有不同优先级的进程根据其轻重缓急均能得到相应的服务。

普通进程的调度采用基于优先级的轮转调度算法。进程调度的依据是进程 PCB 中 priority 值的大小。这类进程在创建时便给其 PCB 中的 priority 赋一个初值，它在进程运行过程中一直保持不变。这个值同时也作为 counter 的初值，但 counter 的值在进程的运行过程中不断减少以表示剩余时间片的多少。由此可见，priority 的初值实际上就是分配给该进程的初始时间片。那么一个进程的优先级越高，它最初将得到的服务时间就越长。在进程执行过程中，其 counter 值逐渐减少到 0 时，表示该进程已用完了此次所分配的时间片，此时应放弃 CPU，然后插入到就绪队列的末尾，但不马上为其分配时间片，需等待就绪队列中已分配时间片的进程均用完各自的时间片后，才重新为每个进程分配新的时间片，然后进行新一轮调度。这时 counter 应重新被赋值，以使普通进程有机会被重新调度。显然，当某进程的 counter 值减为 0 时，会完全放弃对 CPU 的使用，其他进程运行的机会就会增加，所以此时采用的进程调度算法也称为动态优先级法。分配给每个进程的时间片在进程创建时可由系统设定为缺省值，也可由用户通过系统调用来设定。

总之，Linux 中的进程调度以进程的优先级为统一的调度依据。调度算法所使用的数据结构简单，并将多种调度策略有机地结合起来，同时兼顾各类进程的特点。对于实时性要求高的进程，采用基于优先级的先来先服务调度策略，保证以最快的速度响应。而对于实时性要求较低的进程，可以采用基于优先级的轮转调度算法，保证各个进程同时获得较快的响应，从而实现对所有进程的公平、合理和高效的调度。

6.2.3　Linux 进程间的通信

Linux 支持进程通信有多种，包括消息队列、共享内存和信号量 3 种，其余的管道、套接字等可以参考其他教材。

1. 消息队列

消息队列本身是操作系统核心为通信双方进程建立的数据结构，两个用户进程间通过发送和接收系统调用来借助消息队列传递和交换消息，这样通信进程间不再需要共享变量。如图 6-4 所示，进程间的通信通过消息队列进行，消息队列可以是单消息队列，也可以是多消息队列（按消息类型）；既可以单向，也可以双向通信；既可以仅和两个进程有关，也可以被多个进程使用。

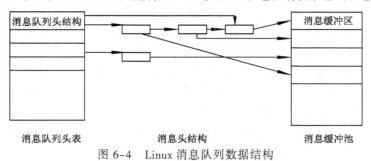

图 6-4　Linux 消息队列数据结构

消息队列所用数据结构有：

- 消息缓冲池和消息缓冲区（msgbuf）：前者包含消息缓冲池大小和首地址，后者除存放消息正文外，还有消息类型字段。
- 消息头结构和消息头表：消息头表是由消息头结构组成的数组，个数为 100。消息头结构包含消息类型、消息正文长度、消息缓冲区指针和消息队列中下一个消息头结构的链指针。
- 消息队列头结构和消息队列头表：由于可有多个消息队列，于是对应每个消息队列都有一个消息队列头结构，消息队列头表是由消息队列头结构组成的数组。消息队列头结构包括：指向队列中第一个消息的头指针、指向队列中最后一个消息的尾指针、队列中消息个数、队列中消息数据的总字节数、队列允许的消息数据最大字节数、最近一次发送/接收消息的进程标识和时间。

Linux 消息传递机制的系统调用有 4 个：

① 建立一个消息队列 msgget。

② 向消息队列发送消息 msgsnd。

③ 从消息队列接收消息 msgrcv。

④ 取或送消息队列控制信息 msgctl。

当用户使用 msgget 系统调用来建立一个消息队列时，内核查遍消息队列头表以确定是否已有一个用户指定的关键字的消息队列存在，如果没有，内核创建一个新的消息队列，并返回给用户一个队列消息描述符；否则，内核检查许可权后返回。进程使用 msgsnd 发送一个消息，内核检查发送进程是否对该消息描述符有写许可权，消息长度是否超过规定的限制等。接着给发送进程分配一个消息头结构，链入消息头结构链的尾部。在消息头结构中填入相应信息，把用户空间的消息复制到消息缓冲池的一个缓冲区，让消息头结构的指针指向消息缓冲区，修改数据结构。然后，内核便唤醒等待该消息队列消息的所有进程。进程使用 msgrcv 接收一个消息，内核检查接收进程是否对该消息描述符有读许可权，根据消息类型（=0，<0，>0）找出所需消息（=0 时取队列中的第一个消息，>0 时取队列中给定类型的第一个消息，<0 时取队列中小于或等于所请求类型的绝对值的所有消息中最低类型的第一个消息），从内核消息缓冲区复制内容到用户空间，并在消息队列中删去该消息，修改数据结构。如果有发送进程因消息满而等待，内核便唤醒等待该消息队列的所有进程。用户在建立了消息队列后，可使用 msgctl 系统调用来读取状态信息并进行修改，如查询消息队列描述符、修改消息队列的许可权等。

2．共享内存

内存中开辟一个共享存储区（shared memory），如图 6-5所示。诸进程通过该存储区实现通信，这是进程通信中最快捷和有效的方法。进程通信之前，向共享存储区申请一个分区段，并指定关键字。若系统已为其他进程分配了这个分区，则返回关键字给申请者。于是该分区段就可连到进程的虚地址空间，以后，进程便像通常存储器一样共享存储区段，通过对该区段的读、写来直接进行通信。

Linux 与共享存储有关的系统调用有 4 个：

① shmget(key,size,permflags)：用于建立共享存储段，或返回一个已存在的共享存储段,相应信息存入共享存储段表中。size给出共享存储段的最小字节数；key 是标识这个段的描述字；permflags 给出该存储段的权限。

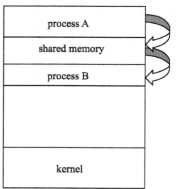

图 6-5　共享存储区通信机制

② shmat(shm-id,daddr,shmflags)：用于把建立的共享存储段连入进程的虚地址空间。shm-id标识存储段，其值从 shmget 调用中得到；daddr 是用户的虚地址；permflags 表示共享存储段可读可写或其他性质。

③ shmdt(memptr)：用于把建立的共享存储段从进程的逻辑地址空间中分离出来。memptr为被分离的存储段指针。

④ shmctl(shm-id,command,&shm-stat)：实现共享存储段的控制操作。shm-id 为共享存储段描述字；command 为规定操作；&shm-stat 为用户数据结构的地址。

当执行 shmget 时，内核查找共享存储段中具有给定 key 的段，若已发现这样的段且许可权可接受，便返回共享存储段的 key；否则，在合法性检查后，分配一个存储段，在共享存储段表中填入各项参数，并设标志指示尚未有存储空间与该区相连。执行 shmat 时，首先，查证进程对该共享段的存取权，然后，把进程合适的虚空间与共享存储段相连。执行 shmdt 时，其过程与 shmat 类似，但把共享存储段从进程的虚空间断开。

3．信号量

在 Linux 中，有两类信号量：一类是主要被内核使用的信号量，称内核信号量；另一类是用户和内核都可使用的信号量，称信号量集。内核信号量的定义如下：

```
struct semaphore {
  atomic_t count;
  int waking;
```

```
    struct wait_queue *wait;
};
```

其中，仅有 3 个分量。资源计数器 count 表示可用的某种资源数，若为正整数则尚有这些资源可用；若为 0 或负整数则资源已用完，且因申请资源而等待的进程有|count|个。sema_init 宏用于初始化 count 为任何值，可以是 1（二元信号量），可以是任意正整数（一般信号量）。唤醒计数器 waking 记录等待该资源的进程个数，也是当该资源被占用时等待唤醒的进程个数，供 up 工作期间使用。wait_queue 用于因等待这个信号量代表的资源再次可用而被挂起的进程所组成的等待队列。内核信号量上定义的函数有：down（即 P 操作）、up（即 V 操作），以及 down_interruptible、wake_up、wake_up-interruptible 等。down 和 up 的含义已经在前面讨论过，其余几个函数的含义如下：down_interruptible 函数被进程用于获得信号量，但也可以在等待它时被信号中断，当函数的返回值为 0 时获得了信号量，当函数的返回值为负时被一个信号中断；wake_up 唤醒所有等待进程；wake_up_interruptible 用于仅唤醒处于可中断状态的进程。

下面讨论信号量集。一次可以对一组信号量（即信号量集）进行操作，不但能对信号量做加 1 和减 1 操作，也可增减任意整数。Linux 维护着一个信号量集的数组 semary。数组的元素类型是指向 semid_ds 结构的指针：

```
static struct semid_ds *smeary[SEMMNI]
```

信号量集定义了以下主要数据结构：

```
struct sem {
  int semval;
  int sempid;
};
```

每个信号量占一个 struct sem 数据结构，它有两个成员：semval 若为 0 或正值，表示可用资源数，若为负值则绝对值为等待访问信号量的进程数。缺省为二元信号量，可使用 sys_semctl 变为计数型的。sempid 存储最后一个操作该信号量的进程的 pid。semid_ds 结构如图 6-6 所示。

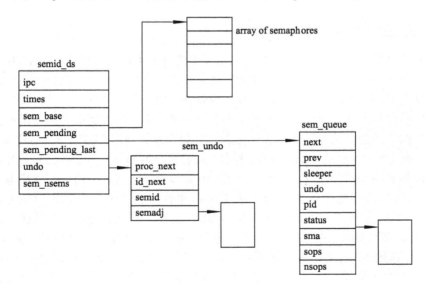

图 6-6　semid_ds 结构

semid_ds 数据结构跟踪所有关于一个单独信号量及在它上面所执行的一系列操作的信息。sem_base 指向一个信号量数组，其中包含了多个信号量，该数组信号量总称为"信号量集合"，其容量大小是固定的，由 SEMMNI 决定。sem_pending 信号量操作的等待队列，仅当操作让进程等待时，这个队列才会增加节点。sem_pending_last 跟踪挂起的信号量操作队列的队尾，它并不直接指向最后一个节点而是指向最后一个节点的指针。undo 当各个进程退出时所应该执行的操作的一个队列。

在信号量集上定义的系统调用主要有：semget、semop 和 semctl。semget 用于创建和打开一个信号量集；semop 用于对信号量用操作值（加或减的数值）进行操作，决定是否阻塞或唤醒；semctl 用于获取、设置或删除某信号量集的信息。每次操作给出 3 个参数：信号量索引值（信号量数组的索引）、操作值和一组标志。Linux 检查操作是否成功，如果操作值与信号量当前值相加大于 0，或操作值与信号量均为 0，操作均会成功。如果操作失败，仅把那些操作标志没有要求系统调用为非阻塞类型的进程挂起，这时必须保存信号量操作的执行状态并将当前进程放入等待队列 sleeper 中，系统还在堆栈上建立 sem_queue 结构并填充各个域，这个 sem_queue 结构利用 sem_pending 和 sem_pending_last 指针放到此信号量等待队列的尾部，然后启动调度程序重新选择其他进程执行。执行释放操作时，Linux 依次检查挂起队列 sem_pending 中的每个成员，看看信号量操作能否继续进行。如果可以，则将其 sem_queue 结构从挂起链表中删除并对信号量集发出信号量操作，同时唤醒处于阻塞状态的进程并使之成为下一个可执行进程。如果挂起队列中有的进程的信号量操作不能完成，系统将在下一次处理信号量时重复这个过程，直到所有信号量操作完成且没有进程需要继续阻塞。Linux 通过维护一组描述信号量数组变化的链表来实现，防止由于进程错误使用信号量而可能产生的死锁，具体做法是：将信号量设置为进程对其进行操作之前的状态，这些状态值保存在使用该信号量数组进程的 semid_ds 和 task_struct 结构的 sem_undo 结构中。

6.3 Linux 的存储管理

6.3.1 Linux 虚拟内存的抽象模型

在 x86 的 32 位计算平台硬件的限制下，Linux 中的每个用户进程可以访问 4 GB 的线性虚拟内存地址空间。其中从 0 到 3 GB 的虚拟内存地址是用户空间，用户进程独占并可以直接对其进行访问。从 3 GB～4 GB 的虚拟内存地址是内核态空间，由所有核心态进程共享，存放仅供内核态访问的代码和数据，用户进程处于用户态时不能访问。当中断或系统调用发生，用户进程进行模式切换（处理器特权级别从 3 转为 0），即操作系统把用户态切换到内核态。

在 Linux 中，所有进程从 3 GB～4 GB 的虚拟内存地址都是一样的，有相同的页目录项和页表，对应到同样的物理内存区域。这个区域用于存放操作系统代码，所有在内核态（即系统模式）下运行的进程共享这个区域的操作系统代码和数据。其中，虚拟内存地址从 3GB 到 3 GB+4 MB 的一段，被映射到物理空间 0 到 4 MB 的区域。因此，进程处于内核态运行时，只要通过访问 3 GB 到 3 GB+4 MB 段，即访问了物理空间 0 到 4 MB 段。如图 6-7 所示。

Linux 采用请求页式虚拟存储管理。页表分为 3 层：页目录 PGD（Page Directory）、中间页目录 PMD（Page Middle Directory）和页表 PT（Page Table）。每一个进程都有一个页目录，其大小为一个页面，页目录中的每一项指向中间页目录的一页，每个活动进程的页目录必须在主存中。中间页目录可能跨多个页，它的每一项指向页表中的一页。页表也可能跨多个页，每个页表项指向该进程的一个虚页。图 6-8 所示是 Linux 的三级页表地址映射图。

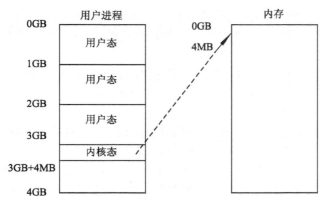

图 6-7　用户进程虚拟地址空间组成

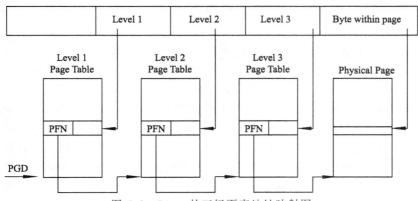

图 6-8　Linux 的三级页表地址映射图

当使用 fork() 创建一个进程时，分配内存页面的情况如下：

① 进程控制块 1 页。

② 内核态堆栈 1 页。

③ 页目录 1 页。

④ 页表若干页。

而使用 exec() 系统调用时，分配内存页面的情况如下：

① 可执行文件的文件头 1 页。

② 用户堆栈的 1 页或几页。

这样，当进程开始运行时，如果执行代码不在内存中，将产生第 1 次缺页中断，让操作系统参与分配内存，并将执行代码装入内存。此后，按照需要，不断地通过缺页中断来调进代码和数据。当系统内存资源不足时，由操作系统决定是否调出一些页面。

Linux 将每个用户进程 4 GB 的虚拟地址空间划分成 2 KB 或 4 KB（缺省方式为 4 KB）大小的固定页面，采用分页方式进行管理，由此带来的管理开销相当大，仅一个进程 4 GB 空间的页表将占用 4 MB 物理内存。事实上，目前也没有应用进程大到如此规模，因此，有必要显式地表示真正被进程使用到的那部分虚拟地址空间。这样一来，虚拟地址空间就由许多个连续虚地址区域构成，Linux 中采用了虚存段 vma（virtual memory area）及其链表来表示。

一个 vma 是某个进程的一段连续的虚存空间。这段虚存里的所有单元拥有相同特征，如属于同一进程、相同的访问权限、同时被锁定、同时受保护等。vma 段由数据结构 vm_area_struct 描述。

进程通常会占用几个 vma，分别用于保存代码段、数据段、堆栈段等。每当创建一个进程，系统便为其建立一个 PCB，称 task_struct 结构。这个结构内嵌了一个包含此进程存储管理相关信息的 mm_struct 结构。

从每个进程控制块的内嵌 mm_struct 结构可以找到内存管理数据结构，从内存管理数据结构中指向 vma 段的链接指针 mmap 就可找到用 vm_next 链接起来的进程的所有 vma。此外，每个进程都有一个页目录 PGD，存储该进程所使用的内存页面情况。Linux 根据"惰性"请页调度原则只分配用到的内存页面，从而，避免了页表占用过多的物理内存空间。

6.3.2 Linux 的高速缓存机构

Linux 虚存管理的缓冲机制主要包括：swap cache、page cache 和 kmalloc cache。

1. swap cache 机构

如果以前被调入交换空间的页面由于进程再次访问而被调入物理内存，那么，只要该页面调入后未被修改过，它的内容与交换空间中内容是一样的，这种情况下，交换空间中的备份是有效的。因此，在该页再度换出时，就没有必要执行写操作。

Linux 采用 swap_cache 表描述的 swap cache（交换缓冲）来实现上述思想。swap cache 实质上是关于页表项的一个列表，表的首地址为：unsigned long *swap_cache；每一物理页框都在 swap_cache 中占有一个表项，该表项的总数就是物理页框总数。若该页框的内容是新创建的，或虽曾被换出过，但换出后，该页框已被修改过，则该表项清 0。内容非 0 的表项，正好是某个进程的页表项，描述了该页面在交换空间中的位置。当一个物理页框调出到交换空间时，会先查 swap cache。如果其中有与该页面对应有效的页表项，就不需要将该页面写出，因为原有空间中内容与待换出的页面是一致的。

2. page cache

页缓冲的作用是加快对磁盘文件的访问速度。文件被映射到内存中，每次读取一页，而这些页就保存到 page cache 中。Linux 用 hash 表 page_hash_table 来访问 page cache，它是指向由 page 类型节点组成的链表指针。

每当需要读取文件中 1 页时，总是先通过 page cache 读取。如果所需页面就在其中，就通过指向表示该页面的 mem_map_t 指针读取；否则必须申请一个页框，再将该页从磁盘文件中调入。

如果可能的话，Linux 还发出预读 1 页的读操作请求。根据程序局部性原理，进程在读当前页时，它的下一页很可能被用到。

随着越来越多的文件被读取、执行，page cache 会越来越大。进程不再需要的页面应从 page cache 中删除。当系统发现内存中的物理页框越来越少时，它将缩减 page cache。

3. kmalloc cache

进程可用 kmalloc()和 kfree()函数向系统申请较小的内存块，而这两个函数共同维护了一个称作 kmalloc cache 的缓冲区，其主要目的是加快释放物理内存的速度。

6.3.3　管理内存空间的数据结构

在 Linux 操作系统的控制下，物理内存划分成页框，其长度与页面相等。系统中的所有物理页框都由 men_map 表描述。系统初始化时通过 free_area_init() 函数创建 men_map 表。men_map 本身是由 men_map_t 组成的一个数组，每个 men_map_t 描述一个物理页框，其定义为：

```
typedef struct page{
    struct page *next, *prev;    /*由搜索算法约定，这两项要先定义*/
    struct inode *inode;unsigned long offset;
                                 /*若该页框内容为文件，则指定文件的 inode 和位移*/
    struct page *next_hash;      /*page 快存的 hash 表中，链表后继指针*/
    atomic_t  count;             /*访问此页框的进程计数*/
    unsigned flags;              /*一些标志位*/
    unsigned dirty;              /*页框修改标志*/
    unsigned age ;               /*页框年龄，越小越先换出*/
    struct wait_queue *wait;
    struct page *prev_hash;      /*pager 快存的 hash 表中，链表前向指针*/
    struct buffer_head *buffers;/*若页框作为缓冲区，则指示地址*/
    unsigned long swap_unlock_entry;
    unsigned long map_nr;        /*页框在 mem_map 表中的下标*/
}mem_map_t;
```

在物理内存的低端，紧靠 mem_map 表的 bitmap 以位示图方式记录了所有物理页框的空闲状况。该表也在系统初始化时由 free_area_init() 函数创建。与一般位示图不同的是，bitmap 分割成 NR_MEM_LISTS（缺省时 NR_MEM_LISTS 为 6）个组。

首先是第 0 组，初始化时设定长度为 end_mem - start_mem/PAGE_SIZE/20+3，每位表示 20 个页框的空闲状况，置 1 表示已被占用。接着是第一组，初始化时设定长度为 end_mem - start_mem/PAGE_SIZE/21+3，每位表示 21 个页框的空闲状况，1 表示其中 1 个或 2 个页框已被占用。类似地，对于第 i 组，初始化时设定长度为 end_mem - start_mem/PAGE_SIZE/2i+3，每位表示连续 2i 个页框的空闲状况，置 1 表示其中 1 个或几个页框已被占用。Linux 用 free_area 数组记录空闲物理页框，该数组由 NR_MEM_LISTS 个 free_area_struct 结构类型的数组元素构成，每个元素均作为一条空闲链表头。

```
struct free_area_struct{
    struct page*next, *prev ; /*此结构的 next 和 prev 指针与 struct page 匹配*/
    unsigned int *map;         /*指向 bitmap 表*/
};
static struct free_area_struct free_area[NR_MEM_LISTS];
```

与 bitmap 的分配方法一样，所有单个空闲页框组成的链表挂到 free_area 数组的第 0 项后面，连续 2i 个空闲页框被挂到 free_area 数组的第 i 项后面。Linux 采用 buddy 算法分配空闲块，块长可以是 2i 个（0≤i<NR_MEM_LISTS）页框，页框的分配由 get_free_pages() 执行，释放页框可以用 free_pages() 函数执行。

当分配长度是 2i 页框的块时，从 free_area 数组的第 i 条链表开始搜索，如果找不到再搜索第 i+1 条链表，以此类推。若找到的空闲块长正好等于需求的块长，则直接将它从 free_area 中删除，并返回第一个页框的地址。若找到的空闲块大于需求的块长，则将空闲块前半部分插入 free_area 中前一条链表，取后半部分，若还大，则继续对半分，留一半取一半，直到相等。同时，bitmap 表从第 i 组到第 NR_MEM_LISTS 组的对应的 bit 置 1。

回收空间时，change_bit()函数根据 bitmap 表的对应组，判断回收块的前后邻块是否也为空闲。若空则要合并，并修改 bitmap 表的对应位，并从 free_area 的空闲链表中取下该相邻块。这一算法可递归进行，直到找不到空闲邻块为止，将最后合并成的最大块插入 free_area 的相应链表中。

6.3.4　内存区的分配和页面淘汰策略

用户进程可以使用 vmalloc()和 vfree()函数申请和释放大块存储空间，分配的存储空间在进程的虚地址空间中是连续的，但它对应的物理页框仍需经缺页中断，由缺页中断处理例程分配，所分配的页框也不是连续的。

可分配的虚地址空间在 3GB + high_memory + HOLE_8M 以上的部分，由 vmlist 表管理。3GB 是内核态赖以访问的物理内存始址，high_memory 是安装在机器中实际可用的物理内存的最高地址，因而，3GB + high_memory 也就是虚拟地址空间中看到的物理内存上限。HOLE_8M 则为长度 8 MB 的"隔离带"，起到越写保护作用。这样，vmlist 管辖的虚地址空间既不与进程用户态 0 ～ 3 GB 虚地址空间冲突，也不与进程内核映射到物理空间的 3GB ～ 3GB + high_memory 的虚地址空间冲突。

尽管 vmalloc()函数返回高于任何物理地址的高端地址，但因为同时更改页表或页目录，处理器仍能正确访问这些高端连续地址。

vmlist 链表的节点类型 vm_struct 定义为：

```
struct vm_struct{
        unsigned long flags;        /*虚拟内存块占用标志*/
        void *addr;                  /*虚拟内存块的起址*/
        unsigned long size;          /*虚拟内存块的长度*/
          struct vm_struct *next      /*下一个虚拟内存块*/
};
static struct vm-struct *vmlist=NULL;
```

初始时，vmlist 仅一个节点，vmlist.addr 置为 VMALLOC_START（段地址 3 GB，位移 high_memory+8MB。动态管理过程中，vmlist 的虚拟内存块按起始地址从小到大排序，每个虚拟内存块之后都有一个 4 KB 大小的"隔离带"，用以检测访问指针的越界错误，如图 6-9 所示。

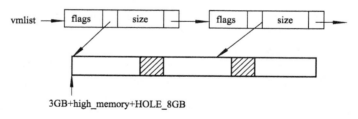

3GB+high_memory+HOLE_8GB

图 6-9　vmlist 虚拟内存

用户进程申请和释放块连续虚拟内存分别使用 vmalloc()和 vfree()函数，其执行进程大致如下：申请时需给出申请的长度，然后，调用 set_vm_area 内部函数向 vmlist 索取虚存空间。如果申请成功，将会在 vmlist 中插入一个 vm_struct 结构，并返回首地址，在申请到的虚地址空间中更改页目录和页表。释放时需给出虚拟空间首地址，找到表示该虚拟内存块的 vm_struct 结构，并从 vmlist 表中删除，同时清除与释放虚存空间有关的目录项和页表项。

计算机的物理内存是影响机器性能的关键因素。相对于以 GB 计算的硬盘空间，内存的容量显得太少，尤其在多任务系统中更是如此。所以存储管理系统应该设法把暂时不用的内存数据转存到外存中。早期操作系统的解决方法是"交换"，即把暂时不拥有 CPU 的进程整体性地转存到外存空间，直到进程重新获得 CPU 之后才被整体装回内存。显然这一交换操作会影响效率。20世纪 70 年代后，按需调页算法得到应用，该算法以页为单位进行转出和调入，大幅度提高了读写效率。现在，主流 CPU 体系结构都支持按需调页策略，Linux 也采用此策略进行虚拟存储管理。

　　在 Linux 中，内核态内存空间的内容不允许对换，道理很简单，因为驻留该空间的函数和数据结构都用于系统管理，有的甚至是为虚拟存储管理服务的，必须时刻准备着被 CPU 引用。

　　Linux 采用两种方式保存换出的页面：一种是使用整个块设备，如硬盘的一个分区，称作交换设备；另一种是使用文件系统的一个固定长度的文件，称作交换文件。两者统称为交换空间。

　　交换设备和交换文件的内部格式是一致的。前 4 096 个字节是一个以字符串 SWAP_SPACE 结尾的位图。位图的每一位对应于一个交换空间的页面，置位表示对应的页面可用于换页操作，第 4 096 字节之后是真正存放换出页面的空间。这样每个交换空间最多可以容纳（4096−10）*8−1=32 687 个页面。如果一个交换空间不够用，Linux 最多允许管理 MAX_SWAPFILES（默认值为 8）个交换空间。

　　交换设备远比交换文件更加有效。在交换设备中，属于同一页面的数据总是连续存放的，第一个数据块地址一经确定，后续的数据块可以按照顺序读出或写入。而在交换文件中，属于同一页面的数据虽然在逻辑上是连续的，但数据块的实际存储位置可能是分散的，需要通过交换文件的 inode 检索，这决定于拥有交换文件的文件系统。在大多数文件系统中，交换这样的页面，必须多次访问磁盘扇区，这意味着磁头的反复移动、寻道时间的增加和效率的降低。

　　当物理页面不够用时，Linux 存储管理系统必须释放部分候选替换物理页面，把它们的内容写到交换空间。内核态交换线程 kswapd 专门负责完成这项功能（注意：内核态线程是没有虚拟空间的线程，它运行在内核态，直接使用物理地址空间）。kswapd 不仅能把页面换出到交换空间，也能保证系统中有足够的空闲页面保持存储管理系统的高效运行。

　　kswapd 在系统初启时由 init 创建，然后调用 init_swap_timer() 函数进行设定时间间隔，并马上转入睡眠。以后每隔 10 ms 响应函数 swap_tick() 被周期性激活，首先察看系统中空闲页面是否变得太少，并利用两个变量 free_pages_high 和 free_pages_low 作评判标准。如果空闲页面足够，kswapd 继续睡眠，否则 kswapd 进行页面换出处理。Kswapd 依次从 3 条途径缩减系统使用的物理页面：

　　① 缩减 page cache 和 buffer cache。

　　② 换出共享内存占用的页面。

　　③ 换出或丢弃进程占用的页面。

　　磁盘中的可执行文件映像一旦被映射到一个进程的虚拟空间，就开始执行。由于一开始只有该映像区的开始部分被调入内存，因此进程迟早会执行那些未被装入内存的部分。当一个进程访问了一个还没有有效页表项的虚拟地址时，处理器将产生缺页中断，通知操作系统，并把缺页的虚拟地址（保存在 CR2 寄存器中）和缺页时访问虚存的模式一并传给 Linux 的缺页中断处理程序。

　　系统初始化时首先设定缺页中断处理程序 do_page_fault()。根据控制寄存器 CR2 传递的缺页地址，Linux 必须找到用来表示出现缺页的虚拟存储区 vm_area_struct 结构，如果没有找到，说明进程访问了一个非法存储区，系统将发出一个信号告知进程出错。然后，系统会检测缺页时访问模式是否合法，如果进程对该页的访问超越权限，系统也将发出一个信号，通知进程的存储访问出错。通过以上两步检查，可以确定缺页中断是否合法，进而让进程进一步通过页表项中的位 P 来区分缺页对应的页面是在交换空间（P=0 且页表项非空）还是在磁盘中某一执行文件映像的一部分。最后进行页面调入操作。

Linux 利用最少使用频率替换策略。页替换算法在 clock 算法基础上作了改进，使用位被一个 8 位的 age 变量所取代。每当一页被访问时，age 增加 1。在后台，由存储管理程序周期性地扫描全局页面池，并且当它在主存中所有页间循环时，对每个页的 age 变量减 1。age 为 0 的页是一个"老"页，已有些时候没有被使用，可用作页替换的候选者。age 值越大，表示该页最近被使用的频率越高，也就越不适宜被替换。

6.4 Linux 的文件管理

6.4.1 Linux 文件系统的构成

文件结构是文件存放在磁盘等存储设备上的组织方法，主要体现在对文件和目录的组织上。目录提供了管理文件的一个方便而有效的途径。用户能够从一个目录切换到另一个目录，可以设置目录和文件的权限，设置文件的共享程度。

与 Windows 一样，在 Linux 中也是通过目录来组织文件的。不同的是，在 Linux 下只有一个根目录，而不像 Windows 那样一个分区有一个根目录。Linux 目录采用多级树形结构，图 6-10 表示了这种树形等级结构。用户可以浏览整个系统，进入任何一个已授权进入的目录，访问那里的文件。

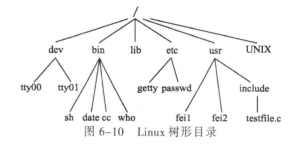

图 6-10　Linux 树形目录

文件结构的相互关联性使共享数据变得容易，几个用户可以访问同一个文件。Linux 是一个多用户系统，操作系统本身的驻留程序存放在以根目录开始的专用目录中，有时被指定为系统目录。图 6-11 中那些根目录下的目录就是系统目录。

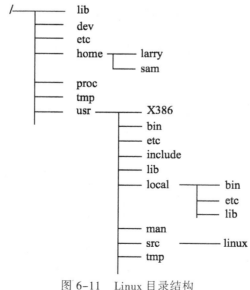

图 6-11　Linux 目录结构

Linux 目录的用途为：

① /bin：存放着一百多个 Linux 下常用的命令、工具。

② /dev：存放着 Linux 下所有的设备文件。

③ /home：用户主目录，每建一个用户，就会在这里新建一个与用户同名的目录，给该用户一个自己的空间。

④ /lost+found：顾名思义，一些丢失的文件可能在这里能找到。

⑤ /mnt：外围设备的挂接点，通常用 cdrom 与 floppy 两个子目录，它的存在简化了光盘与软盘的使用。

⑥ /proc：这其实是一个假的目录，通过这里用户可以访问到内存里的内容。

⑦ /sbin：这里存放着系统级的命令与工具。

⑧ /usr：通常用来安装各种软件的地方。

⑨ /usr/X11R6：X–Window 目录。

⑩ /usr/bin 与/usr/sbin：一些后安装的命令与工具。

⑪ /usr/include、/usr/lib 及/usr/share：存放一些共享链接库。

⑫ /usr/local：常用来安装新软件。

⑬ /usr/src：Linux 源程序。

⑭ /boot：Linux 从这里启动。

⑮ /etc：存放 Linux 大部分的配置文件。

⑯ /lib：静态链接库。

⑰ /root：root 用户的主目录。

⑱ /var：通常用来存放一些变化中的东西。

⑲ /var/log：存放系统日志。

⑳ /var/spool：存放一些邮件、新闻、打印队列等。

另外，要说明的是，在 Linux 下，"当前目录"、"路径"等概念与 Windows 下是一样的。

Linux 支持多种不同类型的文件系统，包括 EXT、EXT2、MINIX、UMSDOS、NCP、ISO9660、HPFS、MSDOS、NTFS、XIA、VFAT、PROC、NFS、SMB、SYSV、AFFS 以及 UFS 等。由于每一种文件系统都有自己的组织结构和文件操作函数，并且相互之间的差别很大，从而给 Linux 文件系统的实现带来了一定的难度。为支持上述各种文件系统，Linux 在实现文件系统时借助了虚拟文件系统 VFS（Virtual File System）。VFS 只存在于内存中，在系统启动时产生，并随着系统的关闭而注销。它的作用是屏蔽各类文件系统的差异，给用户、应用程序和 Linux 的其他管理模块提供一个统一的接口。管理 VFS 数据结构的组成部分主要包括：超级块和 inode。

Linux 的文件操作面向外存空间，它采用缓冲技术和 Hash 表来解决外存与内存在 I/O 速度上的差异。在众多的文件系统类型中，EXT2 是 Linux 自行设计的、具有较高效率的一种文件系统类型，它建立在超级块、块组、inode、目录项等结构的基础上。

一个安装好的 Linux 操作系统究竟支持几种不同类型的文件系统，是通过文件系统类型注册链表来描述的。VFS 以链表形式管理已注册的文件系统。向系统注册文件系统类型有两种途径：一种是在编译操作系统内核时确定，并在系统初始化时通过函数调用向注册表登记；另一种是把文件系统当作一个模块，通过 kerneld 或 insmod 命令在装入该文件系统模块时向注册表登记它的类型。

每一个具体的文件系统不仅包括文件和数据，还包括文件系统本身的树形目录结构，以及子目录、链接 link、访问权限等信息，它必须保证数据的安全性和可靠性。

　　Linux 操作系统不通过设备标识访问某个具体文件系统,而是通过 mount 命令把它安装到文件系统树形目录结构的某一个目录节点。该文件系统的所有文件和子目录就是该目录的文件和子目录,直到用 umount 命令显式地撤销该文件系统。

　　当 Linux 自举时,首先装入根文件系统,然后根据/etc/fstab 中的登记项使用 mount 命令自动逐个安装文件系统。此外,用户也可以显式地通过 mount 和 umount 命令安装和卸载文件系统。当装入/卸载一个文件系统时,应使用函数 add_vfsmnt/remove_vfsmnt 向操作系统注册/注销该文件系统。另外,函数 lookup_vfsmnt 用于检查注册的文件系统。

　　超级用户安装一个文件系统的命令格式是:

　　mount　　参数　　文件系统类型　　文件系统设备名　　文件系统安装目录

　　文件管理接收 mount 命令的处理过程是:

　　步骤 1:如果文件系统类型注册表中存在对应的文件系统类型,转步骤 3。

　　步骤 2:如果文件系统类型不合法,则出错返回;否则在文件系统类型注册表注册对应的文件系统类型。

　　步骤 3:如果该文件系统对应的物理设备不存在或已经被安装,则出错返回。

　　步骤 4:如果文件系统安装目录不存在或已经安装有其他文件系统,则出错返回。

　　步骤 5:向内存超级块数组 super_bl ocks[]申请一个空闲的内存超级块。

　　步骤 6:调用文件系统类型节点提供的 read_super 函数读入安装文件系统的外存超级块,写入内存超级块。

　　步骤 7:申请一个 vfsmount 节点,填充正确内容后,假如文件系统注册表。

　　在使用 umount 卸装文件系统时,首先必须检查文件系统是否正在被其他进程使用,若正在被使用,umount 操作必须等待,否则可以把内存超级块写回外存,并在文件系统注册表中删除相应节点。

6.4.2　EXT2 对磁盘的组织

　　扩展文件系统 EXT(1992 年)和第二代扩展文件系统 EXT2(1994 年)是专门为 Linux 设计的可扩展的文件系统。在 EXT2 中,文件系统组织成数据块的序列,这些数据块的长度相同,块大小在创建时被固定。如图 6-12 所示,EXT2 把它所占用的磁盘除引导块(boot block)外,逻辑分区划分为若干块组(block group),每一个块组依次包括超级块(super group)、组描述符表(group descriptors)、块位图(block bitmap)、inode 位图(inode bitmap)、inode 表(inode table)以及数据块(data blocks)区。块位图集中了本组各个数据块的使用情况;inode 位图则记录了inode 表中 inode 的使用情况。inode 表保存了本组所有的 inode。inode 用于描述文件,一个 inode 对应一个文件或子目录,有一个唯一的 inode 号,并记录了文件在外存的位置、存取权限、修改时间、类型等信息。

　　同其他操作系统一样,Linux 支持多个物理磁盘,每个物理磁盘可以划分为一个或多个磁盘分区,每个磁盘分区上可以建立一个文件系统。一个文件系统在物理数据组织上一般划分成引导块、超级块、inode 区以及数据区。引导块位于文件系统开头,通常为一个扇区,存放引导程序、用于读入并启动操作系统。超级块由于记录文件系统的管理信息,根据特定文件系统的需要,超级块中存储的信息不同。inode 区用于登记每个文件的目录项,第一个 inode 是该文件系统的根节点。数据区则存放文件数据,或一些管理数据,如图 6-12 所示。

　　采用块组划分的目的是使数据块靠近其 inode 节点,文件 inode 节点靠近其目录 inode 节点,从而将磁头定位时间减到最少，加快访盘的速度。

图 6-12　EXT2 文件系统的磁盘结构

1．EXT2 的超级块

EXT2 的超级块用来描述目录和文件在磁盘上的静态分布，包括尺寸和结构。每个块组都有一个超级块，一般来说，只有块组 0 的超级块才被读入内存超级块，其他块组的超级块仅作为恢复备份。EXT2 文件系统的超级块主要包括 inode 数量、块数量、保留块数量、空闲块数量、空闲 inode 数量、第一个数据块位置、块长度、片长度、每个块组块数、每个块组片数、每个块组 inode 数，以及安装时间、最后一次写时间、安装信息、文件系统状态信息等内容。Linux 中引入了片（fragment）的概念，若干个片可组成块，当 EXT2 文件最后一块不满时，可用片计数。

2．EXT2 的组描述符

每个块组都有一个组描述符，记录了该块组的块位图位置、inode 位图位置、inode 节点位置、空闲块数、inode 数、目录数等内容.

所有的组描述符一个接一个存放，构成了组描述符表。同超级块一样，组描述符表在每个块组中都有备份，这样，当文件系统崩溃时，可以用来恢复文件系统。

3．EXT2 的 inode

inode 用于描述文件，一个 inode 对应一个文件，一个子目录是一个特殊的文件。每个 inode 有一个唯一的 inode 号，并记录了文件的类型及存取权限、用户和组标识、修改/访问/创建/删除时间、link 数、文件长度和占用块数、在外存的位置、以及其他控制信息，如图 6-13 所示。

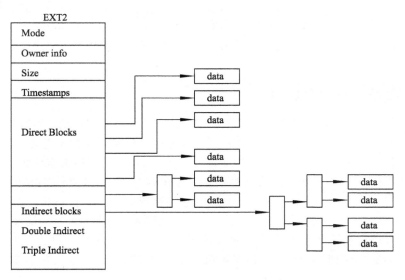

图 6-13　Linux EXT2 inode 结点

4. EXT2 的目录文件

目录是用来创建和保存对文件系统中的文件的存取路径的特殊文件，它是一个目录项的列表，其中头两项是标准目录项"."（本目录）和".."（父目录）。目录项的数据结构如下：

```
struct ext2_dir_entry {
    _u32      inode;                        /* 该目录项的 inode 号*/
    _u16      rec_len;                      /* 目录项长度*/
    _u16      name_len;                     /* 文件名长度*/
        char name[EXT2_NAME_LEN];           /* 文件名 */
};
```

5. 数据块分配策略

文件空间的碎片是每个文件系统都要解决的问题，是指系统经过一段时间的读/写，导致文件的数据块散布在盘的各处，访问这类文件时，会使磁头移动距离急剧增大，访问盘的速度大幅下降。操作系统都提供"碎片合并"实用程序，定时运行可把碎片集中起来，Linux 的碎片合并程序称为 defrag（defragmentation program）。而操作系统能够通过分配策略避免碎片的发生，这更加重要。EXT2 采用了两个策略来减少文件碎片：

① 原地先查找策略：为文件新数据分配数据块时，尽量先在文件原有数据块附近查找。首先试探紧跟文件末尾的那个数据块，然后试探位于同一个块组中相邻的 64 个数据块，接着就在同一个块组中寻找其他空闲数据块；实在不得已再搜索其他块组，而且首先考虑 8 个一簇的连续的块。

② 预分配策略：如果 EXT2 引入了预分配机制（设 EXT2_PREALLOCATE 参数），就从预分配的数据块中取一块来用，这时紧跟该块后的若干个数据块空闲的话，也被保留下来。当文件关闭时仍保留的数据块给予释放，这样保证了尽可能多的数据块被集中成一簇。EXT2 文件系统的 inode 的 ext2_inode_info 数据结构中包含两个属性 prealloc_block 和 prealloc_count，前者指向可预分配数据块链表中第一块的位置，后者表示可预分配数据块的总数。

EXT3 是 EXT2 的下一代，在保有 EXT2 的格式之下再加上日志功能。EXT3 是一种日志式文件系统（Journal FileSystem），其最大特点是：它会将整个磁盘的写入动作完整的记录在磁盘的某个区域上，以便有需要时回溯追踪。当在某个过程中断时，系统可以根据这些记录直接回溯并重整被中断的部分，且重整速度相当快。不真正需要日志的用户可以继续使用良好而老式的 EXT2 文件系统。

6.4.3 EXT2 文件的物理结构

文件系统往往根据存储设备类型、存取要求、记录使用频度和存储空间容量等因素提供若干种文件存储结构。Linux 的 EXT2 文件系统是采用索引文件实现一种非连续的存储方法，适合于数据记录保存在随机存取存储设备上的文件。EXT2 采用一种巧妙的方法实现了一种多重索引结构，保持了读/写的速度和文件的最大容量，如图 6-14 所示，每个文件的索引表规定为 13 个索引项，每项 4 个字节，登记一个存放文件信息的物理块号。由于 Linux 文件系统仅提供流式文件，无记录概念，因此，登记项中没有键（或逻辑记录号）与之对应。前面 10 项存放文件信息的物理块号，称直接寻址，而 0~9 可以理解为文件的逻辑块号。如果文件大于 10 块，则利用第 11 项指向一个物理块，该块中最多可放 128 个存放文件信息的物理块的块号，称一次间接寻址。每个大型文件还可以利用第 12 和 13 项作二次和三次间接寻址。因为，每个物理块存放 512 个字节，所以 Linux 每个文件最大长度达 11 亿字节。这种方式的优点是与一般索引文件相同，其缺点是多次间接寻址降低了查找速度。对分时使用环境统计表明，长度不超过 10 个物理块的文件占总数的 80%，通过直接寻址便能找到文件的信息。对仅占总数的 20%的超过 10 个物理块的文件才施行间接寻址。

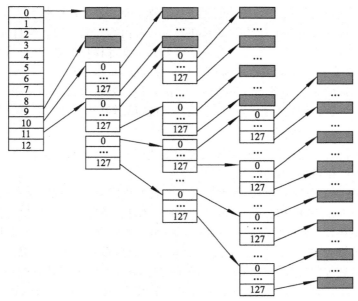

图 6-14　多重索引结构

6.4.4　EXT3 文件系统

Linux 2.4 内核版本的发布带来了使用更多种新文件系统的可能性，这种新文件系统是指日志式文件系统。它包括 Reiser FS 文件系统、SGI 的 xfs 文件系统、IBM 的 jfs 文件系统以及其他文件系统。以 EXT2 文件系统为基础加上日志支持的新版本就是 EXT3 文件系统，它和 EXT2 文件系统在硬盘布局上是完全一样的，其差别仅仅是：EXT3 文件系统在硬盘上多出了一个特殊的 journal inode（相当于一个特殊文件），用来记录文件系统的日志，这种文件系统称为日志文件系统（journaling file system）。

日志文件系统比传统的文件系统安全，因为它用独立的日志文件跟踪磁盘内容的变化。就像关系型数据库（RDBMS），日志文件系统可以用事务处理的方式，提交或撤销文件系统的变化。

1. 关于日志式文件系统

日志式文件系统在强调数据完整性的企业级服务器中有着重要的需求，是文件系统发展的方向。日志式文件系统的思想来自于如大型数据库（Oracle 等）。数据库操作往往是由多个相关的、相互依赖的子操作组成，任何一个子操作的失败都意味着整个操作的无效性，对数据库数据的任何修改都要回复到操作以前的状态。日志式文件系统就是仿照了类似技术而开发的。

在分区中保存有一个日志记录文件。文件系统写操作首先是对记录文件进行操作，若整个写操作由于某种原因（如系统掉电）而中断，则在下次系统启动时就会读日志记录文件的内容来恢复没有完成的写操作。而这个过程一般只需要几秒到几分，而不是像 EXT2 文件系统的 fsck 那样在大型服务器情况下可能需要几个小时来完成扫描。

2．EXT2 文件系统的不足

EXT2 文件系统的设计者主要从提高文件系统的效率和性能角度去考虑问题。因此，为了避免磁盘访问瓶颈效应，一般文件系统大都以异步方式工作。所谓异步方式是指 EXT2 在写入文件内容的同时，并没有同时写入文件的元数据。换句话说，Linux 先写入文件的内容，然后等到空闲的时候才写入文件的元数据。如果在写入文件内容之后、写入文件元数据之前突然断电，文件系统就会处于不一致的状态。在一个需要大量文件操作的系统中，这种情况会导致很严重的后果。EXT2 文件系统会运行"fsck"（file system check）程序，扫描整个文件系统，试图恢复损坏的元数据信息。如果文件系统很大，fsck 扫描要费很长时间，而且元数据信息已经损毁的文件是没有办法恢复的，但是，日志文件系统可以轻松地解决这个问题。

3．日志文件系统的工作原理

日志文件系统的设计思想是跟踪文件系统的变化而不是文件系统的内容。下面分析向文件 OS.f 写进新内容的时候可能出现的情况。

先假定 OS.f 的 inode 指向 5 个数据块。这 5 个数据块用来保存 OS.f 文件的数据，块号分别是 3613、3614、3615、2608 和 2609。3615 和 2608 之间已经有一部分数据块分配给其他文件，所以这两个块号不连续。硬盘要先找到 3613，读 3 块，然后跳到 2608，读两块，才能读取整个文件。假定改变了第 4 块，文件系统会读取第 4 块，改后重新写入第 4 块，这一块还在 2608 这个位置。如果向文件中添加了一些内容，EXT2 就会从其他地方另外分配一些空余的磁盘块。

同样的事情发生在日志文件系统中，处理方法就有所不同。日志文件系统不会改变第 2608 块的内容，它会把 OS.f 的 inode 的一个副本和新的第 4 块保存到磁盘上。把内存中的 inode 列表更新，让 OS.f 使用新的 inode。日志文件系统将发生的所有这些变化，都添加或记录到这个文件系统中被称为日志的那部分中去。每隔一段时间，文件系统在检查点（Check Point）会更新磁盘上的 inode，并且释放文件中用不到的那些旧块，例如，释放 OS.f 文件最初的第 4 块。这样，一旦系统因为掉电等原因而崩溃，日志文件系统就能很快被恢复，因为它只需要恢复日志中记录下来的很少的几块。当断电之后需要恢复时，fsck 只要花几秒或者几分的时间来扫描就可以了。

4．EXT3 日志文件系统的具体实现

EXT3 是在 Stephen Tweedie 博士的领导下设计开发的。EXT3 被设计成 EXT2 的升级版本，尽可能为用户从 EXT2 文件系统向 EXT3 文件系统迁移提供方便。EXT3 在 EXT2 的基础上加入了记录元数据的日志功能，努力保持向前和向后的兼容性。因此人们把这个文件系统称为 EXT2 的下一个版本。因为 EXT3 最大的优点是向下兼容 EXT2，而且 EXT3 还支持异步日志。

磁盘上的 EXT3 文件系统的 superblock 数据结构存放在 include/linux/ext3_fs.h 文件中。可以看到，这个结构与 struct EXT2_super_block 结构基本上是相同的，仅有的差别是在该结构的最后，增加了几个新成员——日志文件的 inode 号、设备号和用于记录日志的数组。

这个结构的大小是 1 KB。在磁盘超级块中，第一个必须明确的字段是 magic 签名，对于 EXT2 和 EXT3 文件系统来说，这个字段的值都是 0xEF53。如果不相等，就说明这个硬盘分区上不是一个正常的 EXT2 或 EXT3 文件系统。由此可以得出这两个文件系统的兼容性是很强的，否则两个文件系统不会只用一个 magic 签名。

5．EXT3 文件系统的额外开销

EXT3 文件系统为保障文件安全要增加额外的系统开销。每一次更新磁盘节点，大多数的

日志操作写同步，这样就需要更多的磁盘 I/O 操作。那么，为了有一个更安全的文件系统，值不值得牺牲一部分系统性能呢？

　　这个问题无法做出简单的回答，应该根据实际情况来决定。没有必要把/usr 目录放在日志文件系统上，因为/usr 目录大部分是只读操作。但是，可以考虑把/var 或包含 E-mail spool 文件的目录放在日志文件系统上。幸运的是，在 Linux 系统中可以根据需要混合使用这些文件系统。

　　日志文件系统还有一个问题就是更容易产生碎片。因为它的文件分配方式与众不同，很容易使文件系统到处充斥着碎片。当然，EXT2 文件系统也会有碎片产生，但是不会那么严重。目前有多种日志文件系统可根据实际情况选用。

6.4.5　虚拟文件系统 VFS

　　Linux 系统可以支持多种文件系统，为此，必须使用一种统一的接口，这就是虚拟文件系统（VFS）。也就是说，虚拟文件系统 VFS 是物理文件系统与服务之间的一个接口层，它对每一个具体的文件系统的所有细节进行抽象，使得 Linux 用户能够用同一个接口使用不同的文件系统。VFS 只是一种存在于内存的文件系统，拥有关于各种特殊文件系统的公共接口，如超级块、inode、文件操作函数入口等，特殊的文件系统的细节统一由 VFS 的公共接口来翻译，当然对系统内核和用户进程是透明的。VFS 在操作系统启动时建立，在系统关闭时消亡。

1. VFS 系统结构

　　图 6-15 所示为 Linux 中文件管理的实现层次，给出 VFS 和实际文件系统之间的关系。从图 6-15 中可以看出，用户程序（进程）通过有关文件系统操作的系统调用进入系统空间，然后经由 VFS 才可使用 Linux 系统中具体的文件系统。也就是说，VFS 是建立在具体文件系统之上的，它为用户程序提供一个统一的、抽象的、虚拟的文件系统界面。这个抽象的界面主要由一组标准的、抽象的有关文件操作构成，以系统调用的形式提供给用户程序，如 read()、write()、lseek()等，所以 VFS 必须管理所有的文件系统。它通过使用描述整个 VFS 的数据结构和描述实际安装的文件系统的数据结构来管理这些不同的文件系统。

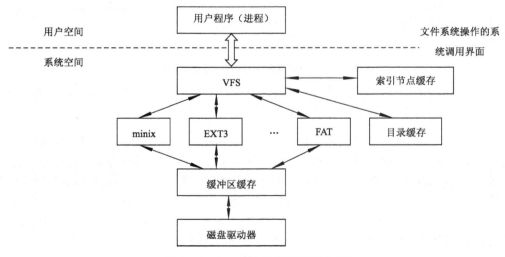

图 6-15　Linux 文件管理的实现层次

VFS 的主要功能包括：

- 记录可用的文件系统的类型。
- 把设备与对应的文件系统联系起来。
- 处理一些面向文件的通用操作。
- 涉及针对具体文件系统的操作时，把它们映射到与控制文件、目录以及 inode 相关的物理文件系统。

2. 文件系统的安装与卸载

Linux 文件系统可以根据需要随时装卸，从而实现文件存储空间的动态扩充。在系统初启时，往往只有一个文件系统安装上，即根文件系统，其上的文件主要是保证系统正常运行的操作系统的代码文件，以及若干语言编译程序、命令解释程序和相应的命令处理程序等构成的文件，此外，还有大量的用户文件空间。根文件系统一旦安装，在整个系统运行过程中都无法卸载，它是系统的基本部分。

其他的文件系统（如由软盘构成的文件系统）可以根据需要将其作为子系统动态地安装到主系统中。例如，Linux 中的目录 mnt 是为安装子文件系统而特设的安装节点。经过安装之后，主文件系统与子文件系统就构成一个有完整目录层次结构的、容量更大的文件系统。这种安装可以高达几级，也就是说，若干子文件系统可以并联安装到主文件系统上，也可以一个接一个地串联安装到主文件系统上。

当超级用户试图安装一个文件系统时，Linux 系统内核必须首先检查有关参数的有效性。VFS 首先应找到要安装的文件系统，搜索已知的文件系统（该结构中包含文件系统的名字和指向 VFS 超级块读取程序地址的指针），当找到一个匹配的名字，就可以得到读取文件系统超级块的程序的地址。接着要查找作为新文件系统安装点的 VFS 索引节点，并且同一目录下不能安装多个文件系统。VFS 安装程序必须分配一个 VFS 超级块（super_block），并且向它传递一些有关文件系统安装的信息。当文件系统安装以后，该文件系统的根索引节点就一直保存在 VFS 索引节点缓存中。

卸载文件系统的过程基本上与安装文件系统的过程相反。在执行一系列验证后（如该文件系统中的文件当前是否正被使用、相应的 VFS 索引节点是否标志为"被修改过"等），若符合卸载条件，则释放对应的 VFS 超级块和安装点，从而卸载该文件系统。

6.5 Linux 的设备管理

6.5.1 Linux 设备管理概述

在 Linux 操作系统中，每个设备都被映射为一个特殊的设备文件，使得用户程序可以像对其他文件一样方便地对设备文件进行读/写操作。Linux 输入/输出设备可分为字符设备、块设备和网络设备。块设备把信息存储在可寻址的固定大小的数据块中，数据块均可以被独立地读写，建立块缓冲，能随机访问数据块。字符设备可以发送或接收字符流，通常无法编址，也不存在任何寻址操作。网络设备在 Linux 中是一种独立的设备类型，有一些特殊的处理方法。也有一些设备无法利用上述方法分类，如时钟，也需要特殊的处理。

Linux 采用了虚拟文件系统（VFS）进行设备管理，向用户提供设备文件的系统调用，向下硬件设备内核将控制权交给设备驱动程序，由其完成底层的设备驱动。图 6-16 所示为 Linux 设略去管理系统结构。系统调用是操作系统内核和应用程序之间的接口，设备驱动程序是操作系统内核和机器硬件之间的接口。层次的结构可以使设备驱动程序为应用程序屏蔽了硬件的细节，为应用程序采用文件操作来使用使用硬件提供了支持，彻底实现了用户程序的设备无关性，便于操作系统对设备的统一管理，使系统的逻辑结构更加清晰合理，更加便于硬件设备的扩充。

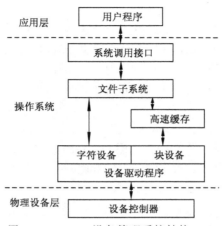

图 6-16　Linux 设备管理系统结构

在 Linux 中可以使用标准的文件操作对设备进行操作。对于字符设备和块设备，其设备文件用 mknod 命令创建，用主设备号和次设备号标识，同一个设备驱动程序控制的所有设备具有相同的主设备号，并用不同的次设备号加以区别。网络设备也是当作设备文件来处理，不同的是这类设备由 Linux 创建，并由网络控制器初始化。

Linux 核心具体负责 I/O 设备的操作，这些管理和控制硬件设备控制器的程序代码称为设备驱动程序，它们是常驻内存的底层硬件处理子程序，具体控制和管理 I/O 设备。设备驱动程序的类型很多，都有以下的共同特性：

- 核心代码：设备驱动程序是 Linux 核心的重要组成部分，在内核运行。如果出现错误，则可能造成系统的严重破坏。
- 核心接口：设备驱动程序提供标准的核心接口，供上层软件使用。
- 核心机制和服务：设备驱动程序使用标准的核心系统服务，如内存分配、中断处理等。
- 可装卸性：绝大多数设备驱动程序可以根据需要以核心模块的方式装入，在不需要时可以卸装。
- 可配置性：设备驱动程序可以编译并链接进入 Linux 核心。当编译 Linux 核心时，可以指定并配置用户所需要的设备驱动程序。
- 动态性：系统启动时将监测所有的设备，当一个设备驱动程序对应的设备不存在时，该驱动程序将被闲置，仅占用一点内存而已。Linux 的设备驱动程序可以通过查询、中断和直接内存存取等多种形式来控制设备进行输入/输出。

为了解决查询方式的低效率，Linux 专门引入了系统定时器，以便每隔一段时间查询一次设备的状态，从而解决忙式查询带来的效率下降问题。Linux 的软盘驱动程序就是以这样一种方式工作的。即便如此，查询方式依然存在着效率问题。

一种高效率的 I/O 控制方式是中断。在中断方式下，Linux 核心能够把中断传递到发出 I/O 命令的设备驱动程序。为了做到这一点，设备驱动程序必须在初始化时向 Linux 核心注册所使用的中断编号和中断处理子程序入口地址，/proc/interrupts 文件列出了设备驱动程序所使用的中断编号。

Linux 核心与设备驱动程序以统一的标准方式交互，因此，设备驱动程序必须提供与核心通信的标准接口，使 Linux 核心在不知道设备具体细节的情况下，仍能用标准方式来控制和管理设备。

字符设备是最简单的设备，Linux 把这种设备当作文件来管理。在初始化时，设置驱动程序入口到 device_struct（在 fs/devices.h 文件中定义）数据结构的 chrdev 向量内，并在 Linux 核心注册。设备的主标识符是访问 chrdev 的索引。device_struct 包括两个元素，分别指向设备驱动程序和文件操作块。而文件操作块则指向诸如打开、读写、关闭等一些文件操作例行程序的地址。

块设备的标准接口及其操作方式非常类似于字符设备。Linux 采用 blk_devs 向量管理块设备。与 chrdev 一样，blk_devs 用主设备号作为索引，并指向 blk_dev_struct 数据结构。除了文件操作接口以外，块设备还必须提供缓冲区缓存接口，blk_dev_struct 结构包括一个请求子程序和一个指向 request 队列的指针，该队列中的每一个 request 表示一个来自于缓冲区的数据块读/写请求。

6.5.2　Linux 中的设备驱动

Linux 设备驱动程序是内核的一部分，由于设备种类繁多、设备驱动程序也有许多种，为了协调设备驱动程序和内核的开发，必须有一个严格定义和管理的接口。例如，UNIX SVR4 提出了 DDI/DKI（Device–Driver Interface/Driver–Kernel Interface 、设备—驱动程序接口/设备驱动程序—内核接口）规范。Linux 的设备驱动程序与外界的接口与 DDI/DKI 类似，可分为 3 个部分：

（1）驱动程序与内核的接口

I/O 子系统向内核其他部分提供一个统一的标准的入设备接口，这是通过数据结构 file_operations 来完成的。常用的访问接口有：重新定位读写位置 lseek()、从字符设备读数据 read()、向字符设备写数据 write()、多路设备复用 select()、把设备内存映射到进程地址空间 mmap()、打开设备 open()、关闭设备 release()、实现内存与设备间的同步通信 fsync() 和实现内存与设备间异步通信等。

（2）驱动程序与系统引导的接口

这部分利用驱动程序对设备进行初始化。

（3）驱动程序与设备的接口

这部分描述了驱动程序如何与设备进行交互，这与具体设备密切相关。根据功能，设备驱动程序的代码可分成几个部分：驱动程序的注册与注销；设备的打开与释放；设备的读/写操作；设备的控制操作和设备的中断及轮询处理。

系统引导时，通过 sys_setup() 进行系统初始化，而 sys_setup() 又调用 device_setu() 进行设备初始化。进一步还分成字符设备与块设备的初始化，可调用不同的初始化程序 xxx_init() 完成初始化工作，最后，通过不同的注册过程向内核注册登记。同样，关闭字符或块设备时，通过不同的注销过程向内核注销。

打开设备是由 open() 完成的，例如，lp_open() 打开打印机、hd_open() 打开硬盘。打开操作要执行以下任务：检查设备状态、初始化设备（首次打开）、确定次设备号、递增设备使用的计数器等。释放设备由 release() 完成，其任务与打开大致相反。

设备驱动的分层次结构图如图 6-17 所示。

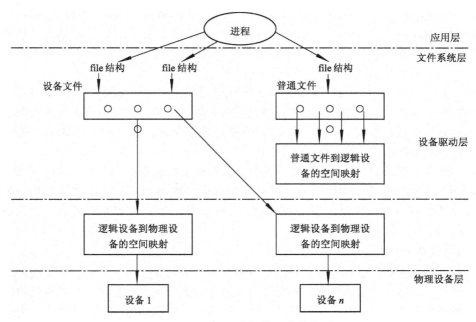

图 6-17　设备驱动的分层次结构图

字符设备使用各自的 read() 和 write() 对设备进行数据读/写，块设备则使用 block_read() 和 block_write() 来进行数据读/写。对于块设备除了使用内存缓冲区外，还会优化诸读/写请求，以便缩短总的数据传输时间。除了读写操作外，有时还要控制设备，可以通过 ioctl() 完成，如对光驱控制可使用 cdrom_ioctl()。

对于不支持中断的设备，读/写时需要轮询设备状态，以决定是否继续进行数据传输。例如，打印机驱动程序在缺省时，轮流查询打印机的状态。如果设备支持中断，则可按中断方式处理。

6.5.3　设备管理实例

1．硬盘管理

一个典型的 Linux 系统一般包括一个 DOS 分区、一个 EXT2 分区（Linux 主分区）、一个 Linux 交换分区、以及零个或多个扩展用户分区。Linux 系统在初始化时要先获取系统所有硬盘的结构信息以及所有硬盘的分区信息并用 gendisk 数据结构构成的链表表示，其细节可以参见 /include/linux/genhd 文件。

在 Linux 系统中，IDE 系统（Inergrated Disk Electronic，一种磁盘接口）和 SCSI 系统（Small Computer System Interface，一种 I/O 总线）的管理有所不同。Linux 系统使用的大多数硬盘都是 IDE 硬盘，每一个 IDE 控制器可以挂接两个 IDE 硬盘，一个称为主硬盘，另一个称为从硬盘。一个系统可以有多个 IDE 控制器，第一个称为主 IDE 控制器，其他称为从 IDE 控制器。Linux 系统最多支持 4 个 IDE 控制器，每一个控制器用 ide_hwif_t 数据结构描述，所有这些描述集中存放在 ide_hwifs 向量中。每一个 ide_hwif_t 包括两个 ide_drive_t 数据结构，分别用于描述主 IDE 硬盘和从 IDE 硬盘。

初始化时，Linux 系统在 CMOS 中查找关于硬盘的信息，并以此为依据构造上面的数据结构。Linux 系统将按照查找到的顺序给 IDE 硬盘命名。主控制器上的主硬盘的名字为/dev/hda，以下依次为/dev/hdb、/dev/hdc、…。IDE 子系统向 Linux 注册的是 IDE 控制器而不是硬盘，主 IDE 控制器的主设备号为 3，从 IDE 控制器的主设备号为 22。这意味着，如果系统只有两个 IDE 控制器，blk_devs 中只有两个元素，分别用 3 和 22 标识。

SCSI 总线是一种高效率的数据总线，每条 SCSI 总线最多可以挂接 8 个 SCSI 设备。每个设备有唯一的标识符，并且这些标识符可以通过设备上的跳线来设置。总线上的任意两个设备之间可以同步或异步地传输数据，在数据线为 32 位时数据传输率可以达到 40 MB/s。SCSI 总线可以在设备间同时传输数据与状态信息。

Linux SCSI 子系统包括两个基本组成部分，其数据结构分别用 host 和 device 来表示。Host 用来描述 SCSI 控制器，每个系统可以支持多个相同类型的 SCSI 控制器，每个均用一个单独的 SCSI host 来表示。Device 用来描述各种类型的 SCSI 设备，每个 SCSI 设备都有一个设备号，登记在 Device 表中。

2．网络设备

网络设备是传送和接收数据的一种硬件设备，如以太网卡。与字符设备和块设备不一样，网络设备文件在网络设备被检测到和初始化时由系统动态产生。在系统自举或网络初始化时，网络设备驱动程序向 Linux 内核注册。网络设备用 device 数据结构描述，该数据结构包含一些设备信息以及一些操作例程，这些例程用来支持各种网络协议，可用于传送和接收数据包。Device 数据结构包括以下几个方面的内容：

① 名称：网络设备名称是标准化的，每一个名字都能表达设备的类型，同类设备从 0 开始编号，如：/dev/ethN（以太网设备）、/dev/seN（SLIP 设备）、/dev/pppN（PPP 设备）、/dev/lo（回路测试设备）。

② 总线信息：总线信息被设备驱动程序用来控制设备，包括设备使用的中断 irq、设备控制和状态寄存器的基地址 base address、设备所使用的 DMA 通道编号 DMA channel。

③ 接口标志：接口标志用来描述网络设备的特性和能力，如是否点到点连接、是否接收 IP 多路广播帧等。

④ 协议信息：协议信息描述网络层如何使用设备，其中：mtu 表示网络层可以传输的最大数据包尺寸；协议表示设备支持的协议方案，如 internet 地址方案为 AF_INET；类型表示所连接的网络介质的硬件接口类型，Linux 支持的介质类型有以太网、令牌环、X.25、SLIP、PPP、以及 Apple Localtalk；地址包括域网络设备有关的地址信息。

⑤ 包队列。等待由该网络设备发送的数据包队列，所有的网络数据包用 sk_buff 数据结构描述，这一数据结构非常灵活，可以方便地添加或删除网络协议信息头。

⑥ 支持函数：指向每个设备的一组标准子程序，包括设置、帧传输、添加标准数据头、收集统计信息等子程序。

6.6　Linux 的 Shell

Shell 是系统的用户界面，提供了用户与内核进行交互操作的一种接口。它接收用户输入的命令并把它送入内核去执行。

实际上 Shell 是一个命令解释器，它解释由用户输入的命令并且把它们送到内核。不仅如此，Shell 有自己的编程语言用于对命令的编辑，它允许用户编写由 Shell 命令组成的程序。Shell 编程语言具有普通编程语言的很多特点，例如，它也有循环结构和分支控制结构等，用这种编程语言编写的 Shell 程序与其他应用程序具有同样的效果。

Linux 也提供了像 Microsoft Windows 那样的可视的命令输入界面——X Window 的图形用户界面（GUI）。它提供了很多窗口管理器，其操作就像 Windows 一样，有窗口、图标和菜单，所有的管理都是通过鼠标控制。现在比较流行的窗口管理器是 KDE 和 GNOME。

每个 Linux 系统的用户可以拥有自己的用户界面或 Shell，用以满足自己专门的 Shell 需要。同 Linux 本身一样，Shell 也有多种不同的版本。Linux 默认使用的 Shell 是 Bash。

6.6.1 Shell 的工作原理

Linux 系统的 Shell 作为操作系统的外壳，为用户提供使用操作系统的接口。它是命令语言、命令解释程序及程序设计语言的统称。

Shell 是用户和 Linux 内核之间的接口程序，如果把 Linux 内核想像成一个球体的中心，Shell 就是围绕内核的外层。当从 shell 或其他程序向 Linux 传递命令时，内核会做出相应的反应。

Shell 是一个命令语言解释器，它拥有自己内建的 Shell 命令集，Shell 也能被系统中其他应用程序所调用。用户在提示符下输入的命令都由 Shell 先解释然后传给 Linux 核心。

有一些命令，如改变工作目录命令 cd，是包含在 Shell 内部的。还有一些命令，例如复制命令 cp 和移动命令 rm，是存在于文件系统中某个目录下的单独的程序。对用户而言，不必关心一个命令是建立在 Shell 内部还是一个单独的程序。

Shell 首先检查命令是否是内部命令，若不是，再检查是否是一个应用程序（这里的应用程序可以是 Linux 本身的实用程序，如 ls 和 rm，也可以是购买的商业程序，如 xv，或者是自由软件，如 emacs）。然后 Shell 在搜索路径里寻找这些应用程序（搜索路径就是一个能找到可执行程序的目录列表）。如果输入的命令不是一个内部命令并且在路径里没有找到这个可执行文件，将会显示一条错误信息。如果能够成功找到命令，该内部命令或应用程序将被分解为系统调用并传给 Linux 内核。

Shell 的另一个重要特性是它自身就是一个解释型的程序设计语言。Shell 程序设计语言支持绝大多数在高级语言中能见到的程序元素，如函数、变量、数组和程序控制结构。Shell 编程语言简单易学，任何在提示符中能输入的命令都能放到一个可执行的 Shell 程序中。

当普通用户成功登录，系统将执行一个称为 Shell 的程序。正是 Shell 进程提供了命令行提示符。作为默认值（Turbo Linux 系统默认的 Shell 是 Bash），对普通用户用"$"作提示符，对超级用户（root）用"#"作提示符。

一旦出现了 Shell 提示符，就可以键入命令名称及命令所需要的参数。Shell 将执行这些命令。如果一条命令花费了很长的时间来运行，或者在屏幕上产生了大量的输出，可以从键盘上按【ctrl+c】组合键发出中断信号来中断它（在正常结束之前，中止它的执行）。

当用户准备结束登录对话进程时，可以输入 logout 命令、exit 命令或文件结束符（EOF）（按 ctrl+d 实现），结束登录。

```
$ make work
make:***No rule to make target 'work'. Stop.
$
```

注释：make 是系统中一个命令的名字，后面跟着命令参数。在接收到这个命令后，Shell

便执行它。本例中，由于输入的命令参数不正确，系统返回信息后停止该命令的执行。

在例子中，Shell 会寻找名为 make 的程序，并以 work 为参数执行它。make 是一个经常被用来编译大程序的程序，它以参数作为目标来进行编译。在 make work 中，make 编译的目标是 work。因为 make 找不到以 work 为名字的目标，它便给出错误信息表示运行失败，用户又回到系统提示符下。

另外，用户输入有关命令行后，如果 shell 找不到以其中的命令名为名字的程序，就会给出错误信息。例如，如果用户输入：

```
$ myprog
bash:myprog:command not found
$
```

可以看到，用户得到了一个没有找到该命令的错误信息。用户输错命令后，系统一般会给出这样的错误信息。

6.6.2　Shell 的种类

Linux 中的 Shell 有多种类型，其中最常用的几种是 Bourne Shell（sh）、C Shell（csh）和 Korn Shell（ksh）。3 种 Shell 各有优缺点。Bourne Shell 是 UNIX 最初使用的 Shell，并且在每种 UNIX 上都可以使用。Bourne Shell 在 Shell 编程方面相当优秀，但在处理与用户的交互方面做得不如其他几种 Shell。Linux 操作系统缺省的 Shell 是 Bourne Again Shell，它是 Bourne Shell 的扩展，简称 Bash，与 Bourne Shell 完全向后兼容，并且在 Bourne Shell 的基础上增加、增强了很多特性。Bash 放在/bin/bash 中，它有许多特色，可以提供如命令补全、命令编辑和命令历史表等功能，它还包含了很多 C Shell 和 Korn Shell 中的优点，有灵活和强大的编程接口，同时又有很友好的用户界面。

C Shell 是一种比 Bourne Shell 更适于编程的 Shell，它的语法与 C 语言很相似。Linux 为喜欢使用 C Shell 的用户提供了 Tcsh。Tcsh 是 C Shell 的一个扩展版本。Tcsh 包括命令行编辑、可编程单词补全、拼写校正、历史命令替换、作业控制和类似 C 语言的语法，它不仅和 Bash Shell 提示符兼容，而且还提供比 Bash Shell 更多的提示符参数。

Korn Shell 集合了 C Shell 和 Bourne Shell 的优点，并且和 Bourne Shell 完全兼容。Linux 系统提供了 pdksh（ksh 的扩展），它支持任务控制，可以在命令行上挂起、后台执行、唤醒或终止程序。

Linux 并没有冷落其他 Shell 用户，还包括了一些流行的 Shell，如 ash、zsh 等。每个 Shell 都有它的用途，有些 Shell 是有专利的，有些能从 Internet 网上或其他来源获得。要决定使用哪个 Shell，只需读各种 Shell 的联机帮助，并试用一下。

用户在登录到 Linux 时由/etc/passwd 文件来决定要使用哪个 Shell。例如：

```
# fgrep lisa /etc/passwd
lisa:x:500:500:TurboLinux User:/home/lisa:/bin/bash
```

Shell 被列在每行的末尾（/bin/bash）。

6.6.3　Bash Shell 的命令

Bash Shell 命令分为两类：Shell 内部命令和 Shell 外部命令。其中 Shell 内部命令是最简单最常用的命令，在 Shell 启动时进入内存。Shell 外部命令是独立的可执行程序，大多数是一些要使用工具程序的命令。

Linux 命令的格式：

命令体[选项]　[命令的参数，命令的对象]

如何获得命令的帮助：

① 命令-h。

② man 命令。

③ info，是 GNU 的超文本帮助系统。

④ help 命令。

1. 命令选项和参数

用户登录到 Linux 系统时，可以看到一个 Shell 提示符，标识了命令行的开始。用户可以在提示符后面输入任何命令及参数。例如：

```
$ date
10 10 01:34:58 CST 2010
$
```

用户登录时，实际已经进入了 Shell，它遵循一定的语法，将输入的命令加以解释并传给系统。命令行中输入的第一个字必须是一个命令的名字，第二个字是命令的选项或参数，命令行中的每个字必须由空格或 TAB 隔开，格式如下：

```
$ Command Option Arguments
```

选项是包括一个或多个字母的代码，它前面有一个减号（减号是必要的，Linux 用它来区别选项和参数），选项可用于改变命令执行的动作的类型。例如：

```
$ ls
```

这是没有选项的 ls 命令，可列出当前目录中所有文件，只列出各个文件的名字，而不显示其他更多的信息。

```
$ ls -l
```

加入-l 选项，将会为每个文件列出一行信息，诸如文件大小和文件最后被修改的时间。

大多数命令都被设计为可以接纳参数。参数是在命令行中的选项之后输入的一个或多个单词，例如：

```
$ ls -l text
```

将显示 text 目录下的所有文件及其信息。

有些命令，如 ls 可以带参数，而有一些命令可能需要一些最小数目的参数。例如，cp 命令至少需要两个参数，如果参数的数目与命令要求不符，Shell 将会提示出错信息。例如，命令行中选项先于参数输入。

2. Shell 变量

在 Linux 中，用户可以设置自己的环境，特定的 Shell 环境是由一些变量和这些变量的值来决定的。这些变量成为 Shell 变量。一个 Shell 变量是一个标识符串，它的值可以是一定范围内的字母和数字。Shell 变量分为两类，即标准 Shell 变量和用户自定义的变量。

Shell 在开始执行时就已经定义了一些和系统的工作环境有关的变量。用户还可以重新定义这些变量，这些变量称为标准 Shell 变量一种，常用的 Shell 环境变量有：

① HOME 用于保存注册目录的完全路径名。

② PATH 用于保存用冒号分隔的目录路径名，Shell 将按 PATH 变量中给出的顺序搜索这些目录，找到的第一个与命令名称一致的可执行文件将被执行。

③ TERM 终端的类型。

④ UID 当前用户的识别字，取值是由数位构成的字串。

⑤ PWD 当前工作目录的绝对路径名，该变量的取值随 cd 命令的使用而变化。

⑥ PS1 主提示符，在特权用户下，默认的主提示符是#，在普通用户下，默认的主提示符是$。

⑦ PS2 在 Shell 接收用户输入命令的过程中，如果用户在输入行的末尾输入"\"然后【Enter】键，或者当用户按【Enter】键时 Shell 判断出用户输入的命令没有结束时，就显示这个辅助提示符，提示用户继续输入命令的其余部分，默认的辅助提示符是>。

预定义变量和环境变量相类似，也是在 Shell 一开始时就定义了的变量。所不同的是，用户只能根据 Shell 的定义来使用这些变量，而不能重新定义它。所有预定义变量都是由$符和另一个符号组成的，常用的 Shell 预定义变量有：

① $#位置参数的数量。

② $*所有位置参数的内容。

③ $?命令执行后返回的状态。

④ $$当前进程的进程号。

⑤ $!后台运行的最后一个进程号。

⑥ $0 当前执行的进程名

用户可以按照下面的语法规则定义自己的变量：

变量名=变量值

要注意的一点是，在定义变量时，变量名前不应加符号$，在引用变量的内容时则应在变量名前加$；在给变量赋值时，等号两边一定不能留空格，若变量中本身就包含了空格，则整个字串都要用双引号括起来。

在编写 Shell 程序时，为了使变量名和命令名相区别，建议所有的变量名都用大写字母来表示。

3．命令行特征

命令行实际上是可以编辑的一个文本缓冲区，在按【Enter】键之前，可以对输入的文本进行编辑。例如，利用【Backspace】键可以删除刚输入的字符，可以进行整行删除，还可以插入字符，使用户在输入命令，尤其是复杂命令时，若出现输入错误，无须重新输入整个命令，只要利用编辑操作，即可改正错误。

利用【↑】键可以重新显示刚执行的命令，利用这一功能可以重复执行以前执行过的命令，而无须重新输入该命令。

bash 保存着以前输入过的命令的列表，这一列表被称为命令历史表。按【↑】键，便可以在命令行上逐次显示各条命令。同样，按动【↓】键可以在命令列表中向下移动，这样可以将以前的各条命令显示在命令行上，用户可以修改并执行这些命令。

在一个命令行中还可以置入多个命令，用分号将各个命令隔开。例如：

```
$ ls -a;cp -i mydata newdata
```

也可以在几个命令行中输入一个命令，用反斜杠 "\" 将一个命令行持续到下一行。

```
$ cp -i \
> mydata \
> newdata
```

上面的 cp 命令是在 3 行中输入的，开始的两行以反斜杠结束，把 3 行作为一个命令行。

Shell 中除使用普通字符外，还可以使用一些具有特殊含义和功能的特殊字符。在使用它们时应注意其特殊的含义和作用范围。下面分别对这些特殊字符加以介绍。

（1）元字符

元字符用于模式匹配，如文件名匹配、路经名搜索、字符串查找等。常用的元字符有 *、? 和括在方括号 [ ] 中的字符序列。用户可以在作为命令参数的文件名中包含这些元字符，构成一个所谓的"模式串"，在执行过程中进行模式匹配。

* 代表任何字符串（长度可以不等），例如："f*"匹配以 f 打头的任意字符串。但应注意，文件名前的圆点（.）和路经名中的斜线（/）必须显式匹配。例如，"*"不能匹配 .file，而".*"才可以匹配 .file。? 代表任何单个字符。其他的常见元字符如表 6-1 所示。

表 6-1　Linux Shell 常用元字符

?	匹配文件名中的任何单个字符
( )	括号中的内容理解为一条命令
&	后台执行命令
$0，$1，…$n	替换命令行中的参数
$ Var	Shell 变量 Var 的值
;	命令表的分隔符
'comd'	执行反引号中的命令，并在输出时用该命令执行的结果替换命令
部分 Var = V	将值赋给 Shell 变量
comdl ‖ comd2	如果不成功执行命令 comd2，否则执行 comd1
comd1 && comd2	如果不成功执行命令 comd1，否则执行 comd2
#	忽略所有在 # 之后的内容

（2）引号

在 Shell 中引号分为 3 种：单引号，双引号和反引号。

① 单引号'：

由单引号括起来的字符都作为普通字符出现。特殊字符用单引号括起来以后，也会失去原有意义，而只作为普通字符解释。例如：

```
$ string='$PATH'
$ echo $string
$PATH
$
```

可见 $ 保持了其本身的含义，作为普通字符出现。

② 双引号"：

由双引号括起来的字符，除 $、'、和"这几个字符仍是特殊字符并保留其特殊功能外，其余字符仍作为普通字符对待。对于 $ 来说，就是用其后指定的变量的值来代替这个变量和 $；对于而言，是转义字符，它告诉 Shell 不要对其后面的那个字符进行特殊处理，只当作普通字符即可。可以想见，在双引号中需要在前面加上的只有 4 个字符 $、' 和"本身。而对"号，若其前面没有加，则 Shell 会将它同前一个"号匹配。

例如，假定 PATH 的值为 .:/usr/bin:/bin，输入如下命令：

```
$ TestString = "$PATH\"$PATH"
$ echo $TestString
```

```
.:/usr/bin:/ bin"$PATH
$
```

试看结果如何?

③ 反引号':

反引号（`）这个字符所对应的键一般位于键盘的左上角，不要将其同单引号（'）混淆。反引号括起来的字符串被 Shell 解释为命令行，在执行时，Shell 首先执行该命令行，并以它的标准输出结果取代整个反引号（包括两个反引号）部分。例如：

```
$ pwd
/home/xyz
$ string="current directory is `pwd`"
$ echo $string
current directour is /home/xyz
$
```

Shell 执行 echo 命令时，首先执行`pwd`中的命令 pwd，并将输出结果/home/xyz 取代`pwd`这部分，最后输出替换后的整个结果。

利用反引号的这种功能可以进行命令置换，即把反引号括起来的执行结果赋值给指定变量。例如：

```
$ today=`date`
$ echo Today is $today
Today is Mon Apr 15 16:20:13 CST 1999
$
```

反引号还可以嵌套使用。但需注意，嵌套使用时内层的反引号必须用反斜线（ ）将其转义。例如：

```
$ abc=`echo The number of users is \`who| wc -l\``
$ echo $abc
The number of users is 5
$
```

在反引号之间的命令行中也可以使用 Shell 的特殊字符。Shell 为得到``中命令的结果，它实际上要去执行``中指定的命令。执行时，命令中的特殊字符，如$，"，?等又将具有特殊含义，并且``所包含的可以是任何一个合法的 Shell 命令，如：

```
$ ls
note readme.txt Notice Unix.dir
$ TestString="`echo $HOME ` ` ls [nN]*`"
$ echo $TestString
/home/yxz note Notice
$
```

其他情况，可以依次类推。

（3）注释符

在 Shell 编程中经常要对某些正文行进行注释，以增加程序的可读性。在 Shell 中以字符"#"开头的正文行表示注释行。

此外还有一些特殊字符如：用于输入/输出重定向与管道的<、>、<<、>>和|；执行后台命令的&；命令执行操作符&和||及表示命令组的{}将在下面各小节中加以介绍。

4. Shell 常用命令

不同版本的 Linux 命令数量不一样，这里把比较重要的和使用频率最多的命令，按照它们在系统中的作用分成几个部分，通过这些基础命令的学习可以进一步理解 Linux 系统：

① 安装和登录命令：login、shutdown、halt、reboot、mount、umount、chsh。

② 文件处理命令：file、mkdir、grep、dd、find、mv、ls、diff、cat、ln。

③ 系统管理相关命令：df、top、free、quota、at、lp、adduser、groupadd kill、crontab、 tar、unzip、gunzip、last。

④ 网络操作命令：ifconfig、ip、ping、netstat、telnet、ftp、route、rlogin rcp、finger、mail、nslookup。

⑤ 系统安全相关命令：passwd、su、umask、chgrp、chmod、chown、chattr、sudo、pswho。

6.6.4　Bash Shell 编程

其实作为命令语言互动式地解释和执行用户输入的命令只是 Shell 功能的一个方面，Shell 还可以用来进行程序设计，它提供了定义变量和参数的手段以及丰富的程序控制结构。使用 Shell 编程类似于 DOS 中的批处理文件，称为 Shell script，又称 Shell 程序或 Shell 命令文件。

和其他高级程序设计语言一样，Shell 提供了用来控制程序执行流程的命令，包括条件分支和循环结构，用户可以用这些命令创建非常复杂的程序。与传统语言不同的是，Shell 用于指定条件值的不是布尔运算式，而是命令和字串。

1．测试命令 test

test 命令用于检查某个条件是否成立，它可以进行数值、字符和文件 3 个方面的测试，其测试符和相应的功能分别如下：

（1）数值测试

-eq 等于则为真。

-ne 不等于则为真。

-gt 大于则为真。

-ge 大于等于则为真。

-lt 小于则为真。

-le 小于等于则为真。

（2）字串测试

= 等于则为真。

!= 不相等则为真。

-z 字串　字串长度为 0 则为真。

-n 字串　字串长度大于 0 则为真。

（3）文件测试

-e 文件名　如果文件存在则为真。

-r 文件名　如果文件存在且可读则为真。

-w 文件名　如果文件存在且可写则为真。

-x 文件名　如果文件存在且可执行则为真。

-s 文件名　如果文件存在且至少有一个字符则为真。

-d 文件名　如果文件存在且为目录则为真。

　　-f 文件名　如果文件存在且为普通文件则为真。

　　-c 文件名　如果文件存在且为字符型特殊文件则为真。

　　-b 文件名　如果文件存在且为块特殊文件则为真。

　　另外，Linux 还提供了与（！）、或（-o）、非（-a）3 个逻辑操作符，用于将测试条件连接起来，其优先顺序为:! 最高，-a 次之，-o 最低。

2．if 条件语句

Shell 程序中的条件分支是通过 if 条件语句来实现的，其一般格式为:

```
if 条件命令串
then
    条件为真时的命令串
else
    条件为假时的命令串
fi
```

3．for 循环

for 循环对一个变量的可能的值都执行一个命令序列。赋给变量的几个数值既可以在程序内以数值列表的形式提供，也可以在程序外以位置参数的形式提供。for 循环的一般格式为:

```
for 变量名        [in 数值列表]
do
    若干命令行
done
```

变量名可以是用户选择的任何字串，如果变量名是 var，则在 in 之后给出的数值将顺序替换循环命令列表中的$var。如果省略了 in，则变量 var 的取值将是位置参数。对变量的每一个可能的赋值都将执行 do 和 done 之间的命令列表。

4．while 和 until 循环

while 和 until 命令都是用命令的返回状态值来控制循环的。While 循环的一般格式为:

```
while
    若干命令行 1
do
    若干命令行 2
done
```

只要 while 的"若干命令行 1"中最后一个命令的返回状态为真，while 循环就继续执行do...done 之间的"若干命令行 2"。

until 命令是另一种循环结构，它和 while 命令相似，其格式如下:

```
until
    若干命令行 1
do
    若干命令行 2
done
```

until 循环和 while 循环的区别在于: while 循环在条件为真时继续执行循环，而 until 则是在条件为假时继续执行循环。

Shell 还提供了 true 和 false 两条命令用于创建无限循环结构，它们的返回状态分别是总为 0或总为非 0。

5. case 条件选择

if 条件语句用于在两个选项中选定一项，而 case 条件选择为用户提供了根据字串或变量的值从多个选项中选择一项的方法，其格式如下：

```
case string in
exp-1）
    若干个命令行 1
;;
exp-2）
    若干个命令行 2
;;
......
*）
其他命令行
esac
```

Shell 通过计算字串 string 的值，将其结果依次和运算式 exp-1, exp-2 等进行比较，直到找到一个匹配的运算式为止。如果找到了匹配项，则执行它下面的命令直到遇到一对分号 ";;" 为止。

在 case 运算式中也可以使用 Shell 的通配符（"*"、"？"、"[ ]"）。通常用*作为 case 命令的最后运算式以便在前面找不到任何相应的匹配项时执行 "其他命令行" 的命令。

6. 无条件控制语句 break 和 continue

break 用于立即终止当前循环的执行，而 contiune 用于不执行循环中后面的语句而立即开始下一个循环的执行。这两个语句只有放在 do 和 done 之间才有效。

7. 函数定义

在 Shell 中还可以定义函数。函数实际上也是由若干条 Shell 命令组成的，因此它与 Shell 程序形式上是相似的，不同的是它不是一个单独的进程，而是 Shell 程序的一部分。函数定义的基本格式为：

```
functionname     {
    若干命令行
}
```

调用函数的格式为：

```
functionname param1 param2…
```

Shell 函数可以完成某些例行的工作，而且还可以有自己的退出状态，因此函数也可以作为 if、while 等控制结构的条件。

在函数定义时不用带参数说明，但在调用函数时可以带有参数，此时 Shell 将把这些参数分别赋予相应的位置参数$1, $2, …, 及$*。

6.7　Linux 的安全机制

Linux 是一个多用户、多任务的操作系统，防止不同用户之间相互干扰、保障系统安全是该类操作系统的基本功能。Linux 实现了基本的安全机制，但仍然存在安全隐患，其新功能的不断纳入及安全机制的错误配置和使用不当，都可能带来安全问题。本节将简要介绍 Linux 的安全性能及其实现方式。

Linux 系统具有两个执行状态：核心态和用户态。运行内核程序的进程处于核心态，运行核外程序的进程处于用户态。系统保证用户态下的进程只能存取它自己的指令和数据，而不能存取内核和其他进程的指令和数据，并且保证特权指令只能在核心态下执行，如中断、异常等均不能在用户态下使用。用户程序可以通过使用系统调用进入核心，运行完系统调用后，再返回用户态。系统调用是用户态进程进入系统内核的唯一入口，用户对系统资源中信息的存取要通过系统调用实现。

因此，Linux 的安全性借助 4 种方式提供。

① 系统调用：用户进程通过 Linux 系统调用接口，显式地从内核获得服务，内核根据调用进程的要求执行用户请求。

② 异常：进程的某些不正常操作，如除数为 0、用户堆栈溢出等将引起硬件异常，异常发生后内核将干预并处理之。

③ 中断：内核通过中断机制管理外围设备及其 I／O 操作。

④ 特殊系统进程：Linux 通过一组特殊的系统进程执行系统级的任务，从而防止用户非法控制。例如，控制活动进程的数目或维护空闲内存空间等系统任务都是由这样的特殊系统进程来执行的。

6.7.1　标识与鉴别

当用户创建账户时，系统管理员为其分配一个唯一的用户号（UID）和一个用户组号（GID），并为用户建立一个主目录。系统中超级用户（root）的 UID 为 0。每个用户可以属于一个或多个用户组，每个用户组有唯一的 GID。

超级用户拥有所有特权，负责系统的配置和管理，可以控制一切，包括用户账户、文件和目录、网络资源等。因此，超级账户及其口令的管理至关重要，它们也是入侵者攻击的主要目标。

系统使用 DES 或 MD5 算法对用户口令进行加密后存储在/etc/password 文件中。用户登录系统时，需要输入其口令。系统对输入的口令采用同样算法加密，并与存储在/etc/password 文件中的口令密文进行比较，鉴别用户的真实身份。

/etc/password 文件中含有所有用户账户的全部信息，普通用户只有"读"权限。为了防止入侵者获取口令密文进而猜测口令，系统将口令密文存放在另一个 shadow 文件中，shadow 文件只有超级用户可存取。这时/etc/password 文件中口令密文被替代成"x"的字串。

当用户设置或修改口令时，如果输入的口令安全性不够，系统会给出警告。应该避免使用用户名或者它的相关变化形式，许多秘密破解程序首先是以用户名的各种可能变换作为破解起点的。系统管理员还可以设置口令的最小长度和有效期限。

6.7.2　存取控制

Linux 中实现了粗粒度的自主存取控制。用户可以为自己的文件设置和修改访问权限。权限的类型有 3 种：读、写和执行。授权的对象有 3 类：文件属主、用户组和其他用户。显然，这种粗粒度的自主存取控制不能满足许多应用系统的安全要求。为此，开发了 Linux ACL（Access Control List，访问控制列表）系统。ACL 提供了更完善的文件授权设置，可将存取控制细化到单个用户，而非笼统的"同组用户"或"其他用户"。

系统中的每个进程都有真实 UID、真实 GID、有效 UID 及有效 GID。进程的真实 UID、GID 是创建该进程的用户的 UID、GID，表示进程隶属于谁，而有效 UID、GID 标识了进程的主体身份。当进程试图访问文件时，核心将进程的有效 UID、GID 与文件的存取权限域中的相应值进行比较，决定是否赋予其相应权限。一般情况下，进程的真实 UID、GID 就是进程的有效 UID、GID。

有时需要让没有被授权的用户完成某些要求授权的任务。例如，普通用户允许使用 password 程序来改变自己的口令，但不能拥有"写"/etc/password 文件的权限，以防止其修改其他用户的口令。为了解决这个问题，Linux 允许对可执行文件设置 SUID 或 SGID 标志。当进程执行带 SUID（或 SGID）标志的执行文件时，进程的有效 UID（或 GID）被改变为执行文件属主的 UID（或 GID），于是，进程就拥有了执行文件属主所拥有的存取权限。

使用 SUID/SGID 方法，可以限制用户通过特定的程序访问那些不允许被直接访问的信息。但是，这种方法也给入侵者留下了可乘之机。入侵者或恶意软件专门寻找超级用户的 SUID 程序作为攻击目标，企图获得超级用户的存取权限。一旦获得成功，入侵者可能会留下自己的 SUID 程序作为进入系统的后门。

6.7.3　审计与加密

1．审计

Linux 系统实现了比较完善的审计功能，它的审计机制包含丰富的审计内容，遍及系统、应用和网络协议层，能全面监控系统中发生的事件，以保证安全机制正确工作，并及时地对系统异常进行报警提示。

审计结果常写在系统的日志文件中，丰富的日志为系统的安全运行提供了保障。在/var/log 目录下，常见的日志文件如表 6-2 所示。

表 6-2　Linux 系统常见的日志文件

日志文件	说　　明
acct 或 pacct	记录每个用户使用过的命令
aculog	MODEM 呼叫记录
lastlog	记录用户最后一次登录情况（包括登录时间、成功或失败）
loginlog	不良的登录尝试记录
messages	记录输出到系统控制台以及由 syslog 系统服务程序产生的信息
sulog	记录 su 命令的使用情况
utmp	记录当前登录的每个用户
utmpx	扩展的 utmp
wtmp	记录用户的登录和注销及系统的开机和关机的历史情况
wtmpx	扩展的 wtmp
void.log	记录使用外部介质（如 U 盘或光盘）出现的错误
xferlog	记录 FTP 的使用情况

审计服务程序 syslogd 专门负责审计信息的存储。系统和内核程序将需要记录的信息发送给 syslogd，syslogd 根据配置文件/etc/syslog.conf，按照信息的来源和重要性，将它们记录到不同的

日志文件、输出到指定设备或发送到其他主机中。目前，很多 Linux 系统都达到了 TCSEC 规定的 C2 级安全标准。

2. 加密

加密是指一个消息用一个数学函数和一个专门的加密口令转换为另一个消息的过程，解密是它的反过程。

在 Linux 系统中，提供了加密程序，使用加密命令可以对指定文件进行加密。Linux 可以提供点对点的加密方法，以保护传输中的数据。当数据在因特网上传输时，要经过许多网关，在数据传输过程中很容易被窃取。这种添加的 Linux 应用程序可以进行数据加密，这样，即使数据被截获，窃取者得到的也是一堆乱码。Secure Shell 可以有效地利用加密来保证远程登录的安全。

在使用 passwd 修改密码时，如果输入的密码不够安全，系统会给出警告，说明密码的安全级别太低，这时最好换一个密码。Linux 建议绝对避免使用用户名当密码。在 Linux 系统中，为了安全起见，还把密码放在其他地方，即 shadow password。在/etc/passwd 文件中的密码串被替换成了"*"，系统在使用密码时，发现"*"标记后寻找 shadow 文件，完成相应的操作，而 shadow 文件只有 root 用户才可存取。

6.7.4 网络安全

网络安全性主要指网络操作系统应具备的防止本机或本网络被非法入侵、访问的能力和手段，从而达到保护系统可靠、正常运行的目的。当前的 Linux 系统通常在网络环境中运行，默认支持 TCP/IP 协议，其网络安全性能良好。

为了支持网络计算环境，Linux 提供了多种网络操作命令，其中有远程登录命令 telnet、rlogin，远程文件复制 ftp、rcp，远程执行命令 rsh、rcmd。这些命令的执行结果都是对远程计算机的访问，或使用远程主机的资源，或请求远程服务器的服务。那么，防止利用这些服务而进行的入侵行为就要求对远程用户的访问进行有效地控制，仅对特定的用户开放必要的网络服务，减少本机系统受到攻击的可能性。

1. 网络的使用限制

Linux 系统有能力提供网络访问控制和有选择地允许某个用户与其他主机的连接。相关的配置文件有：

/etc/inetd.conf	文件中指出系统提供的所有服务
/etc/services	文件中列出了端口号、协议和对应的名称

使用文件/etc/hosts.allow 和/etc/hosts.deny 可以很容易地控制哪些 IP 地址禁止登录，哪些可以登录。有了这些服务限制条件，网络访问控制得以方便地实现。

Linux 系统也可以限制网上访问常用的 telnet、ftp、rlogin 等网络操作命令，最简单的方法是修正/etc/services 中相应的端口号，使其完全拒绝某个访问，或者对网上的访问进行有条件的限制。

① 当远程使用 FTP 访问系统时，Linux 系统首先验证用户名和密码，无误后查看/etc/ftpusers 文件（即不受欢迎的用户表），一旦其中包含登录用户的用户名，则系统自动拒绝连接，从而达到限制的作用。

② Linux 系统没有对 telnet 加以控制，但/etc/profile 文件是系统默认的 Shell 变量文件，所

有用户登录时必须首先执行它，故可修改该文件达到安全访问目的。

2．网络入侵检测

标准的 Linux 发布版本还配备了入侵检测工具，利用它可以使系统具备较强的入侵检测能力，包括让 Linux 记录入侵企图，当攻击发生时及时给出警报；让 Linux 在规定情况的攻击发生时，采取事先确定的措施；让 Linux 系统发出一些错误提示信息等。

3．其他工具

另外，还可以在 Linux 上安装 OpenSSH 和 OpenSSL 程序包，实现网络安全通信。

OpenSSH 是开放的安全 Shell 软件，是替代 telnet、ftp、rcp、rsh 的安全软件。它使用 SSH 协议，基于公钥加密和对称加密技术为远程访问提供安全通道。SSH 协议的安全性在于：

① 在接受连接请求之前，服务机需要对客户机的主机密钥进行认证。

② 对用户认证信息和数据进行对称加密传输，对称密钥是随机产生的并且使用服务器的公钥进行加密传输。

③ 服务器对用户身份进行认证，可以采用多种认证方法，包括数字证书认证。

OpenSSL 是开放的 SSL（Secure Sockets Layer，安全套接层）软件工具包。它在套接字的层次上实现了 Web 环境下的安全传输协议。按照 SSL 协议，数据传输过程包含 3 个部分：

① 使用 CA 数字证书进行相互认证。

② 由客户端产生一个对称加密密钥 key，使用服务器的公钥加密后传给服务器。

③ 双方使用 key 加密和传输数据。

6.7.5　备份与恢复

无论采取怎样的安全措施，都不能完全保证系统不产生崩溃。系统的安全性和可靠性是与备份密切相关的，定期备份是一件非常重要的工作，它可使灾难发生后将系统恢复到一个稳定的状态，将损失减低到最小。

备份的常用类型有：零时间备份、整体备份和增量备份。系统的备份应根据具体情况制订合理的策略。

Linux 系统中，提供了几个专门的备份程序：dump/restore 和 backup。网络备份程序有 rcp、ftp、rdist 等。

最安全的备份方法是把备份数据备份到其他地方，如网络、磁带、可移动磁盘和可擦写光盘等。

本节对 Linux 系统的安全性能及其实现仅进行了简单介绍，有兴趣的读者，可自行查阅相关详细资料。

本 章 小 结

本章主要介绍了 Linux 操作系统的进程管理、存储管理、设备管理和文件管理的原理，并对 Linux 操作系统的安全机制进行了说明。

实　　训

实训 1　Windows Server 2003 的用户管理

1．实训目的

了解 Windows Server 2003 的用户账户类型。

2．实训介绍

（1）用户账户的类型

Windows Server 2003 可以有两种类型的用户账户。

① 域用户账户：域用户账户建立在域控制器的 Active Directory 数据库内。用户使用用户账户登录域访问网络上的资源。用户利用域用户账户登录时，由域控制器来验证用户账户。一旦用户账户建立在一台域控制器内后，该用户账户会自动复制到同一个域内的其他所有域控制器内。当用户登录时，此域内的所有域控制器都可以负责验证用户身份。

② 本地用户账户：本地用户账户建立在 Windows Server 2003 独立服务器、Windows Server 2003 成员服务器或 Windows Server 2003 Professional 的本地安全数据库内，而不是域控制器内。用户利用本地用户账户登录此账户所在的计算机，访问该计算机内的资源，但却无法访问网络上的资源。本地用户账户登录时的身份验证，依靠本地安全数据库。

（2）内置的用户账户

在 Windows Server 2003 安装完毕后，会自动建立一些内置账户，常见的内置用户账户有以下几种：

① Administrator（系统管理员）：系统管理员拥有最高的权限，用于管理计算机与域内的设置，如用户与组账户的创建、更改和删除等。Administrator 账户可以更名，但无法删除。

② Guest（客户）：Guest 是供用户临时使用的账户，这个账户只有少部分的权限。Guest 账户也可以更名，但无法删除。此账户默认是未开放的，使用前需要先将其开放。

③ Account Operators 组内的用户也具有权限来管理账户，但功能上有所限制，如无法更改 Administrators 或任何 Operators 组、无法设置安全策略性等。

3．实训操作

操作一　建立域用户账户

在 Windows Server 2003 中，一个用户账户包含了用户的名称、密码、所属组、个人信息和通信方式等信息。在添加一个用户账户后，它被自动分配一个安全标识 SID，这个标识是唯一的。即使账户被删除，它的 SID 仍然保留。如果在域中再添加一个相同名称的账户，它将被分配一个新的 SID，在域中利用账户的 SID 来决定用户的权限。

建立域用户账号的步骤如下：

① 首先单击"开始"→"控制面板"→"存储的用户名和密码"，弹出"登录信息属性"对话框，如图 6-18 所示。

② 在对话框中输入服务器、工作组或网络位置，然后输入访问所使用的用户名和密码。单击"确定"按钮。

③ 此时添加成功。若要修改某个用户的信息，可在列表处选中后，单击"属性"按钮。

弹出如图 6-19 所示对话框，单击"更改"按钮，弹出如图 6-20 所示的"更改您的域密码"对话框。在文本框中输入相应信息，单击"确定"按钮。

图 6-18　"登录信息属性"对话框

图 6-19　"登录信息属性"对话框

需要注意的是：所建立的域用户账户，可以在成员服务器或 Windows Server 2003 Professional 的计算机上登录，但却无法在域控制器上登录。除非被赋予"本地登录"的权限，此权限可以通过"组策略"进行设置。

图 6-20　"更改域密码"对话框

操作二　建立本地用户账户

本地用户账户通常建立在 Windows Server 2003 独立服务器、Windows Server 2003 成员服务器或 Windows Server 2003 Professional 的本地安全数据库内，而不是域控制器内。在 Windows Server 2003 和 Windows Server 2003 Professional 上建立本地用户账户的方法不同。

在 Windows Server 2003 上建立本地用户账户的步骤是：单击"开始"→"程序"→"管理工具"→"计算机管理"→"系统工具"→"本地用户和组"→"用户"，打开如图 6-21 所示的窗口。或者利用"开始"→"设置"→"控制面板"→"管理工具"→"计算机管理"→"系统工具"→"本地用户和组"→"用户"进行设置。

图 6-21　本地计算机管理用户窗口

若要添加本地用户，可右击图 6-21 所示窗口空白处，在弹出的快捷菜单中选择"新用户"，如图 6-21 所示，随即弹出如图 6-22 所示的"新用户"对话框。

在该对话框中添入相应信息后，其下方的密码管理处有 4 个选项：

① 用户下次登录时须更改密码：要求用户在下一次登录时必须修改密码，此操作可以确保只有该用户知道此密码。

② 用户不能更改密码：为了防止用户更改密码，如果多人共用一个账户时，需要选择此复选框，避免发生被某人修改密码后，造成其他人无法登录的情况。

③ 密码永不过期：在被选择后，系统永远不会要求用

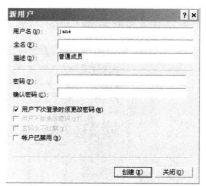

图 6-22 "新用户"对话框

户更改密码，即使在"账户策略"的"密码最长存留期"设置了所有用户必须定期更改密码，也不会要求此用户更改密码。若同时选择了"用户下次登录时须更改密码"与"密码永不过期"复选框，则以"密码永不过期"作为设置。

④ 账户已停用：可以防止用户利用该账户登录。

单击"创建"按钮完成新用户的添加。

4．实训思考

① 建立一个名为 student 的域用户账户。

② 建立一个名为 winter 的本地用户账户。

③ 如何创建一个组？

实训 2　Linux 的用户管理

1．实训目的

① 理解用户和用户组的关系。

② 掌握增加、删除用户的方法。

③ 掌握增加、删除用户组及管理用户组成员的方法。

2．实训预备

（1）用户标识

Linux 的各种管理功能都限制在一个超级用户（root）中。作为超级用户，它可以控制一切，包括用户账号、文件和目录、网络资源等。Linux 的每个账号都是具有不同用户名、不同口令和不同访问权限的一个单独实体。超级用户管理所有资源的变化，可以授权或拒绝任何用户、用户组合以及所有用户的访问。

系统为用户分配用户目录，每个用户都可以得到一个主目录和一块硬盘空间。用户的这块硬盘空间与系统区域和其他用户占用的区域分割开来，这样，可以防止一般用户的活动影响其他文件系统。系统还为每个用户提供一定程度的保密。作为超级用户，可以控制哪些用户能够进行访问以及他们可以把文件存放在哪里，控制用户能够访问哪些资源，以及用户如何进行访问等。

用户登录到系统中时，需要输入用户名标识其身份。内部实现时，系统管理员在创建用户账户时，为其分配一个唯一的用户标识号（UID）。

　　系统文件/etc/passwd 中，含有每个用户的信息，包括用户的登录名、经过加密的口令、用户号、用户组号、用户注释、用户主目录和用户所用的 Shell 程序，其中用户标识号（UID）和用户组号（GID）用于唯一地标识用户和同组用户及用户的访问权限。系统中，超级用户的 UID 为 0，每个用户可以属于一个或多个用户组，每个组由一个 GID 唯一地标识。在大型的分布式系统中，为了统一对用户进行管理，通常将每台工作站上的口令文件存放在网络服务器上，如 Sun 公司的网络信息系统（NIS）、开发软件基金会的分布式计算机环境（DCE）等。

　　（2）鉴别身份

　　用户名是用户身份的标识，而口令则是确认证据。用户登录时，需要输入口令来鉴别用户的身份。当用户输入口令后，Linux 系统使用改进的数据加密标准（DES, Data Encryption Standard）算法对其进行加密，并将结果与存储在/etc/passwd 或 NIS 数据库中的用户口令进行比较，若两者匹配，说明该用户的登录合法，否则拒绝用户登录。

　　（3）文件存取权限

　　Linux 系统的存取控制机制通过文件系统实现。

　　命令 ls 可列出系统内不同用户对文件或目录的存取权限。如：

```
-rw-r-r--  1 root root 1973 Mar 7 10: 20 passwd
```

　　存取权限共有 9 位，从文件信息的第二位到第十位，分为 3 组，每组的权限位分别对应着读、写、执行权限，用于指出不同类型的用户对该文件的访问权限。1～3 位表示文件主对该文件的权限；4～6 位表示同文件主同组的用户对该文件的权限；7～9 位表示系统中与文件主非同组的其他用户对该文件的权限。权限的表示方法如下：

　　r：允许读；

　　w：允许写；

　　x：允许执行。

　　若相应的权限位显示–，表示没有相应权限。

　　用户也有 3 种类型。

　　Owner：文件主，即文件的所有者；

　　group：同组用户；

　　other：其他用户。

　　在本例中文件主对文件具有读 / 写权限；同组用户和其他用户对该文件只有只读权限。

3．实训操作

　　用户管理主要的工作就是建立一个合法的用户账户、设置和管理用户的密码、修改用户账户的属性以及在必要时删除已经废弃的用户账号。

操作一　在 Shell 界面进行用户管理

　　（1）添加新用户

　　在 Linux 操作系统中，只有 root 用户才能创建一个新用户，如下的命令将新建一个登录名为 userl 的用户。

```
# useradd userl
```

　　用户建立后，将会在/home 目录下新建一个与用户名相同的用户主目录。但是，这个用户还不能登录，因为还没给他设置初始密码，而没有密码的用户是不能登录系统的。所以，完成了 useradd 操作后，用户还应该使用 passwd 命令为其设置一个初始密码。

```
# passwd userl
```

```
Changing password for user user1.
New password:                    (输入新密码)
BAD PASSWORD: it does not contain enough DIFFERENT characters
Retype new password:             (再输入一次密码)
passwd: all authentication tokens updated successfully.
```

注意：在输入密码的过程中，屏幕上没有任何显示，用户要记住自己所键入的密码。

在 Linux 操作系统中，新增一个用户的同时会创建一个新组，这个组与该用户同名，而这个用户就是该组的成员。如果创建用户时想让新的用户归属于一个已经存在的 student 组，则可以使用如下命令：

```
# useradd -g student user1
```

新创建的用户信息存放在/etc/passwd 文件中。用命令"cat /etc/passwd"可以查看到用户 user1 的创建信息。

```
user1:x:500:50:student:/home/user1:/bin/bash
```

每个用户的信息以 "："被分成多个区域，每个区域存放该用户的相关信息。其中，user1 为用户名；"x"为加密后的密码；500 为用户标识号；50 为所属组标识号；student 为用户备注信息，可以根据需要增加内容；/home/user1 为用户登录的默认目录，一般在创建用户之后系统都会为其自动创建一个默认目录；/bin/bash 为用户使用的 Shell。

（2）删除用户

删除用户，只需使用一个简单的命令 "userdel 用户名" 即可。用户删除后，该用户的宿主目录包括目录中的文件仍然存在，如果确认可以删除宿主目录，可用 rm 命令手工删除。

```
# userdel user1
```

（3）创建组

在 Linux 操作系统中可以给同组或非同组的用户设置不同的访问权限。可以根据需要创建组，然后将组成员添加到该组中。例如，创建一个 student 组。

```
# groupadd student
```

新创建的 student 组信息存放在/etc/group 文件中。用命令 "cat /etc/group" 可以查看到创建信息。

```
student:    x:    534:        user1
组名称       密码   组索引号     组成员
```

（4）删除组

删除组的命令如下：

```
# groupdel 组名称
```

（5）管理组成员

可以用 vi 编辑/etc/group 文件，将用户成员添加到相应的组中，例如，将 newuser 用户加入到 student 组，只需找到 student 这一行，在后面加上 newuser 即可。

```
student: x: 534: user1, newuser
```

也可以使用 gpasswd 命令管理组成员。例如，向 student 组中添加成员 newuser。可使用如下命令：

```
#gpasswd -a newuser student
```

也可以用命令删除 student 组成员 user1。

```
# gpasswd -d user1 student
```

操作二　新建超级用户

① 以 root 身份登录，按本实验的操作一建立一个普通用户，例如 manager。

② 用 vi 编辑器打开文件/etc/passwd，将用户 manager 的用户标识号设为 0。

③ 用 vi 编辑器打开文件/etc/group，将用户 manager 加入组标识号为 0 的用户组中。

④ 注销 root，以用户 manager 身份登录，可以发现该用户提示符已变为 "#"。

操作三　在图形界面进行用户管理

（1）管理 root 账号

在 Linux 中系统默认账号是 root，拥有此账号的用户一般为超级用户（Super User），对系统具有完全的控制权，所以维护 root 账号的安全便格外重要。系统在安装过程中，安装程序会要求用户输入 root 账号的密码，用户要修改密码可用命令方式，也可用以下方式。选择"主菜单"→"系统设置"→"根口令"，弹出如图 6-23 所示对话框，可进行口令修改。但要注意，修改根口令需要有超级用户的权限。

图 6-23　root 口令修改对话框

（2）用户的管理

对于普通用户可采用用户管理器进行管理。选择"主菜单"→"系统设置"→"用户和组群"，系统将弹出"用户管理器"窗口，如图 6-24 所示，可以方便用户的操作。

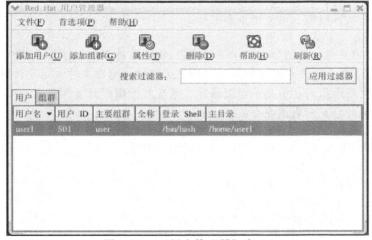

图 6-24　"用户管理器"窗口

在该窗口中，对用户账户可以进行如下操作：

① 增加新的用户账号。

② 修改已存在的用户账号。

③ 删除或禁止存在的用户账号。

④ 添加、修改以及删除组。

自行练习以上操作。

操作四　转换用户身份

在这里主要介绍一下如何在 Shell 界面下使用 su 命令来允许系统管理员或具有某权限的普通用户输入不同的账号。

系统管理员在大多数时间内使用自己的账号，有时需要使用其他用户的账号。这时可以先退出原来的账号，再进入新的账号；也可以使用 su 命令来实现。

例如，超级用户想要进入用户 user3 的账号，则需做以下操作：

```
[root@localhost user]$ su  user3<回车>
```

这时屏幕显示：

```
[user3]$
```

若想再回到超级用户的账号，则需做以下操作：

```
[user3@localhost user]$su  root<回车>
```

这时屏幕显示：

```
Passwd:
```

输入正确的超级用户密码，则屏幕显示：

```
[root@localhost user]#
```

可见，使用 su 命令会给用户特别是系统管理员带来很多便利。

操作五　文件存取控制设置

（1）改变文件权限命令：chmod

改变文件的存取权限可以使用 chmod 命令，合理的文件授权可防止偶然性地覆盖或删除文件。

命令格式：chmod 权限 文件名

说明：只有文件的所有者和超级用户才可以改变文件的权限。要使每个用户对文件 file 都具有读写权限而无执行权限，可使用下面的命令。

```
$ chmod  666  file
```

命令中，权限用三位八进制分别表示三组权限，例如八进制 754 对应的二进制为 111101100，1 表示有相应权限，0 表示没有相应权限，分为三组来看，可知文件主对文件可读可写可执行，同组用户对文件可读可执行，但是不可以修改，系统其他用户对文件只有读权限。

（2）改变文件或目录所属组命令：chgrp

命令格式：chgrp 组名 文件名

例如，将文件 file 的属组改为 teacher，可用如下命令：

```
# chgrp teacher file
```

（3）改变文件或目录的属主命令：chown

命令格式：chown 用户名 文件名

例如，将文件 file 的属主改为 user2，可用如下命令：

```
# chown user2 file
```

4．实训思考

① 分别在 Shell 界面和图形界面建立用户 zhang 和 wang，他们的所属组为 teacher。建立后请修改他们的密码和主目录，然后将其删除。

② 以 root 身份登录系统，在 root 和普通用户身份之间进行转换。

③ 用户对自己建立的子目录 sub 具有哪些权限？

④ 如果将子目录 sub 的权限修改成对文件的所有者、文件所属的用户组和组外的其他所有用户都只有读权限（444），此时文件的所有者是否能删除自己所建立的子目录 sub？

习　题　6

1. 以图的形式描绘出 Linux 操作系统的系统结构。
2. Linux 操作系统的进程状态有哪些？哪些原因会引起进程状态转换？
3. 简述 Linux 进程管理的特点。
4. 简述 Linux 的虚拟存储策略。
5. 什么是消息队列机制？简述其工作原理。
6. Linux 的文件控制属性有哪些
7. 写出 Linux 命令的格式。

第1章　操作系统概述

一、单项选择题

1. B　　2. B　　3. C　　4. A

5. A　　6. B　　7. A　　8. A

9. B　　10. A　　11. B　　12. C

二、填空题

1. 系统，应用

2. 处理器管理，存储器管理，设备管理

3. 批处理系统，分时系统

4. 单道批处理系统，多道批处理系统

5. CPU，内存　　6. 一道，多道

7. 实时控制系统，实时信息处理系统

三、问答题

1. 参见 1.1.1、1.3、1.4

2. 参见 1.3.1　　3. 参见 1.2.2

4. 参见 1.2.3、1.2.4

5. 参见 1.3.1　　6. 参见 1.3.3

7. 参见 1.2.5　　8. 参见 1.6

第2章　进程管理

一、单项选择题

1. A　　2. B　　3. A　　4. C

5. A　　6. A　　7. B　　8. D

9. D　　10. B

二、填空题

1. PCB（进程控制块）

2. CPU（处理器）　　3. 数据段

4. 抢占，非抢占　　5. 线程，线程

6. 互斥条件，请求和保持条件，不剥夺条件

7. 安全，不安全　　8. 临界资源

三、问答题

1. 参见 2.1.2　　2. 参见 2.1.3

3. 参见 2.1.5　　4. 参见 2.1.4

5. 不会产生死锁

6. 参见 2.3.2 中的利用信号量实现进程互斥

7. 如果缺少了 V(full)，则 full 信号量的值总是 0，消费者执行 P(full)时就会阻塞，而且永不会被唤醒，而生产者生产消息装满缓冲池后也会阻塞，此后缓冲池一直是满状态。如果缺少了 V(empty)，生产者生产了 n 个消息后就会阻塞，此后 empty 信号量的值一直为 0，而消费者消费完后也会一直阻塞，缓冲池以后一直是空的。

8. 当 S=-2 时，意味有两个进程在 S 信号量对应的阻塞队列当中等待；当 S=-2 时，执行一个 P(S)操作后，S=-3，执行 P(S)操作的进程会阻塞到 S 信号量对应的阻塞队列当中，此时队列当中有 3 个阻塞进程；当 S=-2 时，执行一个 V(S)操作后，S=-1，将会唤醒一个 S 信号量阻塞队列当中的进程；当 S=0 时，意味着 S 信号量对应的阻塞队列当中无阻塞进程。

四、综合题　　略

第3章　存储器管理

一、单项选择题

1. B　　2. A　　3. D　　4. A

5. A　　6. B　　7. D　　8. C

9. B　　10. C　　11. C

二、填空题

1. 地址重定位　　2. 越界中断

3. 装入，执行

4. 状态位，修改位，访问位

5. 页表始址，页表长度

6. 系统，一

7. 段表寄存器，段表长度，段长

三、问答题

1. 参见 3.1.4 中的动态重定位

2. 参见 3.2.2 中的分区分配操作

3. 参见 3.3.2 中的分页与分段的区别

4. 参见 3.4.2

四、综合题　　略

第 4 章　设备管理

一、单项选择题

1. B　　2. D　　3. B　　4. C

5. A　　6. C　　7. B　　8. C

9. D　　10. C

二、填空题

1. 字符，块

2. 中断驱动、DMA，通道

3. 并行操作，缓冲池

4. 字节多路通道，数据选择通道，数组多路通道

5. 设备，控制器，通道

6. 寻道时间，旋转延迟时间

7. 平均寻道长度

三、问答题

1. 参见 4.1.1 中的按资源分配方式分类

2. 参见 4.1.2

3. 参见 4.2.3 中的 DMA 方式

4. 参见 4.2.2 中的设备无关性软件

5. 参见 4.4.5

6. 参见 4.5.2

7. 参见 4.4.1

8. 参见 4.3.1

9. 参见 4.5.2 中的 SSTF 和 CSCAN 算法

10. 参见 4.2.2 中的中断处理程序

11. 参见 4.2.1

四、综合题　　略

第 5 章　文件管理

一、单项选择题

1. B　　2. C　　3. C　　4. B

5. D　　6. CA　　7. B　　8. C

二、填空题

1. 创建文件

2. 软件集合

3. 块

4. 盘块个数

5. 空闲分区表

6. FCB（文件控制块）

7. 存取控制表

8. 链接

三、问答题

1. 参见 5.1.1

2. 参见 5.3

3. 参见 5.5.2

4. 参见 5.6.1

5. 参见 5.4.1 和 5.4.2

6. 参见 5.4.2

7. 参见 5.6.1

8. 参见 5.6.1

9. 参见 5.6.1

10. 参见 5.7

第 6 章　Linux 操作系统实例分析

1. 参见图 6-1

2. 参见 6.2.1

3. 参见 6.2

4. 参见 6.3.1

5. 参见 6.2.3

6. 参见 6.7.2

7. 参见 6.6.3

参 考 文 献

[1] [荷]特纳鲍姆. 现代操作系统(英文版)[M]. 2 版. 北京：机械工业出版社，2002.

[2] [美] Stallings W. 操作系统：精髓与设计原理[M]. 5 版. 陈向群，陈渝，译. 北京：电子工业出版社，2006.

[3] 成秋华. 操作系统原理与应用[M]. 北京：清华大学出版社，2008.

[4] 汤小丹，梁红兵，哲凤屏，等. 计算机操作系统[M]. 3 版. 西安：西安电子科技大学出版社，2007.

[5] 张同光. Linux 基础教程[M]. 北京：清华大学出版社，2008.

[6] 孟庆昌，牛欣源. Linux 教程[M]. 2 版. 北京：电子工业出版社，2007.

[7] 许曰滨，孙英华，赵毅，等. 计算机操作系统[M]. 北京：北京邮电大学出版社，2007.

[8] 任满杰，刘树刚，李军红，等. 操作系统原理实用教程[M]. 北京：电子工业出版社，2006.

[9] 王宝军，江锦祥. 微机与操作系统贯通教程[M]. 北京：清华大学出版社，2009.

[10] 李岩等. 计算机操作系统[M]. 北京：中国电力出版社，2009.

[11] 左万历，周长林. 计算机操作系统教程[M]. 2 版. 北京：高等教育出版社，2005.

[12] 陈向群，向勇，王雷，等. Windows 操作系统原理[M]. 2 版. 北京：机械工业出版社，2004.